GuOshugong

职业技能培训鉴定教材

果树工

（初级）

U0878060

主　编　郁松林
编　者　席万鹏　孙军利　马兵钢
　　　　冯建荣　刘怀锋　冉　颢
审　稿　张利淇

中国劳动社会保障出版社

图书在版编目(CIP)数据

果树工：初级/劳动和社会保障部教材办公室，新疆生产建设兵团劳动和社会保障局、农业局组织编写. —北京：中国劳动社会保障出版社，2008

职业技能培训鉴定教材

ISBN 978-7-5045-6876-2

Ⅰ. 果…　Ⅱ. ①劳…②新…　Ⅲ. 果树园艺-职业技能鉴定-教材　Ⅳ. S66

中国版本图书馆 CIP 数据核字(2008)第 011822 号

中国劳动社会保障出版社出版发行

(北京市惠新东街 1 号　邮政编码：100029)

出 版 人：张梦欣

*

三河市华骏印务包装有限公司印刷装订　新华书店经销

787 毫米×960 毫米　16 开本　15.25 印张　292 千字

2008 年 2 月第 1 版　2023 年 10 月第 25 次印刷

定价：26.00 元

营销中心电话：400－606－6496

出版社网址：http: // www.class.com.cn

版权专有　　侵权必究

如有印装差错，请与本社联系调换：（010）81211666

我社将与版权执法机关配合，大力打击盗印、销售和使用盗版图书活动，敬请广大读者协助举报，经查实将给予举报者奖励。

举报电话：（010）64954652

教材编审委员会

主　任　李勇先（新疆生产建设兵团副秘书长、农业局局长）
副主任　曲德林（新疆生产建设兵团劳动和社会保障局副局长）
　　　　　彭玉兰（新疆生产建设兵团劳动和社会保障局副局长）
　　　　　刘景德（新疆生产建设兵团农业局副局长）
　　　　　苗启华（新疆生产建设兵团农业局总畜牧师）
委　员　多　林（新疆生产建设兵团劳动和社会保障局就业培训处处长）
　　　　　杜之虎（新疆生产建设兵团农业局种植业管理处处长）
　　　　　黄国林（新疆生产建设兵团职业技能鉴定中心主任）
　　　　　丁卫东（新疆生产建设兵团农业局乡镇企业产业指导处处长）
　　　　　张利淇（新疆生产建设兵团农业局园艺处副处长）
　　　　　宋安星（新疆生产建设兵团职业技能鉴定中心副主任）
　　　　　李宏健（新疆生产建设兵团兽医总站畜牧科科长）
　　　　　尤满仓（原新疆生产建设兵团农业局处长）

教材编审委员会办公室

主　任　多　林
副主任　杜之虎　黄国林
成　员　宋安星　冉　颢　尤满仓　陈纪顺
　　　　　李晓梅　唐晓东

内容简介

本教材依据《国家职业标准——果、茶、桑园艺工（茶园工）》，以新疆生产建设兵团果树培育为基础进行编写。教材从职业能力培养的角度出发，力求体现职业培训的规律，满足职业技能培训与鉴定考核的需要。

本教材在编写中贯穿“以职业标准为依据，以企业需求为导向，以职业能力为核心”的理念，采用模块化的编写方式。全书按职业功能分为六个模块单元，主要内容包括果树栽培管理基础知识，我国果树的主要栽培种类、品种及其生物学特性，果园土肥水管理，果树树体管理，果树常见病虫害和常用药剂，果实采收与简易贮藏等。每一单元内容在涵盖职业技能鉴定考核基本要求的基础上，详细介绍了本职业岗位工作中要求掌握的最新实用知识和技术。

为便于读者迅速抓住重点、提高学习效率，教材中还精心设置了“培训目标”等栏目。每一单元后附有单元测试题及答案，全书最后附有理论知识和操作技能考核试卷，供读者巩固、检验学习效果时参考使用。

本教材可用于初级果树工职业技能培训与鉴定考核教材，也可供中、高等职业院校相关专业师生参考，或供相关从业人员参加就业培训、在职培训、岗位培训使用。

前　言

为满足各级培训、鉴定部门和广大劳动者的需要，劳动和社会保障部教材办公室、中国劳动社会保障出版社在总结以往教材编写经验的基础上，联合新疆生产建设兵团劳动和社会保障局、兵团农业局和兵团职业技能鉴定中心，依据国家职业标准和企业对各类技能人才的需求，研发了农业类系列职业技能培训鉴定教材，涉及农艺工、果树工、蔬菜工、牧草工、农作物植保员、家畜饲养工、家禽饲养工、农机修理工、拖拉机驾驶员、联合收割机驾驶员、白酒酿造工、乳品检验员、沼气生产工、制油工、制粉工等职业和工种。新教材除了满足地方、行业、产业需求外，也具有全国通用性。这套教材力求体现以下主要特点：

在编写原则上，突出以职业能力为核心。教材编写贯穿“以职业标准为依据，以企业需求为导向，以职业能力为核心”的理念，依据国家职业标准，结合企业实际，反映岗位需求，突出新知识、新技术、新工艺、新方法，注重职业能力培养。凡是职业岗位工作中要求掌握的知识和技能，均作详细介绍。

在使用功能上，注重服务于培训和鉴定。根据职业发展的实际情况和培训需求，教材力求体现职业培训的规律，反映职业技能鉴定考核的基本要求，满足培训对象参加各级各类鉴定考试的需要。

在编写模式上，采用分级模块化编写。纵向上，教材按照国家职业资格等级编写，各等级合理衔接、步步提升，为技能人才培养搭建科学的阶梯型培训架构。横向上，教材按照职业功能分模块展开，安排足量、适用的内容，贴近生产实际，贴近培训对象需要，贴近市场需求。

在内容安排上，增强教材的可读性。为便于培训、鉴定部门在有限的时间内把最重要的知识和技能传授给培训对象，同时也便于培训对象迅速抓住重点，提高学习效率，在教材中精心设置了“培训目标”等栏目，以提示应该达到的目标，需要掌握的重点、难点、鉴定点和有关的扩展知识。另外，每个学习单元后安排了单元测试题，每个级别的教材都提供了理论知识和操作技能考核试卷，方便培训对象及时巩固、检验学习效果，并对本职业鉴定考核形式有初步的了解。

本系列教材在编写过程中得到新疆生产建设兵团劳动和社会保障局、兵团农业局和兵团职业技能鉴定中心的大力支持和热情帮助，在此一并致以诚挚的谢意。恳切希望各使用单位和个人对教材提出宝贵意见，以便修订时加以完善。

劳动和社会保障部教材办公室

目 录

第 1 单元

果树栽培管理基础知识

果树是指能生产供人类食用的果实、种子及其衍生物的木本或多年生草本植物。果树栽培通常包括从育苗、建园直至采收的各个环节，是农业的重要组成部分。果树产业对于发展农村经济和提高人民生活水平具有重要意义。

果树栽培的基础知识主要包括：栽培果树的基本分类、果树器官（根系、芽、枝、叶片、花和果实）的生长发育和果树生长周期三个方面的内容。果树分类有助于栽培者从各类果树的生长特性、生态适应性等方面对各类果树的群体特性有所认识：果树植株及其器官的生长发育特点是进行果树栽培管理的基本依据；根系的生长和分布特点是果树土壤施肥的重要依据；要进行果树整形修剪，必须能够准确识别各类果树的枝芽；掌握花和果实的生长发育是进行花果管理的基础。这些生长发育规律贯穿于果树整个生长周期（年生长周期和生命周期）。同时，在果树生产中，为了确保果树生产的顺利进行，要求栽培者必须具备一定的果树生产安全知识，重点掌握农药的安全使用。

第一节 我国果树产业发展的现状及趋势

培训目标

→ 了解我国果树产业发展的现状和趋势

果树生产是指果树栽培管理的整个过程，主要包括苗木培育、果园建立、病虫害防治及果实采收等关键环节。

果树的年生长周期是指果树从萌芽、抽枝、开花、结果以及果实采收和树体休眠的一年生长过程。果树的生命周期是指果树从定植建园后，直到果树自然老死或人为更新的过程。有些果树的生命周期长达 30～50 年，个别果树的生命周期可达上百年，甚至数千年，如新疆的核桃树王，寿命达 700 多年。

果树产业是指从生产到加工，再到消费者的整个过程，包括果品生产、加工、保鲜及流通等各个环节。产业化生产是果品生产市场化的必然要求。

果品产后处理是指果品采收后经过保鲜、包装、加工的过程，是果品再升值和进入市场的关键环节。

一、我国果树产业发展的现状

1. 基本情况

我国果树的栽培和生产历史悠久，果树栽培面积和果品产量均居世界首位。同时，由于我国人口众多，因此又是果品的重要消费国之一。

果树在我国多个省（区）广泛分布，东到沿海各省区，西至新疆、甘肃、宁夏、西藏等省（区），南到海南、广东、广西，北至黑龙江。全国各省区均有果树生产。

由于区域差异，以长江为界，将我国划分为南方和北方。南方和北方生长着不同的果树树种，生长在南方的果树一般称为南方果树，生长在北方的果树一般称为北方果树。北方果树以苹果、梨、葡萄、桃、杏、红枣等为主，南方果树则以柑橘、香蕉、龙眼、荔枝等为主。虽然葡萄、桃、苹果、梨等果树在南北方均有栽培，但大宗果品柑橘、香蕉等的栽种界限则相对分明。

苹果、柑橘、梨、桃、香蕉是我国栽培面积最大、产量最高的五大果树树种。葡萄等果树的栽培面积和产量居其次（见表1—1）。五大果树占全国果树栽培总面积的67%，果品总产量的75%。

表1—1　　我国主要果树的栽培面积和产量（FAO，2002年）

树　种	面　积		产　量	
	公顷	%	吨	%
苹果	2 500 828	24.89	20 507 763	29.97
柑橘	1 469 667	14.63	12 276 476	17.94
梨	1 209 061	12.03	9 100 565	13.3
香蕉	264 000	2.63	5 554 724	8.12
桃	1 382 821	13.76	4 224 267	6.17
葡萄	353 243	3.52	3 885 017	5.68
其他	2 867 649	28.54	12 884 912	18.83
合计	10 047 269	57.47	68 433 724	64.11

山东、河北、广东、陕西、福建、河南六省是我国果树栽培面积和果品产量最大的六个省，其中河北的果树面积最大，占全国果树栽培总面积的11.8%，广东、山东其次；山东的果品产量居全国首位，占全国的14.75%，其次是河北和广东两省（见表1—2）。六大省的果树面积占全国果树栽培总面积的55%，总产量的55%。其中山东、河北、陕西、河南四省生产北方果品，广东、福建生产南方果品。山东以苹果为主，河北以苹果、梨为主，广东、福建以柑橘为主。

表1—2　　我国果树的主要产区（中国农业年鉴，2000年）

产　区	面　积		产　量	
	公顷	%	吨	%
山东	782 600	9.03	9 203 185	14.75
河北	1 022 800	11.80	6 437 654	10.32
广东	946 530	10.92	6 226 758	9.98
陕西	649 320	7.49	4 934 916	7.91
福建	567 100	6.54	3 941 037	6.32
河南	768 600	6.87	3 494 215	5.60
合计	4 736 600	54.65	34 237 765	54.89

2002 年全国果树栽培面积为 943.67 万公顷，总产量 7 551.5 万吨。

我国果品的产后处理比重相对较低，主要以季、产年销为主。2002 年全国果品加工量不到总产量的 10%。

2. 产业特点

(1) 回顾我国果业的发展历史，在市场经济的驱动下，果树面积与产量出现了两个快速发展阶段。1985—1989 年为一个快速增长的阶段，在这个阶段我国的果树面积大体从 200 万公顷上升到 500 万公顷；1991—1996 年为另一个快速增长的阶段，这个阶段我国的果树面积大体从 500 万公顷上升到 850 万公顷。随后，进入了一个调整发展期，果树栽培面积的增长速度明显放缓，2003 年我国的果树面积达到 945 万公顷。随着幼龄果树的陆续投产和单产提高，进入 20 世纪 90 年代以来，我国的水果产量出现了高速增长，年递增率达到 14.3%，高出 80 年代的年递增率近 3%。据有关资料统计，1980 年我国果品的总产量排名世界第 10，而从 1993 年开始，我国果树栽培的面积和果品的总产量稳居世界第一位，并呈逐年增长的趋势。1998 年我国果品的总产量为 5 503.7万吨，占世界总产量的 12.7%；2001 年全国水果总产量达 6 658 万吨，占世界总产量的 11.4%；2002 年果品总产量又上升到 6 809 万吨，约占世界果品总产量的 14.5%（见图 1—1）。

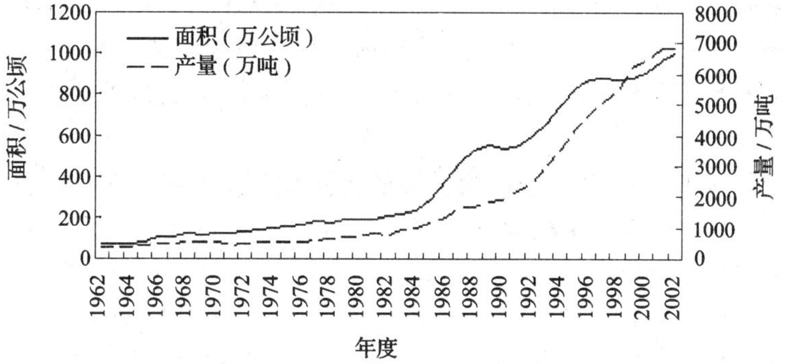

图 1—1　我国果树产量和面积变化

(2) 区域布局基本形成。从果树品种和种类来看，我国经过近 10 年的果树产业结构调整，苹果、柑橘和梨在种植业中占据优势地位，已初步形成优势产区和丰产高效基地。渤海湾和西北黄土高原为两个苹果优势区域，将长江上中游柑橘带、赣南—湘南—桂北柑橘带和浙南—闽西—粤东柑橘带以及一批特色柑橘生产基地（简称“三带一基地”）确定为柑橘优势产区，形成了明显的优势产业带。梨是我国的重要传统果品，经多年发展，目前已形成环渤海湾、长江中下游、黄河故道和西北黄土高原四大优势产区。我国葡萄生产发展迅速，产业布局逐步趋于集中，目前已基本形成西北干旱区（新疆、甘肃、宁夏）、黄土高原及晋北干旱半干旱地区、环渤海湾地区、黄河中下游地区、南方葡萄栽培区和吉林长白山周围山葡萄栽培区等 6 个相对集中的栽培区域。

(3) 栽培品种逐步迈向良种化。随着果树集约化栽培技术的兴起，水果商品化程度的提高，我国果树工作者和栽培人员积极引入和研究国外优良的新品种，各主要树种栽培品种基本与国际接轨，实现了栽培品种的良种化。如苹果栽培中，目前主要以金冠、红富士、乔纳金等优良品种为主栽品种；葡萄栽培中的红地球、弗雷无核、克瑞森无核等优良品种的栽培面积在不断增大。

(4) 服务组织社会化渐趋形成。果树产业服务组织社会化表现在相关专业协会、商会为种植者提供产前、产中、产后的全过程综合配套服务，包括五个方面：一是组织开展统一修剪、植保、采收、运输等为主要内容的服务；二是提供以良种供应，技术推广、气象信息和科学管理为重点的服务；三是以生产生活资料供应，收购、加工、运销、出口产品以及筹资、保险为重点的服务；四是科研、教育单位深入农村，开展技术咨询指导、人员培训为重点的服务；五是专业技术协会、专业户开展的专项服务。

二、我国果树生产中存在的主要问题

1. 标准化栽培水平不高，单位面积产量较低

我国的果树栽培在修剪技术、病虫害防治、土壤施肥、疏花疏果等关键技术管理不到位，标准化管理水平不高，致使我国的果树栽培单位面积的产量不高。2002 年我国果品每公顷平均产量为 8 279 千克，只相当于日本的 46%，美国的 33%。

2. 大宗果类发展过快，品种结构不尽合理

1993—1997 年我国的苹果、柑橘、梨的种植面积分别占果树总面积的 35.17%、15.61%、10.36%，产量占果树总产量的 33.10%、19.75%、11.81%；苹果、柑橘、梨 3 种果树面积和产量年均总和分别占 61.14%和 64.58%。因此，目前我国生产的水果基本上是以苹果、梨、柑橘、香蕉和葡萄为主，大宗果品比例偏大，“名、优、稀、特”品种明显不足。多数树种尚存在品种比例不当，普遍中熟品种过多，成熟期过于集中，早、晚熟品种不足或缺乏，缺少适宜加工专用良种。

3. 果树栽培区域化程度低，机械化、集约化水平不高

果树栽培区域化是实现优质果品生产和规模化栽培的保证，机械化是果树集约栽培的必然要求。现代果树生产中的播种育苗、土壤耕作、病虫害防治、果实采收等都需要机械化，特别是在一些规模化栽培中更是如此。目前在果树栽培中没有实现大面积的测土施肥、节水灌溉、病虫害综合防治等技术，管理还比较粗放，严重影响了栽培效益。

4. 果品的质量较差，国内国际市场竞争力不强

由于栽培技术和采收时期等原因，我国生产的果品商品率不高，主要表现是果个大小不一、果形不整齐、果面着色差等，使我国的果品在国际市场上竞争力不强。1997

年我国出口果品数量和金额比 1995 年分别增长了 43%和 15%，而进口果品的数量和金额比 1995 年分别增长 208%和 182%。在大宗果品上这一问题更加突出，如苹果和柑橘出现了滞销现象，价格低廉，效益下降，一些地方还出现了卖果难的现象。统计表明，我国现有的优质苹果产量不到总产量的 30%，高档果产量不到总产量的 50%。长期以来，我国果品以国内市场为主，外贸比重很低。我国苹果占世界总产量的 34%，而出口总量只占世界出口总量的 4.1%；梨占世界总产量的 52.3%，而出口总量只占世界出口总量的 7.5%；柑橘占世界总产量的 13.0%，而出口总量仅占世界出口总量的 0.1%（见表 1—3）。

表 1—3　　我国三大水果生产及出口状况（2003 年）

	产量/万吨	占世界总产量/（%）	出口量/（万吨）	占世界出口总量/（%）
苹果	2 043	34.0	21.9	4.1
梨	841	52.3	12.4	7.5
柑橘	1 199	13.0	20.0	0.1

5. 果品商品化处理水平低，贮运加工能力不足

近年来，随着我国果品生产技术的改进，果品质量有了一定的提高，但与市场要求仍有很大差距。目前我国果品优质果率（按国内生产标准）仅达 30%左右，这部分的果品价格高，销路好；而约有 50%的大路货，价格波动幅度大，销售困难；还有 20%的劣质果没有市场，甚至出现积压滞销的现象。果品的采后处理技术十分薄弱，只有 10.7%左右的果品能经过商品化处理。

目前我国果品的贮藏能力占总产量不到 20%，而在加拿大、美国、新西兰等国家，特别重视果品保鲜和包装，做到了采摘、保鲜处理、包装、装柜、运输一条龙作业，采后的商品化处理（清洗、打蜡、分级、包装）率达 90%以上，果品贮藏保鲜量占总产量的 60%以上。

6. 技术普及有待强化，从业者素质急需提高

果树生产的各环节技术密集度高，某些环节特别是生产关键环节技术的不到位，都会直接影响果树的正常生长，可能直接影响到果品的产量和品质。我国人口众多，劳动者素质，特别是从事果树生产的大多数劳动者，文化程度低，掌握果树生产的能力不强。因此加强技术培训，加大技术普及推广尤为重要。

目前技术普及推广受多种因素的影响，如专业技术人员的相对缺乏，从业者对生产技术的认知程度、技术下乡的力度等，使得技术推广普及不高，从业者素质难以提高。

第二节　果树的分类、栽培种和栽培品种

培训目标

- 掌握果树的分类
- 了解果树栽培种、栽培品种

果树种类繁多，生产管理差异很大。为了便于掌握和了解不同果树的生长发育特性，根据叶片生长特性、生态适应性、形态特征的异同，对不同树种的果树进行归类区分，称为果树分类。

树种是对不同果树的统称，如苹果、梨、柑橘等均为不同树种。

一、果树分类

1. 按叶片生长期特性分类

（1）落叶果树。叶片在秋季和冬季全部脱落，第 2 年春季重新长叶的一类果树，统称落叶果树。落叶果树的生长期和休眠期界限分明，如苹果、梨、桃、李、杏、柿、枣、核桃、葡萄、山楂、板栗、樱桃等，这些果树大多生长在我国北方地区，也称北方果树。

（2）常绿果树。叶片终年常绿，春季新叶长出后老叶逐渐脱落的一类果树称常绿果树。常绿果树在年周期活动中无明显的休眠期，如柑橘类、荔枝、龙眼、杜果、椰子、榴莲、菠萝、槟榔等，这些果树大多生长在我国南方，也称南方果树。

梅、柿、枣、无花果、梨、桃、李、栗等，在我国南方、北方均有栽培，即使在南方栽培也还是落叶果树；而果松、越橘多在我国北方栽培（或野生），却是常绿果树。

2. 按生态适应性分类

（1）寒带果树。指耐－40℃以下的低温，只能在高寒地区栽培的果树，称寒带果树，如榛、醋栗、穗醋栗、山葡萄、果松、越橘等。

（2）温带果树。多是落叶果树，适宜在温带栽培，休眠期需要一定低温。如苹果、梨、桃、杏、李、枣、核桃、柿、樱桃等。

（3）亚热带果树。其中既有常绿果树，也有落叶果树，指在亚热带生长，冬季需要短时间的冷凉气候（10℃左右）的果树。如柑橘、荔枝、龙眼、无花果、猕猴桃、枇杷等。枣、梨、李、柿等中的有些品种也可在亚热带地区栽培。

（4）热带果树。指在热带地区栽培，较耐高温、高湿的常绿果树，如香蕉、菠萝、

槟榔、杜果、椰子等。

3. 按果树植株形态特征分类

（1）多年生草本果树。此类果树的茎内木质部不发达，地上部分一般在完成一次营养生长与生殖生长的循环后死亡，再由地下部分长出新的植株，如香蕉、菠萝、草莓等。

（2）木本果树。茎内木质部发达，枝干有发达的次生结构。按枝干的生长特征可以分为 3 种。

1）乔木果树。有明显的主干，树高大或较高大，如苹果、梨、李、杏、荔枝、椰子、核桃、柿、枣等。

2）灌木果树。丛生或几个矮小的主干，如石榴、醋栗、穗醋栗、无花果、刺梨、树莓、沙棘等。

3）藤本（蔓生）果树。这类果树的枝干称藤或蔓，树不能直立，依靠缠绕或攀缘在支持物体上生长，如葡萄、猕猴桃等。

4. 按果树栽培学分类

果树栽培学分类，又称农业生物学分类。在生产和商业上，上述分类法应用很少，而常常按落叶果树和常绿果树再结合果实的构造以及果树的栽培学特性进行分类。

（1）落叶果树

1）仁果类果树。按植物学概念，这类果树的果实是假果，食用部分是肉质的花托发育而成的，果心中有多粒种子，如苹果、梨、木瓜、山楂等。

2）核果类果树。按植物学概念，这类果树的果实是真果，由子房发育而成，有明显的外、中、内三层果皮。外果皮薄，中果皮肉质发达，是食用部分，内果皮木质化，成为坚硬的核，如桃、杏、李、樱桃、梅等。

3）坚果类果树。这类果树的果实或种子外部具有坚硬的外壳，可食部分为种子的子叶或胚乳，如核桃、栗、银杏、阿月浑子、榛子等。

4）浆果类果树。这类果树的果实多粒小而多浆，如葡萄、草莓、醋栗、穗醋栗、猕猴桃、树莓等。

5）柿枣类果树。这类果树包括柿、君迁子（黑枣）、枣、酸枣等。

（2）常绿果树

1）柑果类果树。这类果树包括柑果，如橘、柑、柚子、橙、柠檬、枳、黄皮、葡萄柚等。

2）浆果类果树。这类果树的果实多汁液，如杨桃、蒲桃、莲雾、人心果、番石榴、番木瓜、费约果等。

3）荔枝类果树。这类果树包括荔枝、龙眼、韶子等。

4）核果类果树。这类果树包括橄榄、油橄榄、杜果、杨梅、余甘子等。

5）坚果类果树。这类果树包括腰果、椰子、香榧、巴西坚果、山竹子（莽吉柿）、榴莲等。

6）荚果类果树。这类果树包括酸豆、角豆树、四棱豆、苹婆等。

7）聚复果类果树。这类果树的果实为多果聚合或心皮合成的复果，如树菠萝、面包果、番荔枝、刺番荔枝等。

8）草本类果树。这类果树包括香蕉、菠萝等。

9）藤本（蔓生）类果树。这类果树包括西番莲、南胡颓子等。

二、果树栽培种和栽培品种

1. 果树栽培种

果树栽培种是指具有经济价值、遗传性状稳定、在生产上广泛应用的果树种。它是植物分类学种的一种，只是已经被人们驯化，用于生产对人们有经济价值的果实。例如，桃、杏、苹果、梨、枣、柿、香蕉、无花果等。

2. 果树栽培品种

果树栽培品种是指为了满足人们生活需要而培育出来的果树群体。它具有一定的经济价值，生物学特性相对一致，遗传性状也比较稳定。

果树栽培品种可以分为无性系品种和有性系品种。无性系品种是通过嫁接、压条、扦插等无性繁殖方式产生的新植株，新老植株间的基因型和表现型一致；有性系品种是指通过种子繁殖产生的新植株，后代之间以及它们与母体之间的基因型和表现型不完全一样，只是相对的一致。

人们在果树栽培生产过程中，通过选择自然形成的优良表现型而培育出来的品种，称为地方品种或农家品种；通过个类生物学方法，选育出具有优良性状的品种，称为育成品种。育成品种有通过芽变培育的芽变品种，通过杂交培育的杂交品种，还有通过分子生物学手段培育的转基因品种。一种果树往往有许多栽培品种，如苹果有富士、红星、金冠等。

第三节　果树生长发育基础知识

培训目标

- 掌握影响根系生长的因子和根系生长动态
- 熟练掌握芽、枝分类，并能够识别
- 掌握果实生长的基本规律

一、果树根系

1. 根系的构成

果树根系由主根、侧根和须根构成。

（1）主根。种子萌发时，胚根最先突破种皮，向下生长而形成的根称为主根，又称初生根。主根生长很快，一般垂直插入土壤，成为早期吸收水肥和固着的器官。

（2）侧根。当主根继续发育，到达一定长度后，从根内部维管柱周围的中柱鞘和内皮层细胞分化产生与主根有一定角度，沿地表方向生长的分支称为侧根。侧根与主根共同承担固着、吸收及贮藏功能，统称骨干根。在主、侧根生长过程中，侧根上会产生次级侧根，与主根一起形成庞大的根系，此类根系称为直根系。

（3）须根。侧根上形成的细小根称为须根，按其功能与结构不同又分为4类（见图1—2）。

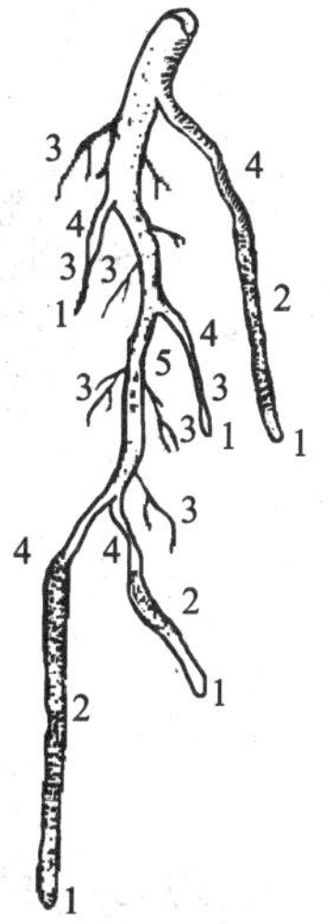

图1—2　苹果的须根

1—根冠　2—生长根　3—吸收根　4—过渡根　5—输导根

1）生长根（或称轴根）的根系向土壤深处延伸，即向远处扩展部分，一般为白色，具吸收功能。

2）吸收根的主要功能是吸收以及将吸收的物质转化为有机物或运输到地上部。正常的吸收根多为白色。

3）过渡根主要由吸收根转化而来，其部分可转变成输导根，部分随生长发育死亡。

4）输导根主要起运送各种营养物质和输导水分的作用。

一些园艺植物的主根伸出后不久即停止生长，或主根存活时间很短，而自茎基的数节上生长出长短相近、粗细相似的须根。这种主根生长较弱，主要根群为须根的根系称为须根系。如葱蒜类蔬菜，禾本科草坪草等均为须根系。

2. 根系的类型与分布

（1）根系的类型。果树的根系可分为：实生根系、根蘖根系、茎源根系（见图1—3）。

用实生法繁殖和利用砧木嫁接的果树根系为实生根系。实生根系的主要特点为主根发达，根系较深，生理年龄较轻，生命力强，对外界环境的适应能力也强，个体间的差异比无性繁殖的根系大。果树由于多采用嫁接栽培，如苹果、梨、桃、柑橘等栽培品种苗木，其砧木为实生苗，根系则为实生根系。利用植物营养器官具有再生能力，采用枝条扦插或压条繁殖，使茎上产生不定根，发育成的根系称为茎源根系。茎源根系无主根，生命力相对较弱，常为浅根。果树中葡萄、无花果等扦插繁殖，其根是茎源根系。一些果树如枣、山楂等的根系通过产生不定芽经过分株可以形成苗木，其根系称根蘖根系。根蘖根系较浅，生理年龄较老，生活力相对较弱，但个体比较一致。

单元 1

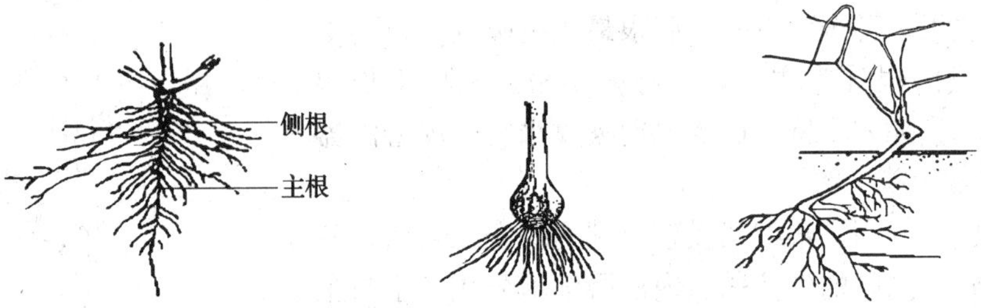

a）　　　　b）　　　　c）

图 1—3　根系的类型

a）实生系　b）根蘖根系　c）茎源根系

根与茎的交界处称为根颈。实生树的根系由胚轴发育而成，称为真根颈。茎源根系和根蘖根系没有真根颈，其相应部分为假根颈。根颈的特点是：对温度及通气状况等环境条件变化较敏感，一般不宜深埋或者全部裸露。根颈位于地上部分与地下部分之间，秋季进入休眠最迟，春季解除休眠最早，容易发生冻害，应注意保护。

（2）根系的分布。根系在土壤中的分布分为水平分布和垂直分布两类。一般沿土壤表面平行生长的根叫做水平根。果树水平根系主要起吸收营养和扩大根系分布范围的作用，因而分布范围较广，且分布于较浅的土层中。

垂直根一般垂直于地面而生长，主要起固定作用。垂直根是与土表基本呈垂直方向的根系。其深度因品种、砧木、土层厚度及其理化性质不同而异。常见果树中，核桃、柿树根系最深，其次为苹果、梨、葡萄、枣、桃、杏、石榴。矮化砧木根系一般分布较浅。垂直根生长在土层瘠薄的山地以及在土层薄、地下水位高的滩地，受土壤条件的制约，一般分布较浅，根系发育较差。

水平根系沿土表平行方向生长，水平根的深度和广度因土壤、树种、品种、砧木不同而异。一般垂直根入土深的树种、品种、砧木，水平根分布也深。在土壤条件好的果园，水平根系横向分布范围较小，但须根较多。在土壤条件较差的果园，水平根系可伸展到很远的地方，但须根稀少。一般水平根系分布的直径大于树冠的冠幅。赤阳苹果的根系分布可达到树冠的 4.7 倍，8 年生的麻枣可超过树冠的 6 倍。

3. 影响根系生长的因子

（1）树体的有机养分。地上部分所供给的有机养分直接决定根的生长量。树体地上部分贮存的有机营养成分越多，根系生长越旺，发根越多，延续时间越长。如果结果过多或枝叶受害，根系获得有机营养较少，生长受到限制，施肥也难以挽救，只有通过疏果、保叶，才能促进根系生长。

（2）土壤温度。根系的生长、呼吸和吸收能力都受到土壤温度的影响，土壤温度还会影响盐类溶解速度、有机物分解和转化以及微生物活动。土壤温度过高，根系容易受伤导致木栓化甚至枯死；土壤温度低时，根系呼吸作用降低，也影响水分和矿质营养的代谢。因此，土壤温度在根系生长中起决定性的作用。每种果树的根系都有不同的生长温度和生长的最适宜温度。如桃树根系在>7.2℃时开始生长，根系适宜温度为21～24℃；梨树根系在10℃时开始生长，25℃为最适宜温度；葡萄根系在2℃时开始生长，14～30℃为适宜温度；柠檬根系在11℃时开始生长，24～31℃为适宜温度。

(3) 土壤水分和空气。土壤水分可以分为有效水和无效水。有效水是指根系能有效吸收利用的田间持水量至永久凋萎点之间的土壤含水量；无效水是指低于永久凋萎点的土壤含水量。田间持水量指灌溉或降雨使土壤充分湿润，并在排除多余水以后的土壤含水量，它代表土壤有效水分的上限，是旱地计算灌水量的依据。

果树根系大多适宜在田间持水量为60%～80%的土壤环境中生长。土壤水分是否充足直接影响果树根系的生长。当干旱时，土壤中的可利用水分下降，造成果树根系的细胞伸长降低，然后停止生长，木栓化和自疏现象加重。但是，轻微的干旱却有利于根系的发育。此时土壤通气改善，同时干旱抑制了地上部的生长，使较多的碳水化合物优先用于根群的生长。土壤通气不良会影响根系的生理功能和生长。氧气不足时，根和根系环境中的有害物质增加，细胞分裂素合成下降。一般来说，苹果、桃、葡萄、柿子等果树根系的正常生长，要求10%、12%、14%、15%以上的氧气环境。除了氧气浓度外，还应考虑到土壤中二氧化碳的含量对根系生长的影响。当土壤中二氧化碳的含量达到5%时，根系的生长就会受到抑制。

(4) 土壤营养。通常情况下，土壤的营养状况不像水分、温度和通气条件那样成为果树根系停止生长甚至死亡的因素，但根总是向肥多的地方生长。在肥沃的土壤或施肥情况良好时，果树根系发达，细根密，活动时间长。施用有机肥可促进果树吸收根的生长；施用氮肥、磷肥可刺激果树根系的生长，但过量的氮肥会引起枝叶的徒长，反而削弱了根系的生长。硼、锰等对根系生长也有良好的促进作用。土壤缺钾时，对根系的抑制比对地上部枝条的影响严重，缺乏钙、镁的也会使根系生长不良。

4. 果树根系在生长周期内的生长动态

随着外界环境条件的影响和果树自身发育的变化，果树根系在生长发育过程中也会出现明显的节律。果树根系在一年当中生长动态的变化规律称为年生长动态，其一生当中的生长情况称为生命周期生长动态。

(1) 根系年生长特性。春季，土壤温度上升到1～2℃时果树根系开始生长；温度为20～28℃时，果树根系生长的速度最快；温度为30℃以上时，果树根系生长速度减缓或停滞。果树根系在年生长周期中由于不发生自然休眠，只要环境条件适合就会持续不断生长。受环境条件、遗传条件等的影响，果树根系的生长也呈现出一些周期性的特点，经历着发生、发展、衰老、更新与死亡的生命过程。

一般幼年果树的根系，由于树体萌动相对较晚，其根系一般在年周期中会出现两次高峰期。第一次高峰期从春梢停止生长开始到秋梢开始生长前，根系生长达到高峰期，此期是根系发生数量最多的时期。第二次高峰期是枝条停止生长至落叶前，根系生长又达到一个新的峰值。结果树的根系在年生长周期中有三个峰值，即萌芽前到开花时出现一个高峰期，其余的两次高峰与幼果树出现的时期一样。这主要是由于树体内部贮藏的养分有限，不能满足开花结果对大量营养的需求，只能依靠加强根系的活动加以补充。根系在春梢停止生长开始到秋梢开始生长前达到高峰期，是果树花芽分化的需要。枝条停止生长至落叶前的高峰期，是果树为抵御不良环境加强树体的贮存养分的需要。

因果树种类与栽培区域的不同，枝条与根系在年生长周期中的优先生长顺序不同。一般温带地区的落叶果树，如苹果、梨等的根系能在较低的温度下比枝条先生长；柑橘等亚热带常绿果树根系活动要求有较高的温度，尤其在冬季较寒冷的地区，早春地温回升慢，气温回升快，枝条先于根系生长。在不同土壤深度中，根系生长的速度不同。春季上层根系生长快，夏季中、下层根系生长旺，秋季上层根系生长加强。

（2）根系生命周期生长特性。果树在其生长的幼年阶段，其根系的生长也同地上部分一样以扩冠为主，尤其是在定植后的 2～3 年间以垂直根的生长为主，至结果盛期，根冠达到最大值。而后，由于器官间的相互作用及树上与地下关系的失调，导致树体骨干根自疏更新加剧。生命后期由于根冠分布的逐渐减小，从而加速了地上部分的衰亡，最终导致树体逐步死亡。

果树根系的生长动态还与根系在土壤中的分布层次有关。春季树的上层根系活动较早，下层根系活动较晚，此时的新根多发生在上年秋季的新生根上。夏季上层根系生长量小，下层根生长量大。秋季树的上层根生长又比下层根的生长快。夏季根量过大易引起秋梢过旺，秋季根量增加，可增加树体中营养物质积累，提高树体的抗性。因此，秋季施肥和及早采收果实有利于秋季新根的产生。

根系的活动还与所栽培环境的土壤含水量、土壤氧气含量、土壤酸碱度有关。最适合根系生长的土壤，其含水量一般相当于田间最大持水量的 60%～80%。对土壤氧气含量的要求在 3%以上，在 5%的含氧量时能够正常生长。对土壤 pH 值要求在 7 左右，果树的不同树种也有不同的要求。

二、芽、枝基本知识

1. 芽

（1）芽的类型分类（见表 1—4）。

表 1—4 果树芽的分类

分类依据	芽的概念	举例与说明
1. 按位置分	（1）顶芽：着生在枝或茎顶端的芽称顶芽（图 1—4）	桃、梅、李、杏、苹果等果树的顶芽为定芽，常为叶芽。梨树的顶芽为定芽，有的是叶芽，有的是混合芽。果树地上部分大枝遭受损伤，或疏除大枝后，地上、地下部分失去平衡时，不定芽易萌发。不定芽萌发后易形成徒长枝，必要时可用于更新
	（2）侧芽：着生在叶腋处的芽叫侧芽或腋芽（图 1—4）	
	（3）不定芽：不定芽的发生没有一定位置（图 1—4）	
2. 按性质分	（1）叶芽：萌发后只抽生枝叶而不开花的芽（图 1—4）	果树在幼树期，未进入结果期的芽全部为叶芽
	（2）花芽：萌发后能抽生花序的芽（图 1—4）	
	①纯花芽：萌发后只能开花的芽（图 1—5）	桃、李、杏等果树的花芽
	②混合花芽：芽萌发后，在同一个芽体上既能抽生花序，也能抽生枝、叶的芽（图 1—6）	柿、栗、葡萄、苹果和梨树等的芽
3. 按是否萌发分	（1）活动芽：枝条上芽形成后，能够按时萌发的芽（图 1—7）	枝条中下部和基部的芽，以及水平枝或斜生枝下面的芽，多为隐芽。潜伏芽受到刺激后，也可萌发抽生枝条，可用于老树的更新复壮。因果树种类、树龄和管理水平不同，潜伏芽的寿命长短也不一样
	（2）潜伏芽（休眠芽、隐芽）：枝条上的叶芽形成后，因营养不足或其他原因，有些芽子不能萌发的芽（图 1—8）	
4. 按同一节的芽数分	（1）单芽：在一个节位上，只着生 1 个芽（图 1—9）	果树种类不同，复芽的数量也不一样，有双芽、三芽和四芽之分，大多数情况下，中间的芽为叶芽，其他为花芽。蟠桃树枝上的双芽或三芽全是花芽，桃、李、杏树等的芽，多为复芽
	（2）复芽：在一个节位上，同时着生 2 个以上芽（图 1—10）	
5. 按同一个芽内（复芽）芽的主次分	（1）主芽：着生于叶腋中间的充实芽为主芽（图 1—11）	主芽可能是叶芽，也可能是花芽或混合芽。葡萄的副芽着生在主芽的侧方，核桃的副芽则着生于主芽的下方
	（2）副芽：着生于主芽两侧的为副芽（图 1—11）	

续表

分类依据	芽的概念	举例与说明
6. 按是否有鳞片分	(1) 鳞芽：某些果树所分化有鳞片包被的芽为鳞芽	
	(2) 裸芽：无鳞片包被的芽为裸芽	
7. 按芽形成的季节分	(1) 冬芽：冬季分化形成的芽为冬芽	葡萄枝条上在冬季修剪时的芽为冬芽。夏芽具有早熟性
	(2) 夏芽：夏季分化形成的芽为夏芽	
8. 按芽的饱满程度分	(1) 饱满芽：芽体肥大，充实饱满，发育健壮的叶芽	芽子发育的越饱满、充实，萌发力越强，所抽生的枝条也越粗壮。所以，在修剪时，常选用饱满芽作为骨干枝或延长枝的剪口芽，以利迅速扩大树冠，加速成花结果。在生产实践中，还经常利用芽的饱满程度，调节骨干枝的生长势或延伸方向，如为抑制新梢延伸，可选留瘪芽作剪口芽
	(2) 瘪芽：芽小而瘦弱，发育不良的叶芽	

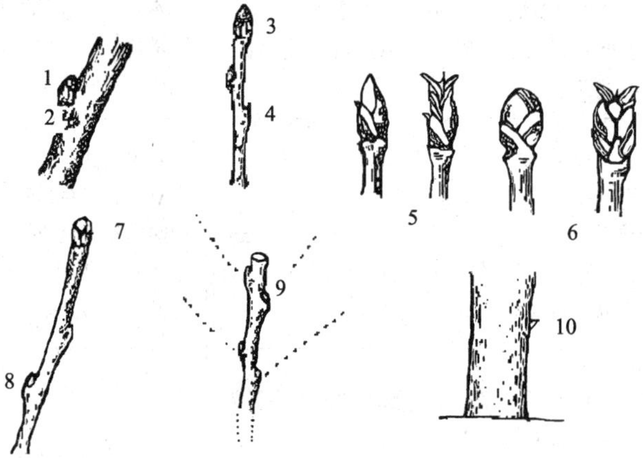

图 1—4　果树芽的名称

1—主芽　2—副芽　3—顶芽　4—侧芽　5—叶芽
6—花芽　7—顶花芽　8—腋花芽　9—定芽　10—不定芽

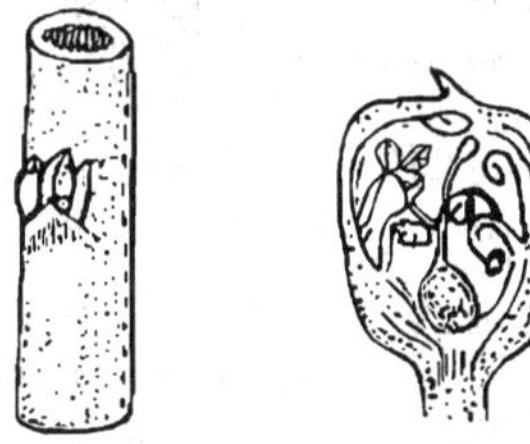

图 1—5　桃树的纯花芽和它的纵剖面
a）桃的纯花芽　b）桃树的纯花芽纵剖面

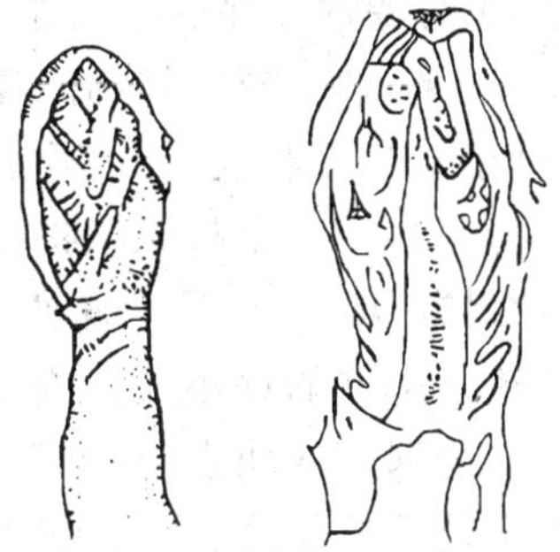

图 1—6　梨树的混合芽和它的纵剖面
a）梨树的混合芽　b）梨树的混合芽纵剖面

图 1—7　活动芽

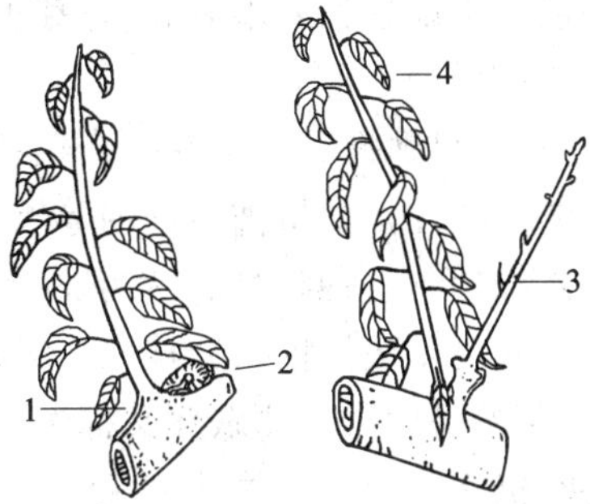

图 1—8　潜伏芽
1—混合芽抽的新梢　2—剪痕　3—枯枝
4—枯枝基部隐芽萌发出来的新梢

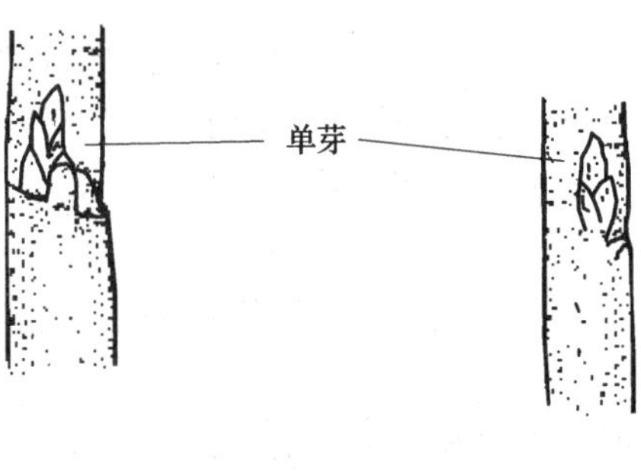

图 1—9　单芽

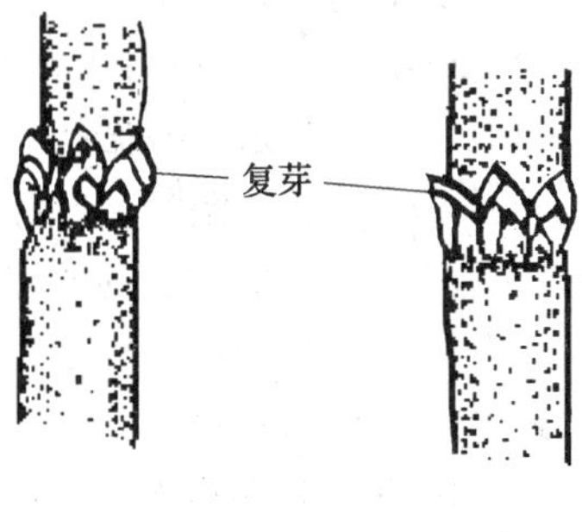

图 1—10　杏树的复芽

（2）芽的特性。芽的生物学特性，直接影响枝条的长势、位置、方向等，与整形修剪有密切关系。

1）萌芽力和成枝力。一年生枝条上的芽萌发能力的大小称为萌芽力。一根枝条上的芽并非在第二年春季都能萌发。通常情况下顶芽都能萌发，发育好的侧芽也容易萌发，靠近枝条基部的芽不萌发而成为潜伏芽。萌芽力以一年生枝条上全部芽的萌发百分率来表示。一年生枝条上萌发的芽抽生枝条的能力称为成枝力。萌芽力和成枝力的大小不仅受芽的质量影响，而且因果树品种不同而不同。

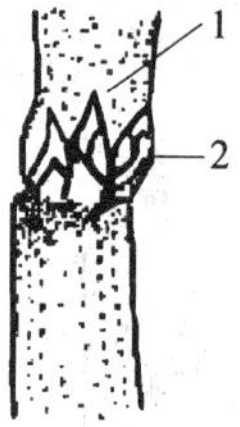

图 1—11　主芽和副芽
1—主芽　2—副芽

2）芽的异质性。芽在形成过程中，由于其内部营养状况和外界环境条件的影响，芽的质量有所不同，萌发能力和生长表现也不相同，这种特性称为芽的异质性。在一个新梢上，各芽的质量常与该节叶片的大小有密切关系。通常，春梢基部芽的质量差，而中上部的芽比较饱满。如果有秋梢则在春秋梢交界处产生盲节（无芽）或弱芽，中上部的芽一般也不如春梢的饱满。“好芽抽好条”，通过选留质量不同的芽，可以达到修剪技术的促、控目的。

3）芽的早熟性和晚熟性。当年新梢上形成的芽，当年能再次萌发抽梢的这种特性称为芽的早熟性，如柑橘、葡萄等果树。当年新梢上形成的芽，当年一般不萌发，到次春才萌发抽梢的这种特性称为芽的晚熟性，如苹果、梨等果树。具有芽的早熟性的树种，一年中可多次抽梢，分枝多，树冠成形快，进入结果期也早。

4）芽的潜伏力。休眠芽又称潜伏芽，潜伏芽形成后次年虽未萌发，但以后遇到适宜条件时仍能萌出，休眠芽潜伏时间的长短称为芽的潜伏力。苹果的品种不同，其潜伏芽的寿命长短也不一样。国光、秦冠等潜伏芽的寿命长，容易更新，而金冠、富士等潜伏芽的寿命较短，更新比较困难，老树内膛枝条易裸秃。

2. 枝条

（1）枝条的分类。果树的枝条依分类方法不同，可分为以下几种：

1）依枝条的性质可分为营养枝和结果枝两类。营养枝又称生长枝，是指仅着生叶芽、抽生新梢的枝条。根据枝梢生长势强弱，又可分为普通营养枝、徒长枝和纤细枝三种。普通营养枝生长健壮，叶芽饱满，长度适中，是最有生产价值的枝条。徒长枝一般从主枝基部和多年生枝上的潜伏芽或不定芽上抽生而来，长势旺，枝条直立，节间长，组织不充实，叶芽小，叶片薄、大。这种枝条的着生位置适当，可利用其加速树冠成形或老树更新复壮。

结果枝即着生花芽、能开花结果的枝条。根据其长度和形态可划分为不同类型，但其划分标准因树种不同而异。核果类的结果枝可分长果枝、中果枝和花束状短果枝；柑橘、柿、葡萄、猕猴桃等果树，由于花芽为混合花芽，又有结果母枝。其结果枝根据叶片有无可分为正常结果枝（有叶结果枝）和退化结果枝（无叶结果枝）。

2）依枝梢抽生的季节不同分为春梢、夏梢、秋梢和冬梢，如柑橘等常绿果树的抽梢，具有明显的季节性，故将其在春季抽出的梢称为春梢，依此类推。

3）依枝梢连续抽生的次数可分为一次梢、二次梢、三次梢等。第一次抽生的梢称为一次梢，着生在一次梢上的新梢称为二次梢，依此类推。如柑橘在春梢上抽生的夏梢即为二次梢。

4）依枝条着生的级次可分为一级枝、二级枝等。级次又称枝序，是指枝条在树体上从主干开始排列的顺序。常将着生在主干上的主枝称作一级枝，着生在主枝上的副主枝称二级枝，依此类推。果树枝条分类检索见表 1—5。

表 1—5　　果树枝条分类检索

1. 按年龄分	（1）新梢：上年分化的芽春季萌发未成熟的枝条		
		①春梢：春季抽出梢的枝条	
		②夏梢：夏季抽出梢的枝条	
		③秋梢：春季抽出梢的枝条	
		④冬梢：冬季抽出梢的枝条	
		⑤副梢：在新梢上直接抽生的枝条	
			a. 果台副梢：在果台上直接抽生的枝条
			b. 一次副梢：在新梢上直接抽生的枝条
			c. 二次副梢：在一次副梢上直接抽生的枝条
			d. 三次副梢：在二次副梢上直接抽生的枝条
	（2）一年生枝：枝条从萌发到生长经历的时间为一年		
	（3）二年生枝：枝条从萌发到生长经历的时间为二年		
	（4）三年生枝：枝条从萌发到生长经历的时间为三年		
	（5）多年生枝：枝条从萌发到生长经历的时间为三年以上		
2. 按性质分	（1）营养枝：又称生长枝，是指仅着生叶芽、抽生新梢的枝条		
	（2）结果枝：着生花芽、能开花结果的枝条		
	（3）结果母枝：由混合芽萌发出来结果枝的枝条称为结果母枝		
3. 按长度分	（1）长（果）枝：仁果类长度在 15 厘米以上，而核果类 30～60 厘米的（果）枝		
	（2）中（果）枝：仁果类长度在 5～15 厘米，核果类长度在 15～30 厘米的（果）枝		
	（3）短（果）枝：仁果类长度在 5 厘米以下，核果类 15 厘米以下的（果）枝		

续表

	(4) 叶丛枝：长度在1厘米以下的短缩状枝
4. 按长势分	(1) 徒长枝：直立生长旺盛、节间长、芽子弱、组织不充实的枝条
	(2) 强旺枝：生长量过大、长势偏旺的枝条
	(3) 健壮枝：长势强健、芽体饱满、组织充实、成熟度好的枝条
	(4) 中庸枝：长势中等、芽体饱满、组织充实、成熟度好的枝条
	(5) 细弱枝：生长量小、长势弱、发育差的枝条
5. 按位置分	(1) 骨干枝：由主干、主枝和侧枝组成
	①主干：是指从地面起到构成树冠的第一大分枝基部的一段树干
	②中干：也叫中央领导干，是指主干的延长部分，从主干上端第一层主枝以上，处于树冠中心，向树冠顶端生长的树干
	③主枝：是指着生于中心干上并构成树冠的各大分枝
	④侧枝：直接着生在主枝上的骨干枝
	(2) 辅养枝：修剪时，不留果实而仅对树体起辅养作用的枝条为辅养枝
	(3) 枝组：结果枝组简称枝组，是从中心干、侧分枝或主侧枝及辅养枝上长出的各个群枝组合，在群枝中包括不同枝龄的枝轴、营养枝和结果枝等
	①大型枝组：大部分枝叶分布空间范围在60厘米以上
	②中型枝组：大部分枝叶分布空间范围在60厘米以内
	③小型枝组：大部分枝叶分布空间范围在30厘米以内

(2) 枝条的生长特性

1) 顶端优势。树冠上部枝条生长势强，向下依次减弱，或同一枝条顶部生长势强，向下依次减弱，这种现象称为顶端优势。由于顶端优势的存在，所以树冠总是向上直立生长。

2) 树冠层性。主枝在树干上呈层式分布的现象称为树冠层性。它是顶端优势和芽的异质共同作用的结果，中心干延长枝顶部的芽处于极性生长的位置，萌发强壮枝条，向下逐步减弱，基部芽常因不萌发而呈稳芽状态，这种历年重演连续生长的结果，使树干上枝梢成层式分布，产生树冠层性。树冠层性有利于树冠内通风透光，可增加结果体积和改善果实品质。凡顶端优势强、成枝力弱的树冠层性明显，如枇杷、板栗等；而核果类和柑橘类等果树顶端优势弱、发枝力强，树冠层性不明显。

3. 叶片

(1) 叶片的形态。叶片是树体养分的主要合成器官，其形状和大小常因树种、品种不同而不同，故叶片的形态特征常是区别树种、品种的重要依据之一。

果树叶片形态大致分为单叶、复叶和单身复叶三类。单叶即一个叶柄上只着生一个叶片，如核果类、仁果类、香蕉、菠萝等果树的叶。复叶即两个或多个叶片着生在一个总叶柄上，如核桃、草莓、荔枝、龙眼等果树的叶片。单身复叶为三出复叶的两个侧生小叶退化，而其总叶柄与顶生小叶连接有隔痕的叶片，其两个退化的小叶称为翼叶，柑橘类叶片属此类叶。

（2）叶片的特性

1）不同部位叶片大小不同。树冠内部叶平展而大，叶片薄；树冠外部叶片肥厚，着生角度小。同一枝条上不同部位的叶的大小也不一致，长枝基部与顶部的叶小，中部的叶大，短枝则基部的叶小，顶部的叶大。

2）叶片寿命因种类、品种及环境条件不同而异。一般落叶果树叶片的寿命较短，为7～8个月，春发秋落；常绿果树叶片的寿命较长，一般为2～4年，以1～2年生叶较多。常出现落叶交潜，多在春天春梢停止生长后，部分老叶才集中脱落。同种果树在不同的环境条件下，对叶片的寿命也有较大影响。如干旱、风害、涝害、病虫害及冻害等不良环境均会影响叶片寿命，使其提早落叶，这样不仅影响果树当年的产量，对以后树体发育和来年开花结果均有不良影响。所以，在栽培时要尽量保护叶片正常生长，以增强树势，提高产量。

3）叶幕与产量密切相关。果树的叶幕是指叶片在树冠内集中分布的范围，即常说的绿叶层。叶幕厚，则叶面积大，结果部位多，产量高；反之，叶幕薄为低产的表现。不同的整形方式可形成不同的叶幕，所以应注意使树冠形成具有较大叶幕体积的树形，如层状形、半圆形等树形。

4. 花

（1）花的类型。果树的花具有单花和由许多单花按照一定方式组合成的花序两种。

1）单花的类型。一朵单花根据其花器中雌、雄蕊是否完全，可分为两性花和单性花两类。两性花中的雌蕊和雄蕊俱全，而仅有雌蕊或雄蕊者为单性花。仁果类、核果类、柑橘类及葡萄等都是两性花；核桃、板栗等则为单性花。单性花中，雌花和雄花着生于同一植株的称雌雄同株，如核桃、板栗、柿等，这类植株宜成片栽植。雌花和雄花分别着生于不同植株的称雌雄异株，如杨梅、银杏、猕猴桃等，此类果树周围需配置授粉树。

2）花序的类型。果树花序主要有向心花序和离心花序两大类。

向心花序即花轴下部的花先开，渐及上部，或由边缘向中心开放。如核桃、板栗、杨梅的葇荑花序，梨的伞房花序，无花果的稳头花均属此类。离心花序即花轴最顶部或最中心花先开，渐及下部或周缘，如猕猴桃的聚伞花序，橙、柚的总状花序等。

(2) 花的特性

1）依传授花粉方式的不同可分为风媒花和虫媒花。依靠风力传授花粉的花称风媒花，如核桃、板栗、银杏等，其花被小、花丝长、花粉粒多而小。依靠昆虫为媒介传授花粉的花称虫媒花，如柑橘类、仁果类、核果类等，其花冠大而艳丽，有色彩、香气或蜜腺，花粉粒大而有黏性。

2）依授粉受精方式的不同可分为自花授粉和异花授粉。自花授粉又称自花结实，是指同品种内不同株间的授粉。如柑橘、枇杷、板栗、桃、枣、柿、葡萄等，该类果树不需配植授粉品种，但在多品种混植情况下，可显著提高座果率和产量。异花结实，是指不同品种间的授粉。如仁果类，大多数李品种，部分桃、梅、杏、柚品种及杨梅、猕猴桃等，此类果树需配置授粉品种，才能提高结实率。

5. 果实

(1) 果实的分类。果树的果实按其构造可分为以下几类：

1）仁果类。子房下位，果实主要由花托发育而成。中果皮为肉质，内果皮为软骨状的薄膜，形成果心，具2～5个心室，如梨、苹果等。

2）核果类。果实由子房发育而成，单心皮构成。中果皮为柔软多汁的果肉，内果皮为木质化的厚壁细胞形成硬核，内有一粒种子，如桃、李、梅、杏等。

3）坚果类。果实由子房发育而成，子房外、中壁形成总苞，子房内壁形成坚硬的内果皮，可食部分为种子的肥厚子叶，如核桃、板栗等。

4）浆果类。子房上位，果实由多心皮构成，中、内果皮为柔软多汁的果肉。如葡萄、猕猴桃等。

5）柑果类。子房上位，果实由8～15个心皮构成。外果皮为革质有油胞、凹点，中果皮为白色海绵状，内果皮形成囊瓣，囊瓣内侧表面着生许多柔软多汁的囊状毛（表皮毛），形成肉质多浆的汁泡，食用部分为汁泡，如柑、橘、橙、柚等。

(2) 果实的发育特性

1）单性结实。未经过受精而能形成果实的现象称为单性结实。其中开花时不需要任何刺激就可单性结实的为营养性单性结实，如脐橙、温州蜜柑、无核甜橙、无核柿、无花果等。开花时要有花粉或其他刺激才能单性结实的为刺激性单性结实，如无核枣等。单性结实的果实不形成种子，故为无核果实。

2）果实增长有单S型和双S型两种类型。核果型果实前期增长慢，后期增长快。如仁果类、柑橘类、枇杷、草莓等。双S型果实前期增长快，中期增长慢，后期增长快，如核果类果实及葡萄、无花果、柿等。

3）果实纵横径的相对生长。果实开始为细胞分裂，纵径增长快，横径增长慢，果实多为长圆形；后期果实体积增大，横径生长超过纵径。因此，早期果为长圆形，将来果实就大，故长圆果多，则产量高。疏果时，长圆果多的要多疏，少的则少疏。

第四节　果树生长周期与周年管理

培训目标

→ 掌握果树年生长和生命生长周期
→ 熟练掌握果树周年管理

一、果树年生长周期

果树在一年中随气候的变化而变化的生命活动过程称为年生长周期（年周期）。由于各地气候条件的差异，果树生长发育的规律差异很大。总体上看，果树的年生长周期可以分为生长期与休眠期。

1. 生长期

落叶果树从春季萌芽到秋季落叶这一段时间为生长期。生长期包括萌芽、开花、抽枝、展叶和开花、坐果等生长发育过程。在果树的年周期中，营养物质的制造、输导、消耗和积累都有一定的变化规律，枝、叶、花、果、根等器官，也都按照各自的节奏活动。这种节奏是否正常，对全树各个部分的平衡关系及果实产量的高低和质量的优劣，都会产生明显的影响。所以，确保正常的生长节奏和稳定的树体平衡关系，是实现果品优质丰产的重要技术途径。而修剪技术，特别是夏季修剪，对果树年周期生长节奏的影响是很明显的。夏季修剪的作用在于控制、调节树体营养物质的制造、输导和积累，改变激素的产生和相互作用，借以维持生长和结果的平衡关系。夏季修剪的重点是调节生长强度，促进花芽分化和果实的生长发育。

2. 休眠期

休眠是果树为适应不良环境（如低温、高温、干旱等）所表现的一种特性。落叶果树从落叶后到次年春开始生长前为休眠期。从落叶开始到再度萌芽的过程，称为休眠期。处于休眠期中的果树，其生命活动虽然微弱，但并没有完全停止。休眠期的树体内部仍进行着各种微弱的生命活动，如呼吸作用、蒸腾作用、根的吸收合成、芽进一步分化及树体内养分转化等。

果树的休眠又分为自然休眠和被迫休眠。自然休眠是由果树本身特性所决定的，它要求一定的低温条件，树体才能完成生长所需要的物质准备，才能顺利通过自然休眠期。在自然休眠状态下即使给予适宜的生长条件仍不能生长。被迫休眠是指果树由于外界条件的胁迫，暂时不能萌发生长，仍处于休眠状态。

果树的不同器官和组织进入休眠和解除休眠的时间不同。如根茎进入休眠最晚，但解除休眠最早，在早春和晚秋根茎最易受冻。同一枝条不同组织进入休眠的时间也不同，如皮层和木质部较早，形成层最晚。初冬遇到严寒时，形成层先受冻；一旦进入休眠期后，形成层比木质部和皮层抗寒，深冬时的冻害多发生在木质部。

了解了果树的休眠期、休眠特点及特性，在栽培管理中就可以采取相应的保护措施。

二、果树的生命周期

果树的生命周期，是指从幼苗定植到衰老死亡的全部历史时期。果树在其整个生命周期中，要经历生长、结果、衰老、更新和死亡等5个时期。每个时期，又可以根据果树生长结果的情况，划分为若干个更小的历史时期。生长期，是指从幼苗定植到开始结果的时期，这个时期的长短，与苗木的种类如实生苗、嫁接苗有关，也与栽培管理水平的高低和修剪程度的轻度密切相关。结果期又可细分为初果期、盛果前期、盛果期和盛果后期；衰老期又可分为衰老更新期和衰老死亡期。每个时期的长短，也都与栽培管理水平和整形修剪技术有关。

1. 实生树的生命周期

（1）幼年阶段。指从种子萌发起，经历一定的生长阶段到具备开花潜能的这段时期。在这时期，植株只有营养生长而无生殖生长。生产上常以开花作为童期结束的标志。童期长短主要由遗传因素决定。不同的果树童期长短不同，如“桃三杏四李五年”，柑橘类约七八年，银杏、荔枝、龙眼则为十几年。童期长短还受栽培因素的影响，生长条件越好，童期越短。

果树童期生长的特点表现在树冠和根系离心生长迅速，枝条表现为分枝角度小、密集，直立生长，且具有针刺或者针枝。枝条上芽体小，叶片小而薄。

缩短果树童期是果树育种的主要任务。良好的环境条件和管理水平，可促进营养生长，加速植株生长发育，促进代谢物质和激素在树体内的平衡可缩短童期。

（2）成年阶段与衰老期。实生果树完成童期后，已经具有开花潜能，在适宜条件下即时开花结果，这个阶段称为成年阶段。根据果树在这一阶段结果数量和状况可以分为结果初期、盛果期、结果后期三个阶段。结果初期的主要特点为，树冠和根系仍快速扩展，叶面积增大，结果部位以下着生的枝条仍处于童年阶段。部分枝条先端形成少量花芽，坐果率低，果实品质较差。盛果期树冠分级数增大并达到最大，各部位的枝条易形成花芽，坐果率高，果实品质好。结果后期，地上部分枝条分枝级次渐高，先端枝条及根系开始回枯，出现自然向心更新，连年结果树体内营养积累减少，产量不稳，大小年现象明显。

衰老期的特点是树势明显衰退，表现为树体骨干枝、骨干根逐渐衰亡，枝条生长量小，结果枝或结果母枝越来越少，结果量小，果实品质差。

2. 嫁接树的生命周期

（1）幼树期。幼树期是指从苗木定植到开花结果这段时期。幼树期的特点是，树体迅速扩大，开始形成骨架，新梢生长量大，地上部分和根系的离心生长都较旺盛，且根系的生长快于地上部分，叶片光合面积增大，树体营养积累增多，为开花结果奠定基础。幼树期的长短，因树种、品种和砧木不同而异。如苹果、梨为3～4年，桃、葡萄为2～3年，枣为1～3年，核桃为3～8年，荔枝为4～10年，幼树期的长短还与栽培技术密切相关。扩穴施肥增强根系，生长调节剂的使用等能扩大营养面积，这些可增进营养积累的技术措施都能够缩短果树幼树期。

（2）结果初期。结果初期是指从开始结果到大量结果前这段时期。结果初期的特点是枝条生长旺盛，离心生长强，分枝大量增加。根系继续扩展，须根大量发生，结果部位常在树冠外围中上部的长、中果枝上。果实味淡、品质较差，不耐储藏。随着树龄的增大，树体生长势逐渐减弱，结果枝数量增多，产量不断提高。

（3）盛果期。盛果期是指果树进入大量结果的时期，即从有一定的经济产量开始，经过高产、稳产，到产量开始显著下降之前这段时期。这个时期果树的树冠和根系均已扩大到最大，骨干枝离心生长减缓，枝叶生长量减小。营养枝减少，结果枝大量增加，可形成大量花芽，产量达到高峰。果实的大小、形状、品质完全显示出该品种的特性。在盛果期后期，树冠下部和内部枝条开始衰老，结果部位上移或外移，易出现局部交替结果现象。枝条内部空虚部位发生少量的徒长枝，须根开始衰老死亡。

（4）衰老期。衰老期是指果树从产量降低到几乎无经济效益时开始，到大部分植株不能正常结果以及死亡时为止。衰老期的特点是结果的小枝越来越少，骨干枝、骨干根大量衰亡，病虫害加重。尤其是过于衰老的植株已无更新复壮的能力。这个时期应考虑砍伐清园，刨出树根，另建新园。

三、物候期

在果树的年生长周期中所表现的生长发育的变化规律，通常由各器官的动态变化反映出来。这种与季节性气候变化相适应的果树器官动态变化时期称为生物气候学时期，简称物候期。果树器官动态变化时期可以根据需要而定。因此，果树物候期有大物候期和小物候期之分，一个大的物候期可以分为几个小的物候期。乔木落叶果树各器官从春天开始，在生长发育过程中出现的物候期及其顺序大致如下：

叶芽——膨大期、萌芽期、新梢生长期、芽分化期、落叶期。

花芽——膨大期、开花期、坐果期、生理落果期、果实生长期、果实成熟期。

根系——开始活动期、生长高峰期（多次）、停止活动期。

而开花期又可分为初花期、盛花初期、盛花期、盛花末期、落花期等若干个小物候期。在进行观察时可根据需要来确定物候期的大小和观察内容。

各种果树的物候期及其进程是不同的，这与树种、品种的遗传特性和地理气候环境等因素有关。落叶果树有明显的休眠期，而常绿果树无明显的休眠期。桃、李等核果类果树先开花后展叶；而梨、苹果等仁果类果树虽花芽比叶芽萌动早，但多为先展叶后开花。果树一般在春季开花，但枇杷在冬季开花，金柑可在夏、秋季多次开花，樱桃、枇杷果实于初夏成熟，板栗、核桃于秋天成熟。果树、品种的生长发育习性是它们在系统发育过程中形成的。果树物候期的进程会随环境条件而发生变化。同一树种、品种可因同一地区气候条件的变化而提前或推后。同一树种、品种栽种在不同地区，物候期也会因各地的气候和地理条件不同而不同。

果树的物候期有三个共同特点。第一，物候期的进行具有顺序性。在年生长周期中，每一个物候期都是在前一物候期通过的基础上进行的，也为下一个物候期奠定基础。如萌芽是在芽分化的基础上发生，萌芽又为抽枝、展叶做好准备。第二，物候期在一定条件下有重演性。如由于人为或灾害造成器官发育中止，或外界条件适于某些器官多次活动时，一些树种的某些物候期可能在一年中重复发生。出现多次生长、多次开花、多次结果等。如苹果树、梨树等因干旱、病虫害而早期落叶，可以引起秋季重发新叶，二次开花。第三，物候期有重叠性，表现为同一时间和同一单株同时表现多个物候期。这种物候期的重叠交错现象可因器官差异引起，也可因同一器官营养和发育差异引起。

果树物候期的变化既反映果树在年生长周期中的进程，又体现气候在树体上一年中的变化。开展物候期观测，对果树物候期预测和制定适合物候期变化的农业措施具有重要意义，对果树生产是一项十分有益的活动。

第五节　果树生产安全知识

培训目标

→ 熟练掌握果树生产安全知识

一、果树生产安全的意义和内容

1. 果树生产安全的意义

果树生产安全是指在果树生产过程中能确保生产者的生产安全和消费者食用安全的一系列措施。果树生产过程中，由于生产者没有掌握基本技术和专业技能，出现了不规范操作的生产工具、不科学使用的化肥和农药等。特别是农药的安全使用在果树生产安全中占据非常重要的作用。这些往往会导致生产者受伤或者造成生产者的人身安全事故。只有生产者生产出无公害的果品，才可能保证消费者的食用安全。

2. 果树生产安全的主要环节

果树生产是一个包括很多环节的连续过程，只有每一个环节安全，才能保证果树生产的安全，最终生产出符合市场要求的果品。果树生产安全主要包括农药的安全使用、生产工具的安全使用以及安全果品生产 3 个方面内容。

二、果树生产安全

1. 农药的安全使用

（1）禁用与限制使用的农药。为了保障人民的生命安全，保护农业生态环境，国家有关部门已先后下令禁用并淘汰了一批高毒、高残留及具有致癌、致畸、致突变的农药品种，限制了一些剧毒、高毒农药的使用范围。

1）禁用农药品种。国家明令禁止使用的农药品种有：六六六、滴滴涕、毒杀芬、二溴氯丙烷、杀虫脒、二溴乙烷、除草醚、艾氏剂、狄氏剂、汞制剂、砷铅类无机制剂、敌枯双、氟乙酰胺、甘氟、毒鼠强、氟乙酸钠和毒鼠硅等。自 2004 年 6 月 30 日起，禁止在国内销售和使用含有甲胺磷、对硫磷、甲基对硫磷、久效磷和磷胺等 5 种高毒有机磷农药的复配产品。浙江省从 2002 年 7 月 1 日起全面禁止销售和使用甲胺磷。

2）限用农药品种。甲胺磷、甲基对硫磷、对硫磷、久效磷、磷胺、甲拌磷、甲基异柳磷、特丁硫磷、甲基硫环磷、治螟磷、内吸磷、克百威、涕灭威、灭线磷、硫环磷、蝇毒磷、地虫硫磷、氯唑磷、苯线磷等 19 种高毒农药不得用于蔬菜、果树、茶叶、中草药材上。三氯杀螨醇、氰戊菊酯不得用于茶树上。菊酯类农药不得用于水田。

（2）不合理使用农药出现的问题。农药作为重要的农业生产资料，在控制有害生物的为害，保护农作物安全生长方面发挥了巨大的作用。但长期大量不合理地使用农药也带来不少严重的问题，突出表现为：

1）农产品农药残留超标，影响食品安全；

2）污染环境，农药残留严重；

3）杀伤天敌，破坏自然生态平衡，引起害虫再生猖獗，使病虫抗药性增加；

4）农业生产成本加大；

5）人畜中毒和药害事故时有发生。

（3）农药的合理使用方法。农药的使用应遵循经济、安全、有效、简便的原则，避免盲目施药、乱施药、滥施药。具体来讲，应掌握以下几点：

1）对症下药。应根据病虫害发生种类和数量决定是否要防治，如需防治应选择对路的农药来防治。不要看人家打药我也跟着打，不要隔几天就打一次所谓“保险药”，更要防止用错药。

2）适时用药。应根据病虫害发生时期和发育进度并结合作物的生长阶段，选择最合适的时间用药，这个最适时间一般在病害暴发流行之前；害虫在未大量取食或钻蛀为害前的低龄阶段；病虫对药物最敏感的发育阶段，作物对病虫最敏感的生长阶段。

3）科学施药。一要选用新型的施药器械。如泰山牌机动喷雾机、卫士牌 PB－16 手动喷雾器等。这类喷雾器效率高、损耗低、效果好。目前大量使用的老式手动喷雾器“跑”“冒”“滴”“漏”现象严重，损耗高、效率低，影响防治效果，应更新换代。二是用药量不能随意加大，严格按推荐用量使用。三是用水量要适宜，以保证药液能均匀地洒到作物上，用药液量视作物群体的大小及施药器械而定。四是对准靶标位置施药，如叶面害虫的主要施药位置是茎叶部位。五是施药时间一般应避免在晴热高温的中午，大风和下雨天气也不能施药。六是坚持“安全间隔期”，即在采果前的一定时间内禁止施药。

（4）农药购买、运输、贮藏和使用过程中的注意事项。农药是有毒的，在购买、运输、贮藏和使用过程中，务必要注意安全，防止中毒。

1）购买、运输、贮藏的注意事项

①农药必须由使用单位指定专人凭证购买。购买农药时必须注意农药的包装，防止破漏。注意农药的品名、有效成分的含量、出厂日期、使用说明等，鉴别不清和质量失效的农药不得购买。

②运输农药时，应先检查包装是否完整，如发现有渗漏、破裂的，应使用符合规定的材料重新包装后再运输，并及时、妥善处理被污染的地面、运输工具和包装材料。搬运农药时要轻拿轻放。

③农药运输和贮藏过程中不得与粮食、蔬菜、瓜果、食品、日用品等混载、混放。

④农药贮藏应集中在作业组或专业队设立专用库、专用柜和专人保管，不能分户保存。库房门窗要牢固，通风条件要好，门、柜要加锁。

⑤农药进出仓库应建立登记手续，不准随意存取。

⑥农药应封闭贮藏于背光、阴凉、干燥处。

⑦农药存放应远离食品、饮料、饲料及日用品。

⑧农药应存放在儿童和牲畜接触不到的地方。

⑨农药不能与碱性物质混放。

⑩用药工作结束后，要及时将喷雾器清洗干净，并连同剩余的药剂一起交回仓库保管，不得带回家去。清洗药械的污水应选择安全地点妥善处理，不准随地泼洒，防止污染饮用水源和养鱼池塘。盛过农药的包装物品，不准用于盛粮食、油、酒、水等食品和饲料。装过农药的空箱、瓶、袋等要集中处理。浸种用过的水缸要洗净。

2）使用注意事项

①配药时，配药人员要戴胶皮手套，必须用量具按照规定的剂量称取药液或药粉，不得任意增加用量。严禁用手拌药。

②拌种要用工具搅拌，用多少拌多少，拌过药的种子应尽量用机具播种。如手撒或点种时，必须戴防护手套，以防皮肤吸收中毒。剩余的毒种应销毁，不准用作口粮或饲料。

③配药和拌种应选择远离饮用水源、居民点的安全地方，要有专人看管，严防农药、毒种丢失或被人、畜、禽误食。

④喷药前应仔细检查药械的开关、接头、喷头等处的螺钉是否拧紧，药筒有无渗漏，以免漏药污染。喷药过程中如发生堵塞时，应先用清水冲洗后再排除故障。绝对禁止用嘴吹吸喷头和滤网；药筒内药液不能装得过满，以免晃出筒外，污染施药人员的身体。

⑤孕妇、哺乳期妇女及体弱有病者不宜施药。喷药时不准带小孩到作业地点。

⑥施药者应穿长衣长裤，戴好口罩及手套，尽量避免农药与皮肤及口鼻接触；施药时不能吸烟，喝水和吃食物；施药人员在打药期间不得饮酒。

⑦一次施药时间不宜过长，最好在 4 小时内。

⑧接触农药后要用肥皂清洗，包括衣物；农药包装废弃物要妥善收集处理，不得随便乱扔。

⑨药具用后清洗时要避开人畜饮用水源；施用过高毒农药的地方要竖立标志，在一定时间内禁止放牧、割草、挖野菜，以防人、畜中毒。

⑩一旦发生农药中毒，应立即将中毒人员送医院抢救治疗。

2. 除草剂的安全使用

（1）限用剂量。除草剂使用前应先以最低安全剂量小面积试验，综合具体土质、墒情、草情，考虑农田小气候，严格按药品说明规定的剂量范围选择用药浓度、用药量。一般贫瘠沙性土壤除草施药时渗透性很大，作物易受药害，因此用药量要小甚至忌药。多雨季节，墒情好时，需低剂量用药。杂草出芽整齐、密度低时，用药剂量应小些。

（2）合理混用药剂。将两种或两种以上除草剂混用时，可综合各剂的功效，但要考虑彼此间是否有拮抗作用或其他副作用。可先取少量药剂进行可混性试验，若出现沉淀、絮结、分层、漂浮变质等现象，说明安全性发生改变，则不能混用。还要注意混剂的增效功能，如杀草丹和敌循混合后混剂的除草功效比各单剂除草功效的总和要大，则使用时要降低混剂药量，一般在各单剂药量的一半以内，以保证果树安全。

（3）灵活用药。根据田间杂草的主要种类、杂草的密度，以及主要杂草的生长发育阶段和状态，决定使用除草剂的种类、用量或浓度，以及最佳的施药时间。

（4）安全操作。严格按照除草剂使用的条件、要求和操作技术规程使用除草剂，以保证人畜和栽培作物的安全。

3. 常用生产器械的安全使用

（1）修剪工具的安全使用。新买来的剪子要先开刃，如果每天使用，最好隔几天磨一次，只磨斜面和刀刃，否则剪口出缝，容易夹皮。修剪细枝时，剪子口要顺着树枝分叉的方向或侧方，这样不但省力而且可防止修剪人员因不当使用修枝剪而受伤。修剪粗枝时，应该一手握剪，另一手把枝条向剪刃切下的方向柔力轻推，两手配合。使用修剪锯时一般应从枝条下侧锯起，锯粗枝时需要两人合作，一人锯，一人扶，配合好，以防止枝条下落伤人。制作修剪梯时应使用结实的材料，要能保证修剪人的安全。修剪人员修剪时要穿软底的防滑鞋。

（2）植保器械的安全使用

1）喷雾机械作业前的准备。喷雾泵要能灵活转动，在标定转速下压力值要稳定、正常、符合要求；各喷嘴要在同一水平线上，喷嘴的距离和喷杆的高度要保证喷洒时有一定的重叠度；各喷嘴的喷量要均匀一致，其误差不得超过5%；用前要对喷雾机械的各部件进行全面保养、检查和调整，使之达到作业状态。

2）喷雾机作业与注意事项

①喷药作业前，要选择具有代表性的地段进行喷雾试验，用以检验药剂的除草、杀虫效果及对果树的药害。

②作业时要先启动药液泵，然后打开送液开关进行喷洒；停车时要先关闭送液开关。

③喷药时要注意风向和风力，大风天不能喷药。机车行走方向应与风向垂直或呈一定角度，机车要匀速作业，无特殊情况中途不要停车。

④喷药时要注意随时检查喷雾质量，作业结束后，要及时检查除草、杀虫效果以及果树的药害情况。

⑤作业时应带防毒用具或口罩，作业中禁止饮食或吸烟。

⑥喷过剧毒药剂的地块，应作明显标记，防止人畜入内。

⑦药械在喷药作业完成后要及时清洗各部件，并涂油保护。

（3）耕作器械的安全使用

1）耕作器械的作业前准备。果树生产中的耕作器械主要是镟耕机，机动力为手扶拖拉机或小四轮拖拉机。作业前要仔细检查镟耕动力机和镟耕刀片是否有机械故障，并及时进行修理；连接动力机和镟耕机进行耕作试验，并观察耕作效果，及时调整耕作方法，以免造成树体损坏和人员伤亡。

2）安全注意事项

①使用人员应先了解耕作器械的使用特点和安全注意事项，方可操作。

②耕作器械须经常检查，在技术状态正常后方能使用。

③耕作器械严禁先入土后再接合动力输出轴，或急剧下降耕作机，以防损坏拖拉机及耕作机的机件。

④倒车时严禁耕作。转弯或倒退时须切断动力，抬起镟耕刀片，同时提升耕作机，

使耕作机的刀尖离耕地表面 15～20 厘米。

⑤耕作机工作时，拖拉机上不准乘人，以防跌入耕作机内造成伤亡事故。

⑥机具运转时，严禁人员、牲畜接近旋转部位。

⑦使用人员在工作时听到不正常的噪声，应立即停车检查，排除故障。

⑧如需更换耕作机部件，应将发动机熄火。严禁在发动机未熄火的情况下更换，以确保安全。

⑨由于耕作机是由拖拉机动力驱动的农具，因此要求驾驶员特别提高警惕，随时注意切断动力，以防发生事故。

4. 安全果品生产

安全果品生产是食用农产品安全生产体系建设的重要内容之一，是一项涉及人民群众饮食安全、生态环境保护和实现果品生产可持续发展的系统工程。在我国，造成果品中有害物质残留量超标的原因除土壤环境、灌溉水质和大气环境质量外，主要是由于不合理使用化肥和农药造成的，因此，在果品生产上应严格控制化肥和农药的使用品种和使用量，大力推广无公害综合技术措施。

1）科学使用农药。安全果品生产应根据可持续发展的要求，立足保护天敌，保护生态环境和生态平衡，禁止使用剧毒、高毒、高残留和具有致癌、致畸、致突变以及国家明令禁止使用的其他有机化学农药；严格遵守农药使用安全间隔期的规定。北京市食用农产品安全生产暂行标准中，规定的果品生产限制使用的化学农药有：双甲脒、噻螨酮、克螨特的最后一次施药距果品采收的间隔期为 40 天；乐果、杀螟硫磷、辛硫磷、氯氰菊酯、溴氰菊酯、氰戊菊酯、除虫脲、百菌清的最后一次施药距果品采收的间隔期为 30 天；异菌脲的最后一次施药距果品采收的间隔期为 20 天；粉锈宁的最后一次施药距果品采收的间隔期为 10 天。

2）合理使用化肥。生产安全果品应以有机肥、长效复合肥为基础，以氨基酸类、腐殖酸类复合微肥和果园生草覆盖为补充，提倡使用堆肥、厩肥、绿肥和秸秆还田；不使用单一元素的化肥，尤其是应限量使用氮肥。北京市食用农产品安全生产暂行标准中规定，4～5 年生的盛果期果树全生育期每亩（1 亩≈666.7 米^2）限制使用的纯氮量为：苹果 4～9 千克；梨 4～7.5 千克；桃 5～10 千克；葡萄 5～7.5 千克。

3）大力推广生物技术措施。安全果品生产应坚持以预测预报为基础，以矿物源农药为重点，综合运用植物源农药、生物源农药、昆虫生长调节剂、物理措施和综合管理措施。其中，矿物源农药主要有：石硫合剂和波尔多液；植物源农药主要有：9281、烟碱、苦楝素等；生物源农药主要有：多抗霉素、农抗 120、阿维菌素（阿巴丁、齐螨素、爱福丁、阿维虫清、虫螨光等）、抗根癌菌剂（K84）、苏云金杆菌（Bt）等；昆虫生长调节剂主要有：天幼脲Ⅲ号、杀铃脲等；物理措施主要有：带、膜、袋的应用和信息素、糖醋液、黑光灯的使用等；综合管理措施主要

单元 1

有：加强肥水管理、增强树势，秋冬季节及时清理果园枯枝落叶，合理进行果树夏季和冬季修剪等。

4）有选择地使用高效、低毒、低残留的专杀性农药品种，如吡虫啉、捕食螨等，以弥补生物技术措施的不足。

5）选择卫生包装，使用正确的农产品标签，使用无污染的运输和贮存方法。无公害水果的包装应采用符合包装卫生标准的包装材料。使用无公害农产品标志的标签应标明产品名称、产地、采摘日期或包装日期、生产单位或经销单位。对已经取得证书的，使用无公害农产品标志的水果可在其产品或包装上加贴无公害农产品标志。无公害水果的运输应采用无污染的交通运输工具，不得与其他有毒有害物品混装混运。贮存场所应清洁卫生，不得与有毒有害物品混存混放。

单元测试题

一、填空题（请将正确的答案填在横线空白处）

1. 在果树栽培分类上，可将果树按叶的生长特性分为________和________。

2. 成年果树根系生长高峰期出现在________至________。

3. 果树根系主根上的须根按其功能可分为______、______、______和______四类。

4. 影响根系生长的因素主要有________、________、________和________。

5. 按性质分柿、栗和葡萄的芽都为________芽，而桃、李、杏树等的芽，多为________芽。

6. 柑橘、葡萄等果树的芽一般具有________性。

7. 果树栽培中，依枝条的性质分可将其分为________和________两类。

8. 果树枝条生长的特性主要有________和________。

9. 苹果、梨均为________类果树，而桃、李属于________类果树。

10. 柑橘类、枇杷和草莓等果树果实增长属于________型，而葡萄、无花果、柿的果实增长属于________型。

二、判断题（下列判断正确的请打“√”，错误的打“×”）

1. 目前在我国果类结构中以苹果、柑橘、扁桃占绝对优势。（　　）

2. 我国已基本形成了渤海湾和西北黄土高原两个苹果优势产区。（　　）

3. 芽在成长发育过程中，由于内部营养状况和外界环境条件的影响，质量有所不同，萌发能力和生长表现也不相同，称为芽的异质性。（　　）

4. 目前我国果品优质果率（按国内生产标准）已达到80%左右。（　　）

5. 核桃既属于坚果类果树也属于核果类果树。（　　）

6. 果树的主根由胚根发育而成。（　　）

7. 一般幼年果树的根系，由于树体萌动相对较晚，其根系一般在年周期中都会出现三个高峰期。 （　）

8. 葡萄的副芽着生在主芽的侧方；核桃的副芽则着生于主芽的下方。 （　）

9. 叶幕厚，则叶面积大，产量高；反之，薄叶幕为低产的表现。 （　）

10. 未经过受精而能形成果实的现象称单性结实。 （　）

三、单项选择题（下列每题的选项中，只有1个是正确的，请将其代号填在横线空白处）

1. 最适宜果树根系生长的土壤含水量，一般相当于田间最大持水量的________。

A. 60%～70%　B. 60%～80%　C. 70%～80%　D. 70%～90%

2. 我国葡萄生产发展迅速，目前已基本形成________个相对集中的栽培区域。

A. 4　B. 5　C. 6　D. 7

3. 下列不符合安全果品生产要求的是________。

A. 大量使用生长调节剂　B. 合理使用化肥

C. 选择卫生包装　D. 科学使用农药

4. “桃三杏四李五年”是指果树的________。

A. 开花期　B. 盛果期　C. 萌动期　D. 童期

5. 仁果类果树中，大多数李品种，部分桃、梅、杏、柚品种授粉方式属于________。

A. 自花授粉　B. 异花授粉　C. 风媒授粉　D. 虫媒授粉

单元 1

四、多项选择题（下列每题的选项中，至少有2个是正确的，请将其代号填在横线空白处）

1. 芽的特性主要有________。

A. 萌芽力　B. 成枝力　C. 异质性

D. 早熟性　E. 晚熟性　F. 潜伏力

2. 果树的休眠可分为________。

A. 自然休眠　B. 被迫休眠　C. 根部休眠

D. 茎部休眠　E. 地上休眠　F. 地下休眠

3. 果树在其整个生命周期中，要经历________等时期。

A. 生长　B. 结果　C. 休眠

D. 衰老　E. 更新　F. 死亡

4. 嫁接树的生命周期包括________。

A. 幼树期　B. 结果初期　C. 盛果期

D. 衰老期　E. 休眠期

5. 桃树的芽属于________。

A. 复芽　　　B. 纯花芽　　　C. 活动芽
D. 隐芽　　　E. 叶芽　　　F. 花芽

6. 果树的根系按其繁殖方法可分为________。
A. 实生根系　　　B. 直根系　　　C. 须根系
D. 根蘖根系　　　E. 茎源根系　　　F. 深根系

五、简答题

1. 简述芽的异质性及其特点。
2. 果树物候期有哪些共同特点？

六、技能题

第 1 题　识别果树芽的类型

1. 操作准备（由鉴定单位准备）

分别准备选生长期和休眠期的苹果、梨、葡萄、桃的枝条若干。

2. 操作要求

说明苹果、梨、葡萄、桃的芽的种类；用枝条说明芽的异质性。

3. 操作时限

操作时限为 20 分钟。

4. 配分及评分标准

序　号	作业项目	考核内容	配　分	评分标准
1	识别芽的类型	说明芽的类型	12	在表 1—4 中，除主芽、副芽不用识别外，其余芽的类型均应识别，每错 1 个扣 0.7 分
2	芽的性质	说明所选枝条上芽的异质性	8	能够完整说明得全分

第 2 题　怎样实现除草剂的安全使用？（用文字说明）

第 3 题　喷雾机作业应该注意哪些问题？（用文字说明）

单元测试题答案

一、填空题

1. 落叶果树　常绿果树　2. 枝条停止生长　秋季落叶前　3. 生长根　吸收根　过渡根　输导根　4. 树体的有机养分　土壤温度　土壤水分和空气　土壤营养　5. 混合花芽　纯花芽　6. 早熟　7. 营养枝　结果枝　8. 顶端优势　树冠层性　9. 仁果　核果　10. 单 S　双 S

二、判断题

1. × 2. √ 3. √ 4. × 5. √ 6. √ 7. × 8. √ 9. √ 10. √

三、单项选择题

1. B 2. C 3. A 4. D 5. B

四、多项选择题

1. ABCDEF 2. AB 3. ABDEF 4. ABCD 5. AB 6. ADE

五、简答题

1. 答：芽在成长发育过程中，由于内部营养状况和外界环境条件的影响，质量有所不同，萌发能力和生长表现也不相同，称为芽的异质性。在一个新梢上，各芽的质量常与该节叶片大小有密切关系。通常，春梢基部芽的质量差，而中上部的芽体比较饱满。如果有秋梢则在春秋梢交界处产生盲节（无芽）或弱芽，中上部的芽子一般也不如春梢的饱满。“好芽抽好条”，通过选留质量不同的芽子，可以达到修剪技术的促、控目的。

2. 答：果树的物候期有三个共同特点。第一，物候期的进行具有顺序性。在年生长周期中，每一个物候期都是在前一物候期通过的基础上进行的，也为下一个物候期奠定基础。如萌芽是在芽分化的基础上发生，萌芽又为抽枝、展叶做好准备。第二，物候期在一定条件下有重演性。如由于人为或灾害造成器官发育中止，或外界条件适于某些器官多次活动时，一些树种的某些物候期可能在一年中重复发生。出现多次生长多次开花，多次结果等。如苹果、梨等因干旱、病虫害而早期落叶，可以引起秋季重发新叶，二次开花。第三，物候期有重叠性，表现为同一时间和同一单株同时表现多个物候期。这种物候期的重叠交错现象可因器官差异引起，也可因同一器官营养和发育差异引起。

六、技能题

答案略。

第2单元

我国果树的主要栽培种类、品种及其生物学特性

选择适合栽培区域生长的果树种类和品种，是果树栽培的首要任务。选择时除了要考虑栽培区域的气候条件，还应结合果树的种类和品种考虑果树对气候条件的要求。同时，在果树栽培中，对各果树种类和品种的生物学特性的掌握是进行果树科学管理的依据。

我国果树栽培目前以苹果、梨、柑橘、香蕉、葡萄为主，这些果品在世界市场占据十分重要的地位；以草莓为代表的第二代水果在我国也有一定规模的栽培；而核桃、扁桃则是近年来发展速度比较快的果树种类，掌握这些果树的栽培品种和生物学特性是果树栽培中的基础性工作之一。

第一节 苹果

培训目标

→ 了解苹果的主要种类，掌握苹果的主要栽培品种
→ 掌握苹果的主要生物学特性及其对环境条件的要求

一、概述

苹果的果实味道鲜美，富于营养。据分析，苹果的果实中含水量在85%左右，总糖量为10%～14.2%、蛋白质含量为0.3%～0.4%、脂肪含量为0.3%、苹果酸含量为0.38%～0.63%。此外，苹果的果实中还含有多种维生素及少量的钙、磷、钾、铁等矿物质。苹果以鲜食为主，也可以加工制造成果酒、果酱、果汁、果干、蜜饯及罐头等。苹果具有补心益气、生津止渴、健脾胃等多方面的功效。

二、主要种类

苹果在植物分类上属于蔷薇科苹果属。该属植物全世界约有35种，原产我国的有22种，其中有的是重要的栽培种，有的可作砧木用，有的则为观赏植物。

1. 苹果

栽培的苹果绝大部分属于这一种或本种与其他种的杂交品种。原产于我国的绵苹果和引入的西洋苹果都属于此种。本种有很多变种，生产上有价值的变种有以下三个：道生苹果、乐园苹果、红肉苹果。

2. 沙果（花红、林檎、甜子）

原产于我国西北，为栽培种。西北与华北地区数量最多，江南也有分布。沙果类型甚多，名称各异。一般果实为扁圆形，呈黄色或红色，味道酸甜，每年7～8月份成熟，大多不耐贮藏，供鲜食或作为加工果类制品的原料。沙果可作苹果树的砧木，嫁接成活率高，有的有矮化作用。

3. 海棠果（楸子、柰子、圆叶海棠、海红等）

原产于我国，本种树性强健、适应性强，分布地区较广，类型多。其中有些类型有矮化倾向，嫁接苹果树后结果早。东北的小苹果如铃铛果、黄海棠等都属于这一种。

4. 西府海棠（小海棠果、子母海棠）

原产于我国，在华北、西北及西南地区均有分布。树性强健，抗逆性强，品种多。

每年 9 月下旬成熟，果味酸甜，供鲜食或作为加工制作蜜饯的原料。

5. 山定子（山丁子、山荆子）

主产于我国东北、华北及西北，各地类型很多，是当前繁殖苹果树的主要砧木。山定子果形小，果梗细长，萼片脱落，每年 10 月成熟。其抗寒力极强，耐瘠薄，喜欢湿润和疏松的沙质壤土，在黏重的红土里表现较差，不耐盐碱，也不适于作南方的苹果砧木。

6. 湖北海棠（野海棠、花红茶）

本种分布很广，为我国华中、西南和东南各省区种植苹果的主要砧木。本种形态与山定子很近似，但嫩叶、花萼和花梗都带紫红色，心室有 3～4 个，抗涝性强，但不抗旱，有些植株或类型有孤雌生殖能力。种子是由珠心壁细胞形成的胚发育而成的，可保持母本性状，而且不传播病毒，因此，如发现符合生产需要的优良单株，可用种子大量繁殖。

7. 三叶海棠

原产于我国，主要分布在山东、浙江及贵州等地。三叶海棠为灌木，叶片大多三裂。果实与山定子、湖北海棠相似，呈球形，直径为 0.6～0.8 厘米，果实有红色与黄色之分，以红色果种为好。可作为苹果树的砧木。

8. 河南海棠

原产于我国，主要分布在河南、山西等地。为灌木或小乔木，叶片有褶，果小呈球形，红黄或红紫色，直径约 0.8 厘米，萼片宿存，每年 9 月上、中旬成熟。在河南一带有作为苹果树砧木用的，有的类型如山西武乡海棠与苹果嫁接有明显的矮化现象，有选出矮化砧的可能。

9. 新疆野苹果（塞威氏苹果）

此果野生于新疆，类型很多，分布在山地、森林、坡地及山间河谷中，抗寒、耐旱。在新疆、甘肃、陕西等地用作苹果的砧木，生长良好。

三、主要栽培品种

1. 祝光（祝、白糖、美夏）

祝光树势较强，树姿半开张。萌芽力与成枝力均强。枝条密、细、硬，树冠易郁闭。以短果枝结果为主，果台枝连续结果的能力较差。在弱枝或长果枝上易形成腋花芽，但坐果率很低。栽种后 4～5 年开始结果，结果枝寿命短。采前落果较多，产量一般或较丰产。果实为长圆形或近圆形。单果重 140 克左右，果面底色黄绿，有暗红色条纹。果肉呈黄白色，肉质松脆，果汁多，风味甘甜，品质上乘。果实每年 8 月上、中旬成熟（采收期由北向南相应提前），可贮藏 10～20 天。该品种在各地宜作中熟品种适量发展。

2. 金冠（金帅、黄元帅、黄香蕉、黄金、青苹等）

在我国各苹果产区栽培普遍，其耐寒力略强于国光。金冠树性强健、树姿开张，生长旺盛，萌芽力、成枝力均较强。幼树和旺树的中、长果枝多，进入盛果期后短果枝渐增。栽后 3～5 年开始结果，生理落果轻，且易早期丰产。果台枝连续结果能力强，但回缩更新能力差，弱树更差，因此对果台枝要及时更新。果实呈圆锥形，顶部有 5 个隆起，果实整齐，单果重 180～200 克。果梗细长，果面底色黄绿，成熟后变为金黄色，阳面稍有淡红色晕。果肉呈淡黄色，肉质密、脆，果肉多汁，酸甜适度，香味浓，品质上等。每年 9 月中、下旬采收，可贮至翌年 3～4 月，贮藏期中果实易皱皮。授粉品种以印度、红玉、白龙、元帅系等为好。在多雨潮湿的地区栽培易生果锈，对粗皮病和苹果斑点病抵抗力弱，果实与叶片容易受药物伤害。

3. 元帅系（元帅、红星、新红星、红冠）

元帅系树性强健，生长旺，树姿半开张。幼树枝条角度小，对修剪反应敏感，剪口下两枝往往并生或扭生。萌芽力较强，成枝力会随树龄的增长而减弱。栽种后 5～8 年开始结果。对栽培技术要求高，如果管理跟不上会致使产量不稳定，落花落果严重，坐果率低。果实呈圆锥形，单果重 200～250 克，萼部有明显的 5 个隆起。果面着色早而颜色浓。果面色泽：元帅为绿黄色，有红霞色细条纹；红星为条红；红冠为片红。果肉呈黄白色，松脆多汁，风味甜香，稍经贮藏后会有浓香味，品质极佳。每年 9 月中、下旬采收。贮藏性较差，果肉易发绵而降低品质。

元帅系抗寒力中等。适应性虽好但采前遇到风会造成大量落果。遇干旱时，除易引起落花落果外，还会影响果实生长，导致树势早衰，引发各种病虫害发生。授粉树以金冠、白龙、红玉等为宜。

4. 白龙（青香蕉）

白龙的幼树生长较旺，大量结果后长势渐衰，树姿开张，干性较弱。栽种后 5～6 年开始结果，以短果枝结果为主，常形成短果枝群。在肥水不足或寒地条件下结果枝容易死亡。幼树对修剪的反应比较敏感，更新复壮的能力较强。坐果率高，较丰产。果实呈短圆锥形，果面浅绿，常有片状白色锈，果肩宽，萼端有 5 个隆起。单果重约 200 克，果肉呈黄白色，肉质致密、松脆，汁多味浓，品质上等。每年 10 月上、中旬成熟，可以贮藏到翌年 2～3 月份，贮藏后期果色变黄，果肉易变绵。该品种要求的栽培条件较高，适应性较差，授粉品种以金冠、元帅系、红玉、祝光等为宜。

5. 国光（小国光）

国光树性强健，树姿开张。幼树生长旺盛，干性较强。萌芽力低、成枝力弱。剪口下仅发 2～3 个枝，常常出现光秃现象。随着树龄的增大，潜伏芽发枝增多，树冠更新比较容易。一般 5～6 年开始结果，盛果期较长，易连年丰产。果台枝连续结果能力较强，坐果率高，一般每个花序可以坐果 2～4 个。果实呈扁圆形或接近圆形，单果重 150 克左右。果面底色黄绿，有暗红色条纹。果皮光滑，厚而韧，果粉多，果肉呈黄白色或白色，果肉多汁，甜酸适度。果实在每年 10 月中、下旬采收，一般可贮藏到翌年 5 月份。经贮藏后，清香可口，风味浓，品质上乘。该品种适应性强，是我国各苹果产区的主栽品种。其授粉品种以金冠、元帅系、红玉、白龙、锦红等为宜。

6. 富士

富士苹果是用国光和元帅杂交育成的品种。原产于日本，1966 年引入我国。富士苹果的树势强，树冠大，树姿开张。幼树生长旺盛，它的枝、叶、果均似国光。前 6～7 年新枝生长量较大，一般在 60～80 厘米，盛果期后新梢生长在 30 厘米左右，多数无秋梢。萌芽力高，成枝力强，潜伏芽具有早熟性，很少有国光那种光秃的现象。栽后 4～5 年开始结果，坐果率高，丰产，采前落果极少。果实接近圆形，单果重 160～200 克，果实底色黄绿，阳面呈暗红色条纹。在辽宁南部每年 10 月中、下旬成熟。果实极耐贮藏，普通窖贮藏至翌年 4～5 月份风味仍佳，肉质清脆。

富士苹果适应性强，全国各地引种试栽均表现较好。缺点是抗寒性比国光稍差，并易染粗皮病。授粉品种以金冠、红玉、鸡冠、国光等为宜。

四、生物学特性

1. 苹果生长和结果的习性

(1) 根系。只要满足生长所需的条件，苹果的根系全年都可以生长。在我国北方的一般栽培条件下，春季能有 2～3 个月的生长，秋季会有 1.5～2 个月的生长。成年树多表现为三次生长高峰，幼龄树多为两次生长高峰。根系生长适宜的土壤温度是7～20℃，当温度低于0℃或高于 30℃时，根则不再生长。土壤湿度以田间最大持水量的 70%～80%为宜。苹果根系的水平分布约为树冠直径的 1.5～3 倍。根系的深度随土壤的性质及结构不同而变化，山地可达 1～1.5 米，根系大量分布的深度范围在 20～60 厘米。根系分布深而多时产量高，反之则产量低。

(2) 芽和枝干。依据芽的性质可以分为叶芽和花芽（见图 2—1）。

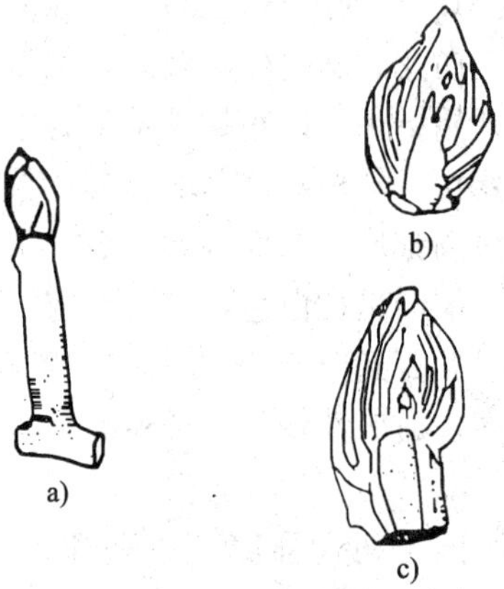

图 2—1　苹果树的混合芽

a) 混合芽全形　b)、c) 一混合芽纵剖面

芽是新梢生长发育的基础。芽质量的好坏，对所发新梢的强弱影响较大。萌芽力的强弱常因品种和栽培技术的不同而异。有秋梢的营养枝在春、秋

梢交界处，春梢曾一度停止生长但未能正常形成顶芽又延续生长，因而有一段节间极短且轮生瘪芽的交界，有人称这个交界段为盲节。没有秋梢的营养枝，能形成良好的顶芽，按其长度分为短枝（5 厘米以下）、中枝（5～15 厘米）和长枝（15 厘米以上），这些枝若顶端分化为花芽则分别称为短果枝、中果枝和长果枝（图 2—2）。

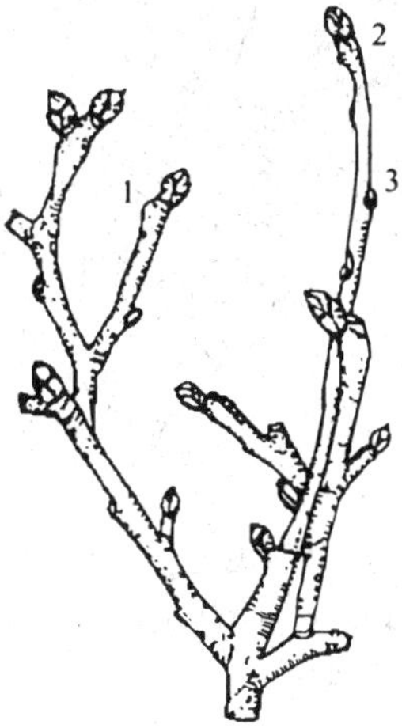

图 2—2　苹果树中、短果枝

1—果瘤　2—花芽　3—叶芽

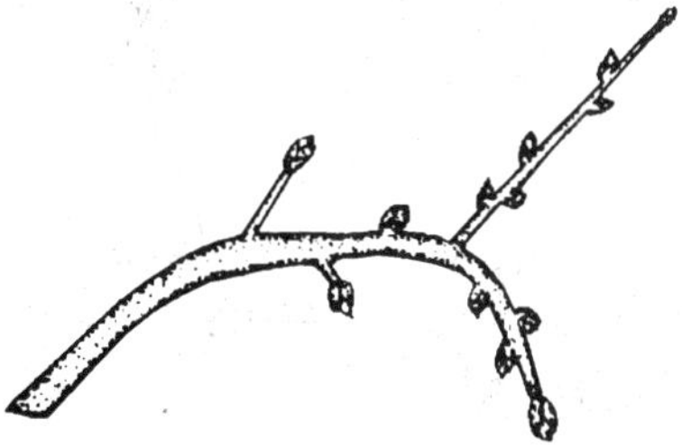
图 2—3　苹果树结果枝组

在生长季较长的华北地区，秋梢能及时停止生长，而充实健壮的多易形成腋花芽。由潜伏芽萌发育成的徒长枝，大多直立生长，其叶片大，节间较长，组织较不充实，可用其更新复壮树冠或培养结果枝组（见图 2—3）。

正常生长的营养枝，先端的芽萌发得最早的最好，其下的芽依次递减，这种生理现象称为顶端优势。这是由于从先端萌芽向下移动的生长素控制了下部芽萌发的速度而表现为顶端优势。营养枝越直立其优势就表现得越明显。

苹果的枝芽异质性、顶端优势、枝芽的方位三个基本条件是影响芽的萌发及新梢生长强度的重要因子，新梢的加长、加粗生长即受这三个内因的制约。

（3）花和果实。苹果的花芽多是顶生混合芽。每一组花序内有 5～8 朵花，花序为总状伞形花序。一般中心花先开的花序坐果好。由于顶部着生了花，不能延伸生长。从花序下面叶腋中抽生的二次梢叫果台副梢。果台副梢生长的强弱，常与母枝营养物质积存的多少有关。副梢强壮的果树往往果实质量较好，果实个儿也大。果台副梢当年是否能连续形成花芽，常与品种和当年的营养状况有关。如国光是容易形成花芽的品种，而元帅、祝光等品种的果台副梢大多隔年结果。苹果除了顶生混合芽外，有些早、中熟品种如甜黄魁、辽伏、华农一号、金红、黄太平等腋花芽也较多。苹果开花和坐果的形状如图 2—4、图 2—5 所示。

图 2—4 苹果树开花形状
1—结果枝上的花序 2—花托及子房的纵剖面

图 2—5 苹果树坐果形状
1—未落果 2—已有落果

2. 物候期

苹果的物候期与品种、树龄、环境条件和栽培技术等有密切关系。辽宁熊岳果树研究所对国光、金冠、红星等品种物候期观察的结果见表 2—1。

表 2—1 苹果物候期

物候期 / 品种	萌芽期（日/月）	开花盛期（日/月）	花芽开始分化（日/月）	果实发育期（天）	果实成熟盛期（旬/月）	营养生长期（天）	落叶期（旬/月）
国光	10/4～20/4	11/5		165	下/10	220	下/10～下/11
金冠	10/4～20/4	9/5	9/7	158	中/10	215	下/10～下/11
红星	10/4～20/4	7/5		145	上/10	224	下/10～下/11

五、对环境条件的要求

1. 气温和降水

苹果原产于夏季空气干燥、冬季气温冷凉的地区。因此，影响其生长发育的主要因素是气温和降水。一般来说，在年平均温度 8～14℃、生长期（4～10 月份）平均气温 12～18℃的环境下最适合苹果的栽培。苹果在年生长周期发育中的不同时期对温度也有不同的要求。冬季适宜的低温是完成自然休眠的重要条件，一般冬季最冷月（1 月份）平均温度在－10～10℃就能满足苹果树对低温的要求。在冬季温暖的地区（如云南、贵州、四川等地），可以把苹果园建在海拔较高的地方（1 500～3 110 米）。春季当日平均气温达到3℃以上时，苹果的地上部分即开始活动，8℃左右开始生长，15～30℃时生长最旺盛。苹果花期的适宜温度为15～20℃，梢叶的生长在平均气温高于15℃时进入旺盛生长期；花芽分化适宜的平均气温为20～27℃，果实发育期间要求的平均气温为18～24℃；果实成熟期昼夜温差最适宜在10℃左右。

苹果树对空气湿度的要求较低，在花芽分化和果实采收期需要日照良好、空气干燥。但在生长期中，土壤内必须有足够的水分才能满足苹果的果实生长和花芽分化的要求。苹果树枝叶生长最旺盛的时期（5～6月份）是需要水的临界期，这时果树对缺水最敏感，如果水分不足，则枝叶停止生长早、坐果率低、直接影响苹果的产量。根据对苹果果树蒸腾量的估算，生长期苹果每亩地需水120吨，折合降雨量约为180毫米。自然降水实际能被植物吸收约1/3。所以，苹果生长期内约需降水量为540毫米。我国北方苹果产区的年降雨量多在500～800毫米，如果分布均匀即可满足苹果树生长的需要。但实际上5～6月份正值春旱，7～8月份雨水又较集中，因此必须通过蓄水保墒等措施解决好春季缺水和雨季的排水问题。

2. 土壤

土壤对苹果的生长、产量与质量的好坏影响很大。山地果园要求土层必须在70厘米以上；平地果园要求地下水位不得高于1～1.5米。苹果树喜微酸性至中性土壤（pH值为5.5～6.7）。一般用山定子做砧木者，在pH值较高的地区，普遍生长不良；而用海棠果做砧木者则对pH值较高的土壤的适应能力较强。另外，苹果树对盐类的耐力不高，一般耐硫酸钠为0.089%～0.997%，耐氯化钠为0.008%～0.008 5%，耐碳酸钠为0.004%～0.004 8%。

3. 光照

苹果树是喜光植物，对年日照时数的要求在1 500小时以上。海拔每升高100米，光的强度会增加4%～5%，紫外线强度增加3%～4%，这对促进成花结果、增进品质都有利。

第二节 梨

培训目标

- 了解梨的主要种类，掌握梨的主要栽培品种
- 掌握梨的主要生物学特性及其对环境条件的要求

一、概述

梨是我国的主要水果之一，目前居全国水果总产量的第二位。梨原产于我国，迄今

已有 2 500 多年的栽培历史，其种类和品种极多。梨树适应性强，分布遍及全国，北自乌苏里江，南至珠江三角洲，西起青藏高原，东及沿海各省，到处都可栽培梨树。梨含有丰富的营养，其中各种维生素和糖类都是人体不可缺少的物质。梨果肉脆嫩、汁多、香甜可口，除生食外，还可酿造梨酒、制作梨干、梨脯和各种罐头。产品除供应国内市场外，每年都有较多的鲜果和加工品出口，深受国际市场的欢迎。另外，梨还有润肺、化痰等医疗价值。

二、主要种类和品种

梨在植物分类上属于蔷薇科、梨属，约有 36 种，原产于我国的梨属植物已定名的有 13 种，通常作为果树栽培的主要有秋子梨、白梨、砂梨、西洋梨 4 个品种。褐梨、川梨、新疆梨在少数地区也有栽培种，其他种则作砧木用。

1. 秋子梨

秋子梨主要分布在我国东北地区、华北及西北各省。本梨种树体高大，生长旺盛。抗寒力强，能耐－37℃的低温，能在土层较薄、相当干旱的土地上生长，适于寒冷和干燥地区栽培，同时也可作抗寒砧木。野生种的幼龄植株具有很多刺；栽培种一般成枝力较强，2～3 年生枝多呈黄灰色或黄褐色；叶边缘有带刺芒的尖锐锯齿，多数品种花柱基部微黏合并有茸毛。果实多呈球形或扁圆形，各品种间的大小不一。萼片宿存，果柄较短。果实较白梨、砂梨小，石细胞多。多数品种需经后熟才能食用，有香气。主要栽培品种有京白梨、南果梨、鸭广梨、延边大香水梨、安梨、花盖梨、尖把梨等。

2. 白梨

白梨主要分布在华北各省和辽宁省。白梨的树体不如秋子梨高大，生长力较强，成枝较少，抗寒力不如秋子梨，仅耐－25℃的低温，性喜干燥冷凉的气候。嫩叶及新梢多密生土黄色茸毛，叶边缘锯齿尖锐，齿尖刺芒内倾，老叶脱落时呈紫红色。花柱光滑无毛。果实均较大，果多呈长圆形或倒卵形，果梗较长，萼片脱落。果皮呈黄色，具有细密的果点。石细胞少，采后即可食用。甜脆汁多，贮藏后果肉不变软，多数较耐储运。主要栽培品种有秋白梨、鸭梨、慈梨、雪花梨、山东黄县长把梨、山西万荣金梨、油梨、冬果梨、新疆库尔勒香梨、四川金川雪梨等。

3. 砂梨

砂梨主要分布在长江流域以南各省及淮河流域一带，华北及东北南部地区也有少量的栽培。多数品种适于温暖潮湿的气候，抗寒力不如白梨。树冠较小，成枝力弱，枝条直立，新梢粗壮；叶片大、叶色浓绿，叶边缘锯齿有倾伏状刺芒。花形多数较白梨大，花柱光滑无毛。果实多呈扁圆形或圆形，呈褐色或绿色，萼片脱落，石细胞较多，不需后熟即可食用；不耐贮藏。主要栽培品种有浙江义乌的早三花梨、江西上饶的细花麻壳梨、贵州威宁的大黄梨、四川苍溪梨、云南呈贡的宝珠梨，以及日本梨中的 20 世纪、长十郎、太白、菊水、晚三吉、祇园等。

4. 西洋梨

西洋梨引入我国已有百年以上的历史，由于抗寒力低，因此在我国的栽培面积较小，分布的地区也较少。主要分布在山东青岛、烟台，辽宁大连、绥中，河北，河南，陕西，甘肃，新疆的南疆和北京近郊等地。西洋梨树冠呈广圆锥形，枝条直立性强。叶片小，叶柄短，革质富光泽，粗锯齿近于全缘。花柱基部有短毛。果实多呈葫芦形，颜色呈黄色或黄绿色（阳面呈红色）；果梗粗短，萼片宿存，果实经后熟方能食用。果肉细软，香腻味甜，易溶于口，不耐贮藏。主要栽培品种有巴梨、三季梨、伏茄梨（白来发）、日面红、冬香梨、贵妃梨、克拉普等。

5. 各地的主要优良品种梨（见表2—2）

表2—2　　各地主要优良品种梨

品种	主要产地	果实大小	形状	果面颜色	果肉风味	品质	成熟期（旬/月）	贮藏能力	丰产性	其他
秋子梨	辽宁西部、河北东北部	中大	圆球形或倒卵圆形	淡黄色，梗洼处有锈斑	细脆汁多，味甜微酸，石细胞多	上	中、下/9	可贮藏至翌年5月	丰产	抗旱力较强，采收前易落果，易染黑心病
鸭梨	华北平原，以及河北定县	中大至大	尖倒卵圆形	绿黄色，阳面有时为红黄色，近梗部有锈斑	细而脆嫩，汁极多，甜酸可口，稍有香气	最上	上、中/9	可贮藏至翌年3～4月	丰产	抗病虫害能力弱，抗寒性较慈梨强
库尔勒香梨	新疆南部库尔勒地区	中大	卵圆形或纺锤形	绿黄色，阳面有片状或带状红晕	质地细脆，汁多味甜，石细胞少，有香味	极上	上、中/9	可贮藏至翌年5～6月	丰产	适应性强，抗逆性强
雪花梨	河北赵县、宁晋等县	很大	广卵圆形或长圆形	黄绿色，贮藏后呈黄色，果点大而多	脆嫩汁多，味甘甜，香气较浓	上	中、下/9	可贮藏至翌年3～4月	丰产	适应性强，抗黑心病，易受食心虫为害，外观不美观

单元 2

续表

品种	主要产地	果实大小	形状	果面颜色	果肉风味	品质	成熟期（旬/月）	贮藏能力	丰产性	其他
慈梨	山东莱阳、栖霞等县	大但不匀	多倒卵圆形	绿黄色，果点锈褐色，大而密	细脆、极嫩、汁多浓甜，有香气	最上	下/9～上/10	可贮藏至翌年2月	丰产	易染黑心病，易受食心虫为害，花期易遭霜害，抗药力低
京白梨	北京市周围，河北昌黎	小	短倒卵圆形	黄白色	细软多汁，味酸甜甚浓	上	中、下/8	可贮藏1个月	丰产	抗寒性强
南果梨	辽宁鞍山、海城、辽阳	小	扁圆形	绿黄色，贮后蜡黄色，阳面有淡红晕	采收时脆甜多汁；后熟后柔软易溶，汁极多，甚甜，有浓香	最上	上、中/9	可贮藏1个月	极丰产	后熟期半个月左右，抗寒性强，抗黑心病
苹果梨	吉林省延边朝鲜族自治州	大	多数为扁圆形	黄绿色，阳面有鲜红晕	细脆，汁极多，味酸甜适度	上	上/10	可贮藏1年	丰产	有人认为是秋子梨和砂梨的自然杂交种，抗寒力强，抗风力弱，抗药力差，易染腐烂病，果皮易变黑褐色
砀山梨	安徽砀山、萧县、宿县，江苏、新疆等地	大	不正，广卵圆形	黄色微绿，稍贮藏后呈黄色	酥脆而稍粗，汁极多，味甜	上	下/8～上/9	可贮藏至翌年1～2月	丰产	适应性强，抗风力强，抗黑心病，食心虫为害较严重

续表

品种	主要产地	果实大小	形状	果面颜色	果肉风味	品质	成熟期(旬/月)	贮藏能力	丰产性	其他
苍溪梨	四川苍溪	极大	不正、瓢形、纺锤形近圆锥形	黄褐色	脆嫩、汁多浓甜	最上	下/8～上/9	耐贮藏	丰产	抗病虫力较弱，易落果
20世纪	湖南邵阳、浙江杭州等地	中	扁圆形或近圆形	初采时为绿色，稍贮后变黄绿色	细嫩脆甜，汁极多，石细胞少	极上	下/7	不耐贮藏	丰产	抗寒力弱，抗黑心病和黑腐病弱，枝干易得腐烂病
锦丰梨	辽宁兴城	大	近圆形	黄绿色	肉质细，松脆汁多，味酸甜，微香	上	下/9～上/10	可贮藏至翌年5月	丰产	抗黑心病，该品种是由苹果梨和慈梨杂交育成
早酥梨	辽宁兴城、新疆	大	卵圆形或长卵形	黄绿色	质细酥脆，汁多味甜	上	中、下/8	可贮藏至翌年5月	丰产	该品种由苹果梨和慈梨杂交育成

三、生物学特性

梨为深根性果树。根系分布的深度、广度和稀密状况受砧木、种类、品种、土质、土层深浅和结构、地下水位、地势、栽培管理等的影响很大。一般情况下，梨树根系的垂直分布可伸入地下2～4米。在肥水较好的土壤中，以20～60厘米的土层中根的分布最多，80厘米以下则很少。根系的水平分布约为冠幅的2倍左右，少数可达4～5倍，越靠近主干根系越密集。梨树的根系在一年中有两次生长高峰，即在新梢停止生长后和果实采收前根系生长最快。

梨树为高大乔木，寿命很长，可达200年以上。幼树枝条生长旺盛，新梢长达80～150厘米，主枝较直立，树冠呈圆锥形；进入盛果期后，枝条生长势减弱，新梢年生长量约为20厘米，主枝逐渐开张，树冠呈自然半圆形。梨树中砂梨结果的时间较早，一般约3～5年，白梨约为5年，秋子梨约为5～7年。梨树品种间的差异也很大，同一品种栽于不同地区，其进入结果期的早晚也不同。梨树的生长枝较易转化为结果枝，采取控制先端优势和开张角度、轻剪密留、加强肥水等措施，即可提早结果。这说明了栽培技术是可以改变其生长结果习性的。

梨树花芽着生的位置与苹果基本相同（见图 2—6、图 2—7、图 2—8），既以顶花芽为主，也有腋花芽，各品种腋花芽的数量有很大差异。梨的花序为伞房花序，向心开放。梨的果枝可以分为长果枝、中果枝和短果枝（见图 2—9）。中国梨多在短果枝上结果，而且易形成短果枝群（见图 2—10）。在栽培条件好时，果台副梢当年也能形成花芽，可以连续结果数年。梨树短果枝群结果能力较强而且稳定，可以交替结果。西洋梨的结果初期多在中、长果枝上结果，盛果期后也在短果枝上结果。梨树白花结实率很低，大部分品种需要异品种授粉才能结果，所以梨园里应注意配植授粉树。

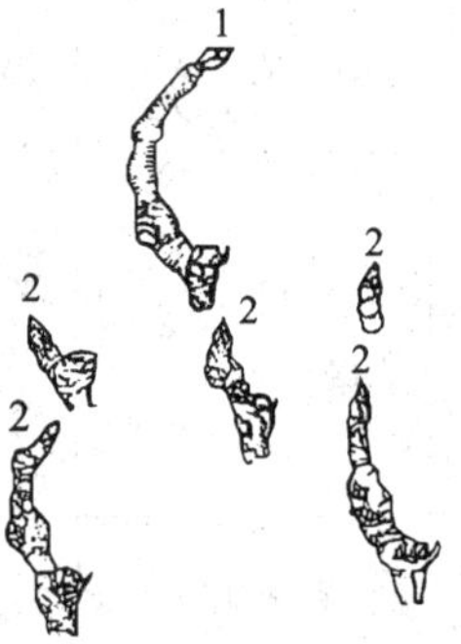

图 2—6　梨树的叶芽和花芽

1—花芽　2—叶芽

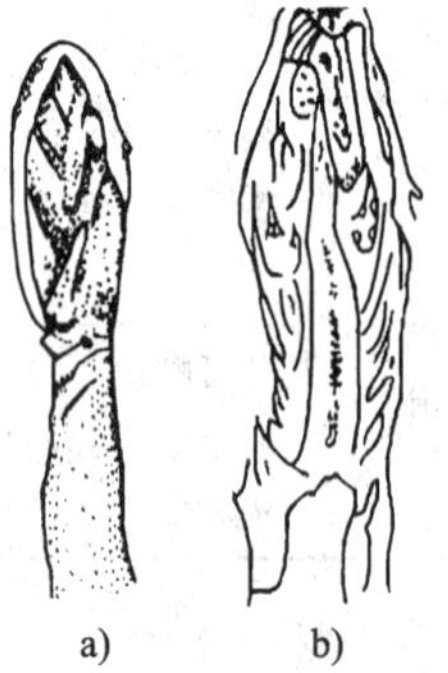

图 2—7　梨树的混合芽和它的纵剖部面

a）梨树的混合芽　b）梨树混合芽的纵剖面

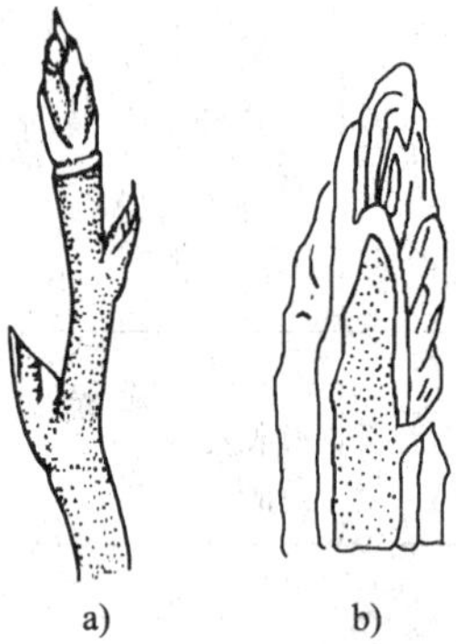

图 2—8　梨树的叶芽和它的纵剖面

a）梨树的叶芽　b）梨树叶芽的纵剖面

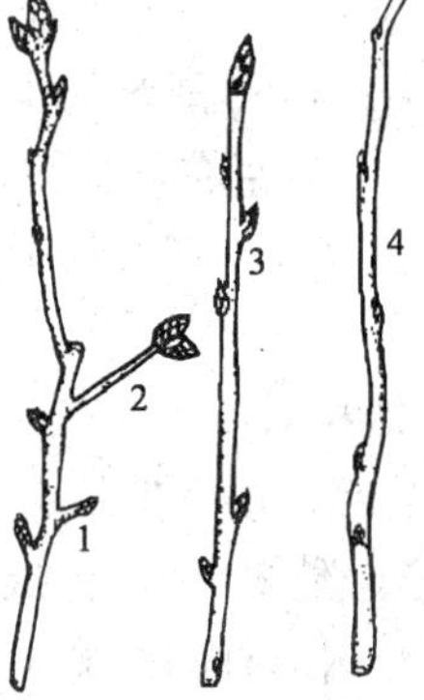

图 2—9　梨树的果枝

1—短果枝　2—中果枝　3—长果枝　4—发育枝

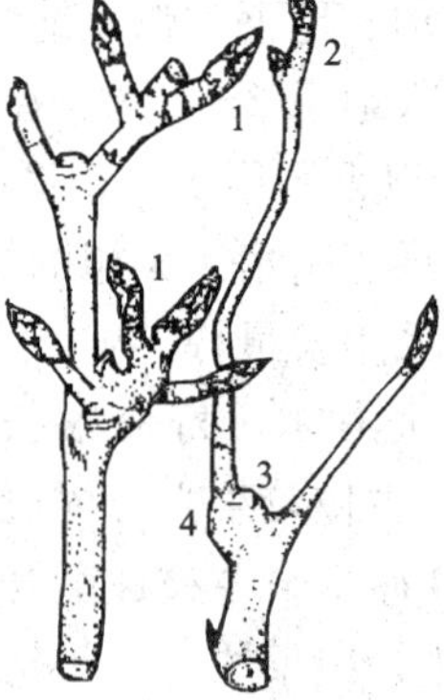

图 2—10　梨树的短果枝群

1—短果枝　2—中果枝　3—果台　4—果痕

四、对环境条件的要求

1. 温度

不同种类的梨树其耐寒力也不同。秋子梨树能耐－35～－30℃的低温，白梨树可耐－25～－20℃的低温，砂梨树及西洋梨树可耐－20℃的低温。梨树地下根系在土壤温度约为0.5℃时开始活动，6～7℃时生长新根，21.6～22.2℃时生长最快，27～29.8℃时生长相对停止。梨树花期温度不能低于10℃，14℃以上开花较快，24℃时花粉管生长最快，低于4～5℃时即受冻。花芽分化的温度以20℃左右为最好。梨树开花期较早，在华北地区常因晚霜的为害而影响产量。

2. 光照

梨树是喜光的树种，年需日照量为1 600～1 700小时，一般以一天内有3小时以上的直射光为好。树冠郁闭时，内膛小、枝条易衰弱枯死，花芽也不易形成。所以，栽植密度、树冠高度、修剪方法等都要注意梨树喜光的特性。

3. 土壤

梨树生长以土层深厚疏松、排水良好的沙质壤土为宜。土壤pH值在5.8～8.5之间均可生长良好（视砧木种类而异），但以中性为最好。梨树因种类不同其抗旱力也表现各异，秋子梨、西洋梨比较抗旱，白梨、砂梨则较差。但所有梨的抗涝性都比较强，我国梨产区有“涝梨旱枣”的谚语，但在高温死水中浸泡1～2天梨树即死亡。

第三节 桃

培训目标

- 了解桃的主要种类，掌握桃的主要栽培品种
- 掌握桃的主要生物学特性及其对环境条件的要求

一、概述

桃原产于我国西北高原，在我国已有3 000多年的栽培历史。桃是人们喜爱的果品之一，不仅口味细腻、形色喜人，而且果肉中含有丰富的蔗糖、维生素C等多种营养物质。除生食外，桃还可以加工制作成罐头、果脯、果酱、蜜饯等。桃仁富含脂肪，可以榨取工业用油。桃的根、叶、花、果、仁均可用作药材。

二、主要种类和品种

我国桃的栽培种共有三种：普通桃、山桃、光核桃。根据桃对气候的适应性、分布地区，同时结合生物学特性和形态特征，可把桃分为北方品种、南方品种、黄肉品种、蟠桃品种、油桃品种等五个品种群。

1. 五月鲜

五月鲜树势健壮，树姿直立。中短果枝结果好，产量中等，花需异品种授粉。树体抗寒、耐旱，但花芽易受冻害，喜欢生长在肥沃的沙性土壤。

五月鲜的果实大，呈长圆形或圆形，果顶有突尖。果面为浅黄绿色，缝合线深，成熟时果顶及缝合线两侧有红晕，色泽鲜艳。果皮厚，不易剥离。果肉呈白色，质脆、汁少，成熟后肉质松绵，品质中上等。离核，有裂核现象。耐贮运。北京地区每年 7 月上、中旬成熟。

2. 大久保

大久保树势中等偏弱，树姿开张，枝条散乱柔软易下垂。果树结实早而且丰产，坐果率高。盛果期后树势易衰弱，寿命较短，以中、长果枝结果为主。副梢结实力强。花芽的抗寒力强，花粉多，是优良的授粉品种。果树对肥水条件要求较高。

大久保的果实大，呈圆形，果顶稍凹，缝合线浅。果面为黄绿色，阳面有红晕，外形美观，耐贮运，味道香甜，品质优异，每年 8 月上旬成熟，适于鲜食或作为果品加工的原料。

3. 白凤

白凤树势中等，树姿开张。花粉多，果树结实率高，结果早而且丰产稳产。幼树以中、长果枝结果为主，盛果期则以中、短果枝结果为主。果实大小中等，近圆形，底部稍大，果顶圆，中央稍凹。果面为黄白色，阳面有红霞，色彩艳丽。皮较薄，易剥离。肉质细腻，味道甜，有香气，品质上等。耐贮运。为鲜食与果品加工兼用品种。北京地区每年 7 月下旬成熟。

4. 黄露

黄露树势强健，树姿开张，果树以中果枝结果为主，丰产。果实大，呈椭圆形，果皮艳黄。果肉为橙黄色，肉质细腻肥厚，风味酸甜，品质中、上等。极耐贮运。辽南地区每年 8 月中旬成熟。适于鲜食或作为果品加工的原料。

5. 丰黄

丰黄树势强健，树姿开张，果树枝条粗壮，节间短，中、长果枝结果，极丰产。果实呈椭圆形，果皮为橙黄色，阳面有暗红色针点状红晕，黏核，品质上等。辽南地区每年 8 月上旬成熟。适于鲜食或作为果品加工的原料。

三、生物学特性

桃树为落叶小乔木，一般高度多在 3 米左右。树冠开张，果实呈球形、外披有毛，果肉柔软多汁，果核很大。

桃树的根为浅根性，主要根群多分布在 60 厘米的土层内。桃根在土温、湿度、通气、营养等条件适宜的情况下，全年都可以生长。一年内有两个生长高峰，分别在5～6月间和 9～10 月间。桃根需要的氧比其他果树多。有一个值得注意的现象，即在老根死亡、腐烂分解的过程中会产生一种叫扁桃甙的物质，这种物质对新根的生长有抑制作用。

桃树定植后 2～3 年即开始结果，在幼树及结果初期生长较旺；5～6 年即进入盛果期。桃树的大小年不明显。盛果期后树势渐衰。

桃树的芽有叶芽和花芽两种（见图 2—11）。

桃树的花芽是纯花芽，开放时，每个芽大都只有一朵花，个别情况下如蟠桃的一些品种会有开两朵花的情况。叶芽只抽生枝叶，桃树新梢顶端的芽总是叶芽。桃树的叶芽具有早熟性，其萌芽力和成枝力都很强，因此幼树即能形成大量的分枝，在一年中能生长 2～4 次。但桃树的芽寿命短，在形成的第二年若不萌发便会死亡。根据芽在枝条上着生状况的不同，可分为单芽和复芽。单芽可能是花芽，也可能是叶芽。复芽经常2～3个着生在一起。两个芽着生在一起的，一个是花芽，一个是叶芽；3 个芽着生在一起的，中间为叶芽，两侧常常是花芽，全是花芽或叶芽者很少见。复芽实质上是一个非常短的二次枝。此外，在生长不充实的副梢或弱枝上，往往有些节没有芽，称为茸芽或空节。

桃树的新梢在 5～6 月间生长最快，称为新梢迅速生长期。随后各类新梢的生长速度逐渐减慢。桃树的果枝可以分为长果枝、中果枝、短果枝和花束状果枝（见图 2—12）。

桃树的花芽分化是从新梢的缓慢生长期开始的，在 6～8 月间分化形成。花芽分化要求有较高的温度、充足的阳光和比较干燥的气候等。6 月中旬给桃树施氨肥和磷肥，有促进花芽分化的作用。

桃树果实的发育可以分为 3 个时期：①果实速长期：自桃树落花时开始至核层开始硬化时为果实速长期，这一时期果实的体积和重量迅速增加，一般需要 45 天左右。②硬核期：自桃果核层开始硬化至完全硬化时为硬核期，这一时期胚进一步发育了，而果实却发育缓慢。该期的长短，会因品种而异，早熟的品种大约需要 1～2 周，中熟品种大约需要 4～5 周，晚熟品种大约需要 6～7 周或更长时间。③果实后期生长期：从桃果核层硬化后至果实成熟前的时期为果实后期生长期，一般在采前 10～20 天果实的体积和重量增长得最快。

桃树的落果情况与苹果的落果情况基本相同。

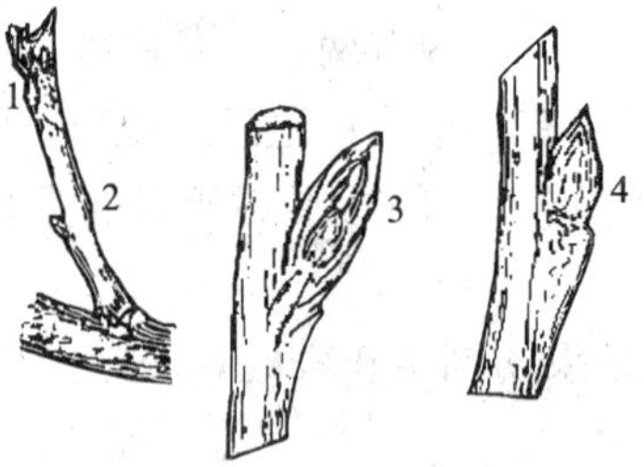

图 2—11　桃树的花芽和叶芽

1—桃树的花芽　2—桃树的叶芽

3—桃树花芽的纵剖面　4—桃树叶芽的纵剖面

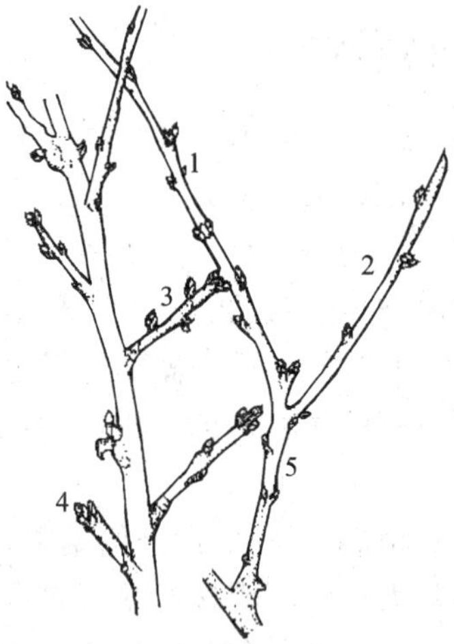

图 2—12　桃树的各种结果枝（冬态）

1—长果枝　2—中果枝　3—短果枝

4—花束状果枝　5—夏季摘心后发育的新枝

四、对环境条件的要求

桃树对气候条件的要求不太严格。桃树分布地区虽广，但以冷凉温和的气候条件下生长表现最好。桃树在冬季需要一定量的低温才能正常萌芽、生长与开花、结果，一般在冬季需要在 7.2℃以下的低温、经过 600～900 小时才能完成休眠期。

在我国南方的一些地区，由于冬季温度过高，不能满足桃树需冷量的要求，因而出现了异常症状，如花芽不能膨大即自行脱落。在我国北方，常常由于冬季的严寒和早春的晚霜以及生长季的热量不足，而限制了桃树的栽培。桃树果实发育期需要一定的高温，故主要桃产区 6～8 月份的温度一般均在 24℃以上，所以很有利于桃树的生长发育。

桃树最不耐水浸泡，桃园中的短期积水即会引起植株死亡。在生长期中，如果降水过多，会引起桃树的枝条徒长，花芽分化不良，病虫害多，果实味淡，着色差；成熟期如果多雨，则容易裂果，不耐贮运。一般说来，南方的品种群对水分的要求比北方的品种群要多。

桃树在一般土壤中均可以栽培，但以排水性良好、土层深厚的沙质土壤最适宜。土壤的 pH 值在 7.5～8 以上时，常会因缺铁而发生黄叶病，在有机肥少、排水不良的情况下则更为严重。

桃是喜光性树种，因此在整形时要注意培养开张型树冠，以利于通风透光和桃树的正常生长发育，从而增进果实的品质。

第四节　葡萄

培训目标

→ 了解葡萄的主要种类，掌握葡萄的主要栽培品种

→ 掌握葡萄的主要生物学特性及其对环境条件的要求

一、概述

葡萄是主要的果树树种之一，在世界水果总产量中一直占居首位。葡萄味美可口，营养丰富，既是人们非常喜爱的鲜食水果，又适宜制造各种加工品。目前全世界80%以上的葡萄用作酿酒原料。用它制造的葡萄酒风味醇厚，富于营养。葡萄浆果中的一般含糖量为10%～30%，另外还含有蛋白质、有机酸、矿物质（钾、磷、钙、铁等）及多种维生素。

二、主要种类和品种

葡萄在植物分类上属于葡萄科葡萄属，全属约有70个品种，其中只有20个品种用于生产和作为砧木或育种材料。主要的栽培品种按原产地的不同，大概可以分为3个种群（或系统），即东亚种群、欧亚种群和北美种群。

1. 玫瑰香

又名紫玫瑰香。欧亚品种，原产于英国，在我国分布得很广。为中晚熟的优良鲜食品种。该品种树势中等，结实力强，果穗较大，每穗的平均重量为300～500克；副梢可结2～3次果。果粒中等，平均粒重约5克左右。果实充分成熟时（每年8月下旬～9月中旬）呈黑紫色，含糖量为16%左右。若延迟采收，含糖量可达18%～21%，味道甜、有浓厚的玫瑰香味，品质极上。唯这个品种不抗寒、不抗病，对栽培技术反应敏感，需要较好的肥水条件和较高的管理技术。

2. 巨峰

巨峰为欧美杂交品种，原产于日本，20世纪60年代引入我国，目前在不少地区已经大量栽培，一般都表现良好，为中熟的优良鲜食品种。巨峰的树势旺，结实力较强，副梢很容易开花结实。果穗大，呈圆锥形，坐果率低时松散，坐果率高时紧密。果粒极大，一般粒重为10～15克，最大时可达20克左右；果皮厚韧，呈黑紫色；果肉肥厚，

具有肉囊，甜而多汁，含糖量为15%～18%，略有美洲葡萄的香味，品质中上。该品种抗病力强，也较抗寒，但不抗旱。对肥水条件要求较高。坐果率较低。

3. 龙眼

龙眼原产于我国，是我国分布最广的古老品种之一，是晚熟、鲜食和酿造兼用品种。树势强，丰产。果枝率低，每个果枝大多着生一个花序；副梢的结实力很低，一般不能结二次果；花序大，坐果率高；果穗大而紧密。果粒较大，平均粒重约6克，短椭圆形；果皮厚且较韧，呈红紫色，果粉厚，耐贮运。果肉透明多汁，甜酸适度，无香味；含糖量为14%～18%，品质中上，是制造香槟酒和白葡萄酒的优良品种。适应性强，较抗旱，适于棚架栽培。对夏季修剪的反应不像玫瑰香那样敏感。

4. 北醇

北醇系欧山杂种，由北京植物园以玫瑰香和山葡萄杂交而成，是酿造红葡萄酒的品种，酒质欠佳。树势强，果树结果早且丰产。果穗呈圆锥形，中等大小。果粒较小，平均粒重2.56克，近圆形，紫黑色。果汁呈淡紫红色，甜酸味浓，无香味，每年8月下旬～9月上旬成熟，含糖量为19%～20%，各地生长结实表现良好。该品种进入结果期早，产量高，抗寒、抗病且抗旱。

5. 红地球

又名晚红、大红球。欧亚种。现在辽宁、河北、新疆等省（自治区）有栽培。果穗大，平均穗重800克，果粒着生中等紧密或较紧，平均粒重12～14克，最大果粒重22克，暗紫红色，肉质脆，味道甜。植株生长势强。在沈阳每年10月上旬成熟，为晚熟品种。抗病力中等或较差，应注意及时防病，并多施磷肥、钾肥，促进新梢成熟。红地球不掉粒，不裂果，耐贮运。宜棚架栽培，短中梢修剪。果实穗粒大，形色美，品质佳，耐贮运，是优良的晚熟鲜食品种。适宜在温暖、生长期长的干旱、半干旱地区栽培。

6. 京早晶

京早晶为欧亚种。现在新疆、甘肃、内蒙古、吉林、北京、沈阳等地区有栽培。果穗大，平均穗重427.6克，果粒着生中等紧密，平均粒重为2.5～ 3.08克。果实呈绿黄色，充分成熟时呈琥珀色。皮薄、肉脆、无核、酸甜适口。植株生长势强。在北京每年7月下旬、沈阳8月上旬、新疆8月中旬成熟，为早熟的无核品种。抗病力中等，不裂果，无日烧。对肥水条件要求高，适于棚架栽培，宜中、长梢修剪，经赤霉素处理后，果粒会显著增大。出干率高（为4.18：1）。京早晶既是美味的鲜食品种，又是制罐、制干的优良加工原料。

7. 和田红

和田红为欧亚种。原产于新疆，为新疆和田地区的主要栽培品种。果穗大，平均重

500 克，最大穗重 1 000 克以上，双歧肩圆锥形。果粒着生极紧，平均粒重 3.7～4.0 克，圆形，呈紫红色，肉软汁多，味道酸甜，品质中上等。植株生长势强。在鄯善每年 9 月上旬、和田 9 月中旬成熟，为晚熟品种。和田红适应性强，耐瘠薄和盐碱土质，较抗寒，连年丰产稳产，耐贮运，除鲜食和晒制有核葡萄干外，还可用作酿酒。由它酿制的干白葡萄酒，颜色浅黄，澄清透明，香气完整，酒味醇厚，回味绵延，在新疆多次评酒会上都名列前茅。

8. 木纳格

木纳格为欧亚种。原产于新疆。在新疆和田、喀什等地栽培较多，分红木拉格和白木拉格两个类型。果穗大，平均穗重 540～780 克，品质中上等。植株生长势强。在鄯善每年 9 月下旬～10 月上旬充分成熟，为晚熟品种。木拉格的果实穗大粒大，较丰产，是耐贮运的晚熟鲜食品种，已运销印度，是外销果品和贮藏至冬季销售有发展前途的产品。

9. 赤霞珠

欧亚种。原产于法国，是国际酿酒行业的著名品种。现在我国山东烟台、河北怀来、昌黎及北京等地有栽培。果穗小，平均穗重 165.2 克，最大穗重 250 克，由它酿成的酒，酒色呈淡宝石红或深桃红色，澄清透明，具青梗香，滋味醇厚，回味好，品质上等。植株生长势中等或较弱。在北京于每年 8 月下旬～9 月上旬成熟，在昌黎、怀来于 9 月中旬成熟，为中晚熟品种。果树适应性强，抗病力较强。适宜篱架栽培，中、短梢修剪。赤霞珠是酿制高档干红葡萄酒的优良品种。适宜在我国华北、西北和东北南部栽培。

10. 蛇龙珠

欧亚种。原产于法国，为法国的古老品种之一。与赤霞珠、品丽珠是姊妹品种。现在我国山东烟台地区有较多的栽培。果穗中等大，平均穗重 232 克，圆锥形。由蛇龙珠酿成的酒，颜色呈宝石红色，澄清发亮，口感柔和爽口，具有解百纳酒的典型性，酒质上等。植株生长势较强。在北京每年 8 月下旬成熟，为中晚熟品种。适应性较强，抗旱，抗炭疽病和黑痘病，对白腐病、霜霉病的抗性中等，不裂果，无日烧。适宜篱架栽培，中、短梢修剪。蛇龙珠是酿制红葡萄酒的世界名种。适宜在我国山东、东北南部、华北、西北地区栽培。

11. 品丽珠

品丽珠别名称卡门耐特，原种为解百纳。原产于法国。在我国的宁夏、山东、北京、云南等地区均有栽培。果穗中等大，平均穗重 245.5 克，晚熟品种。生长势中等，结实力中等，结果较晚。品丽珠对风土的适应性强，耐盐碱，喜沙壤土栽培。抗病性中等，易感白腐病。如果栽培管理合理，病虫害综合措施得当，白腐病发生轻，则产量稳定。

12. 佳利酿

又名加里娘。欧亚种。现在我国的北京、河北、山东及黄河故道等地区栽培较多。果实穗较大，平均穗重 465.5 克，圆锥形，副穗大。果粒着生紧密，平均单粒重 3.03 克，由佳利酿制成的酒，酒色呈禾秆黄色，酒香悦人，口感酸度较高，回味良好，酒质优良，适于长期贮藏，品质中上等。植株生长势较强。在北京每年 9 月中、下旬成熟，为晚熟品种。果树的抗病力中等，不裂果，有日烧。适于篱架栽培，宜中、短梢修剪。佳利酿是酿制白葡萄酒的优良品种，如果带皮发酵，也能制成优质红葡萄酒。适宜在我国华北大部分地区、黄河故道、西北中部地区栽培。

13. 梅鹿特

又称梅鹿辄。欧亚种。原产于法国。现在我国的山东、河北、河南、陕西等省有栽培。果穗中等大，平均穗重 225 克，圆锥或圆柱形，有副穗。果粒着生中等紧密，平均单粒重 3.3 克。由梅鹿特酿成的酒，酒色呈深宝石红色，澄清透明，具有解百纳香型香气，醇厚爽口，回味好，酒质上等。植株生长势中等或较强。在陕西、河北昌黎每年 9 月上旬成熟，为中晚熟品种。果树的抗病力较强。宜篱架栽培，中梢修剪。梅鹿特是酿制干红葡萄酒的良种。还可供其他红葡萄酒勾兑使用，以提高其他红葡萄酒的风味。梅鹿特可以在我国北方地区栽培和发展。

14. 弗雷无核

弗雷无核为欧亚种。果树树势中等，适于棚架栽植，长、中、短梢修剪，大田、大棚均可以成花结果。果实发育期为 60～70 天，属于早熟品种；圆锥形果穗，穗重500～1 000 克；果粒圆形，平均单粒重 4～5 克，经 GA 处理后质量可达 6～8 克；果皮为鲜红色，果肉脆甜，品质极佳，是早熟大棚栽培的首选无核品种。

15. 克瑞森无核

克瑞森无核于 1995 年引进，是美国目前鲜食无核葡萄中发展速度最快的品种，其市场销售价格是红提葡萄的两倍以上；我国生产的克瑞森葡萄在国际市场上同样得到好评。该品种是欧亚种，果树树势强健，适于棚架栽植，中长梢修剪，果实发育期在 130 天以上，是极晚熟品种。果穗圆锥形，平均穗重 500 克；果粒椭圆形，果皮呈亮红色，非常漂亮，平均单粒重 5～7 克。果肉呈浅黄色，半透明，肉质脆嫩，可以切片。果实的含糖量在 18%以上，糖酸比大于 20∶1，品质极佳。采摘前不裂果，采后不落粒，保质库存期在半年以上。成熟果实若留在树上延迟采收 1 个月品质依旧。注意，克瑞森在干旱地区种植，一般进入丰产期较晚。结果树每亩产量应控制在 2 000 千克左右，以确保果实的优良品质。

16. 无核白鸡心品种

此品种为欧亚种。在我国东北、华北、西北等地均有栽培，表现较好，很有发展前途。在沈阳地区每年 9 月上旬成熟。果穗为圆锥形，平均穗重 829 克，最重达 1 361

克，果粒着生紧密。果粒呈长卵圆形，平均单粒重 5.2 克，最大 6.9 克。用赤霉素处理后可达到 10 克。果皮呈黄绿色，皮薄肉脆，浓甜，含可溶性固形物 16.0%，含酸量为 0.83%。微有玫瑰香味，品质极佳。果树树势强，枝条粗壮，结果枝率 74.4%，每个结果枝着生 1～2 个果穗，双穗率达 30%以上。3 年生果树株产 12.8 千克。丰产。果实成熟一致，抗霜霉病强，易染黑痘病。

三、生物学特性

1. 形态结构特点

(1) 根。由于采用的繁殖方法不同，葡萄根的发育特性各异。葡萄实生苗的根系由主根和侧根组成；扦插苗的根系则没有垂直的主根，只有从根干发生的假根（即插条埋入地下的一段枝蔓上产生的不定根）。在大气潮湿的作用下，枝蔓上有时也会发生气生根。葡萄是深根性植物，其根系在土壤中的分布状况，依品种、树龄、气候、土壤、地下水位及栽培管理方法的不同而发生变化。一般在土层深厚、土壤结构良好的条件下根系分布较深，多数品种根系的垂直分布最密集的范围是在 20～80 厘米深的土层内。采用棚架栽培的葡萄，如果植株全部枝蔓朝向一侧生长，则根系生长往往也相应地表现出不对称性，即架下的根系常比架外的要多。

葡萄的根在环境适合时可以周年生长，但由于受自然条件的影响，在一年中往往会有 2～3 次的生长高峰（5～6 月和 9～11 月）。在干燥的夏季和寒冷的冬季，根的生长往往会减弱甚至停止。在温、湿度非常不适合时，植株则很有可能会死亡。葡萄根最适宜的生长温度为 25～30℃。

(2) 茎和芽。葡萄的茎为蔓性，主要包括主干、主蔓、侧蔓、一年生蔓、新梢和副梢。能抽生结果枝的一年生蔓叫结果母蔓（或结果母枝）（见图 2—13），有花序的新梢称为结果枝（见图 2—14），无花序的新梢称为发育枝。新梢上的夏芽当年萌发后称为夏芽副梢。另外，葡萄在节位上还着生叶片和卷须，卷须是花序的一种变态器官。卷须在节上着生的规律依种类的不同而不同，美洲种自第三节起连续着生，欧洲种则为断续着生。

葡萄新梢节部叶腋间有两种芽，即冬芽和夏芽。冬芽外被鳞片，当年一般不萌发。冬芽内部是由一个中心主芽（中央芽）和 3～8 个副芽（后备芽）组成的复合体。副芽的构造与主芽基本相同，只是发育程度较浅，质量也不如主芽好。通常主芽在春季首先萌发，后备芽则潜伏在母枝皮层内不萌发，故又称为潜伏芽，其寿命会长达几年甚至十几年。当主芽受损伤时，后备芽随即萌发而代替主芽，同时也可能抽生花序成为结果枝。有的品种则主芽与后备芽同时萌发。

(3) 叶。葡萄的叶片互生，一般为掌状裂叶。叶脉呈网状，有主脉 5～7 条。叶表面有角质层，背面光滑或有毛绒。叶柄较长，叶缘为粗大的锯齿状或波浪状，接近全缘。

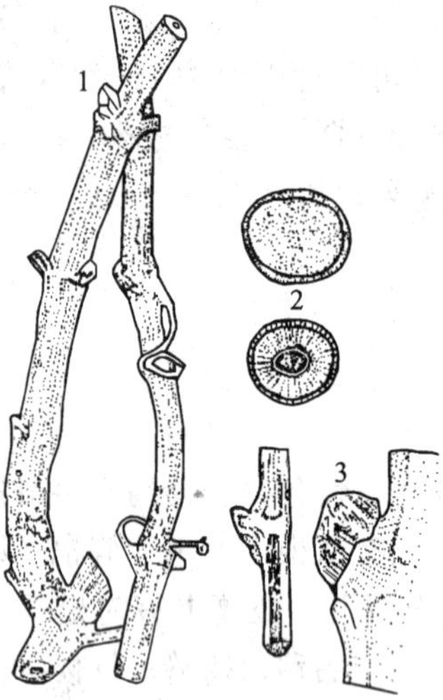

图 2—13　葡萄结果母枝（冬态）

1—冬芽　2—蔓的横剖面　3—蔓的纵剖面

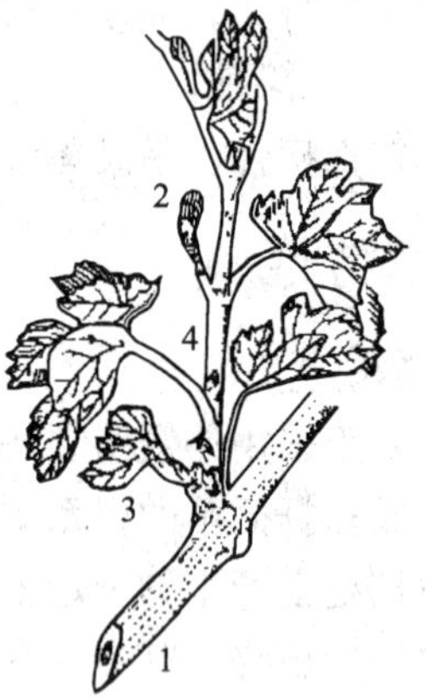

图 2—14　葡萄结果枝露穗的形态

1—结果母枝　2—果穗　3—侧芽　4—新生的结果枝

（4）花序。葡萄的花序为总状或圆锥花序，栽培葡萄的花多为完全花。发育完全的花序有花 200～1 500 朵，花梗短。个别品种具有雌能花（如罗亦尔玫瑰、白鸡心等），需要进行异花授粉才能结果，栽培时应配置授粉品种。

（5）果实与种子。葡萄果穗形状有圆锥形、圆柱形等，有的具有副穗，呈歧肩形状。果粒有圆形、椭圆形、倒卵形或鸡心形等。果实有白色、红色、紫色和蓝色。葡萄的果肉柔软多汁。种子系由坚硬的种皮、胚乳及位于嘴部的胚组成。种子中含油丰富，并可提取单宁。

2. 结果习性

葡萄是结果较早的果树，一般在定植后的第 2～3 年即可开始结果。在加强肥水管理等条件下甚至在定植当年即以二次枝、三次枝开始结少量的果，而在定植后第二年即进入丰产。葡萄的寿命很长，经济栽培的年限可达 30～50 年。

一般葡萄品种花芽的分化时期大约在开花期前后（5 月中旬～6 月中旬），主梢上靠近下部的冬芽先开始分化。

花芽在结果母枝上的形成部位和范围，一般自第 3、第 4 节起至第 12 节都能形成良好的混合芽（因品种而异）。如玫瑰香在结果母枝的基部就能形成较好的结果枝，龙眼则在结果母枝的较高部位才能形成好的结果枝。通常生长势强的品种，形成良好混合芽的节位较高，生长势弱的品种则节位较低。

3. 物候期

葡萄的年发育周期分为生长期和休眠期。生长期从春季根系活动和萌芽时开始，至秋季组织木质化落叶时结束，植株以休眠状态度过严冬。

葡萄主要产区的物候期见表2—3。

表2—3　　葡萄主要产区物候期　　日/月

地　区	萌芽期	开花期	果实生长期	果实着色期	果实成熟期
吉林公主岭	13/5	22/6	27/6	15/8	上/9
辽宁兴城	5/5	18/6	24/6	17/8	4/9
河北昌黎	20/4	7/6	10/6	6/8	中/9
北京	17/4	3/6	8/6	15/8	19/9
山西太原	下/4	中/6	—	—	下/9
山东青岛	10/4	1/6	5/6	30/7	6/9
河南郑州	下/3	中/5	—	—	下/8
安徽萧县	10/4	24/5	—	中/7	20/8
新疆博乐	中/4	下/5	上/6	中/7	初/9
新疆吐鲁番	上/4	中/5	下/5	上/7	下/8
新疆石河子	20/4	25/5	2/6	14/8	上/9

四、对环境条件的要求

葡萄是喜光植物，对光照非常敏感。若光照不足，则会导致节间细长，叶小色黄，不能形成花芽。故在建园时应选择光照良好的地方，并注意架面的通风透光条件。正确确定株行距和架向，并采用正确的整形修剪技术。

葡萄在不同物候期要求的温度不同。生长期最适合的温度为28～32℃，此时新梢生长与花芽分化表现得最好；开花期最适合的温度为25～30℃，低于15℃时则影响授粉受精。春季刚萌动的芽能经受－4～－3℃的低温，嫩梢、幼叶在－1℃时即受冻害，花序在0℃时会受冻害。在休眠期内，葡萄的根部最不抗寒。在北方寒冷地区（如沈阳以北），用山葡萄或贝达作砧木进行嫁接繁殖，可以提高根系抗寒力，使防寒工作大为简化。

葡萄是比较抗旱的植物，但是也需要足够的水分。在一年中的不同时期葡萄对水分的要求也不同。在生长初期，枝叶及花序的生长需水量较多（以土壤田间持水量的60%～80%为宜）。在花期，低温多雨则会影响授粉受精，而过于干燥会使柱头变干，影响花粉发芽，并引起大量落花落果。浆果在生长期也要求有较多的水分。在成熟期如果雨水过多则会降低果实的品质，并影响花芽分化和新梢成熟，致使病害发生严重，造成裂果或腐烂，减少葡萄的产量。

葡萄对土壤的适应性较强，在排水良好的沙质壤土中生长最好，黏重土不利于根系的呼吸并会影响葡萄的生长。葡萄喜欢中性土壤（pH 值 5～7.5），对盐碱土有较强的耐力，土壤含盐量在 0.1%以下时能正常生长，超过 0.13%时可致死亡。盐渍化土壤必须经过改土施肥、排水洗盐，以降低土壤含盐量。

第五节　枣

培训目标

→ 了解枣的主要种类，掌握枣的主要栽培品种

→ 掌握枣的主要生物学特性及其对环境条件的要求

一、概述

枣原产于我国，已经有 3 000 多年的栽培历史，是重要的木本粮食树种。枣树的果实营养丰富，含丰富的糖类、蛋白质、脂肪、维生素 A、维生素 B_2、维生素 C 及钙、磷、铁、苹果酸和酒石酸等，其中以维生素的含量最多，比苹果高 70～80 倍。枣也是很重要的滋补品，枣仁有安神作用，中医经常用以入药。

二、主要种类和品种

1. 主要种类

枣属于鼠李科枣属。该属全世界约有 40 个种，我国约有 15 个种，其中常见的有两种。

（1）普通枣。我国栽培的枣树均属此种，为落叶乔木。果实呈长圆形，颜色为紫红色，大小依品种而异，肉厚味甜。此外，本种还有 3 个变种即无刺枣、葫芦枣和龙须枣。

（2）酸枣。在我国的北方地区分布较多，为灌木或小乔木。枝与普通枣相似，叶小、果小，果形多为圆形，味酸核大，核内有 1～2 个核仁，可供药用。酸枣的适应性强，病虫害少，一般作为枣树的砧木。

2. 主要品种

我国枣树的栽培品种十分丰富。目前，对枣的分类方法尚不统一，按地区可以分为

南枣和北枣；按果实用途可分为鲜食、制干和加工 3 种；按果形大小可分为长枣、圆枣、小枣和葫芦枣 4 种。

（1）金丝小枣。金丝小枣为我国的著名品种，主要用于制干，以核小、肉厚、糖多（含糖量 60%～80%）、味浓、色鲜、质地细腻著称，畅销国内外。每年 9 月中、下旬成熟，丰产、稳产。主要产于我国山东、河北、京津等地区。

（2）无核小枣（又称空心枣、虚心枣）。无核小枣树势较弱。果实小，平均单果重为 3.1 克，最重的达 6 克，果实为圆柱形，汁少、味甜、品质极上。树形、枝叶与金丝小枣极为相似，但核退化仅剩一木质薄膜，故名无核枣。每年 9 月上、中旬成熟。产量较低。主要产于我国山东、河北等地区。

（3）灵宝大枣（又称圆枣、笨枣）。灵宝大枣的树冠高大，树势强健。果实大，平均单果重约 10 克以上，果实为短圆筒形，皮薄肉厚，汁液极少，适于长途运输。丰产。主要产于我国河南灵宝、山西芮城沿黄河一带。

（4）板枣。板枣的树势强健，枝条较直立。果实中大，平均单果重约 10 克左右，果实为秤锤形，上窄下宽、两侧较扁，故称板枣。皮薄肉厚，肉质致密，味甜，品质极上。每年 9 月下旬成熟，丰产，抗逆性强，但不耐碱。主产于我国晋南地区，在山东及南京生长也表现良好。

（5）义乌大枣。义乌大枣树势强健，枝密而直立。果实大，平均单果重约 16 克，果实为圆筒形，肉厚质松，汁少味甜，品质上等，适于制作蜜枣。主产于我国浙江义乌等地。

（6）骏枣。骏枣的果实大，平均单果重 22.9 克，大小不整齐。果实为圆柱形或长倒卵圆形，果面光滑，果皮薄。果肉厚，质地略松脆，汁液中等，稍具苦味。鲜枣的含糖量为 28.7%，干枣的含糖量为 75.6%。果实每年 8 月上旬成熟，8 月中旬开始着色，9 月上旬进入脆熟期，果实生育期为 100 天左右。

（7）哈密大枣。哈密大枣是在新疆哈密山南平原戈壁的特定气候条件下生成的果中珍品。该果个大饱满、色泽红润、核小肉厚、甘甜爽口。据西北农大实验中心测定：哈密大枣平均单个鲜重 17 克，最重可达 32.1 克，出肉率达 96%，总糖含量为 69.71%，明显优于内地大枣的品种。

（8）灰枣。灰枣的果实为长倒卵形，平均单果重 12.3 克。果肉致密，较脆。汁液中等稍多。鲜枣含糖量为 30%，制干率为 55%～60%，可食率为 97.3%。制干后，成品的皱纹较粗深。肉质紧密，有弹性，耐贮运，品质优良。成熟期遇雨易裂果。每年 9 月中旬成熟。

三、生物学特性

1. 生长结果习性

枣树根系的生长力强，分布较浅，水平根发达，一般可以超过冠幅的 2～6 倍，多数细根分布在 5～30 厘米的土层内。垂直根的分布与品种特性、土层厚薄及土壤的管理水平等条件有密切的关系。枣树容易发生根蘖，可用其分株繁殖幼苗。如根蘖萌生过多，则会影响树势，应在生长季节结合土壤管理将它刨除。

枣树的枝条每节叶腋间有主芽与副芽两种。主芽位于叶腋正中，当年不萌发，翌年萌发多形成枣股，也可形成枣头。副芽在主芽的侧上方（左上方或右上方），多年萌发为脱落性枝或二次枝。枣树的枝条有 3 种（见图 2—15）。

（1）枣头（即发育枝）。枣头由主芽萌发而来，顶芽可以继续萌发枣头。这种枝条是构成树体的主要骨干。枣头的生长力强，随枣头的生长会抽生二次枝（二次枣头），以扩大树冠。二次枝生长力比较弱，其上着生枣股，是枣树的主要结果部位。所以，由枣头和枣股构成了枣树的生长结果枝系。枣头的强弱和多少，直接决定着以后产生枣股的多少，从而也决定着枣产量的高低。

（2）枣股。枣股是一种短缩的结果母枝，由主芽萌发而来。每年由其上的副芽抽生枣吊开花结果。在正常情况下，枣股顶生的主芽，每年的生长量很小（仅为 1～3 毫米），而副芽会每年抽生出枣吊。枣股寿命一般为 6～15 年，会因其着生部位而异。枣头一次枝上的枣股寿命较长，二次枝上的枣股寿命较短。如对弱枝进行回缩更新或者自然更新后，枣股上常会由顶芽抽生出强壮的枣头，以后在上面再形成新的枣股（见图 2—16）。

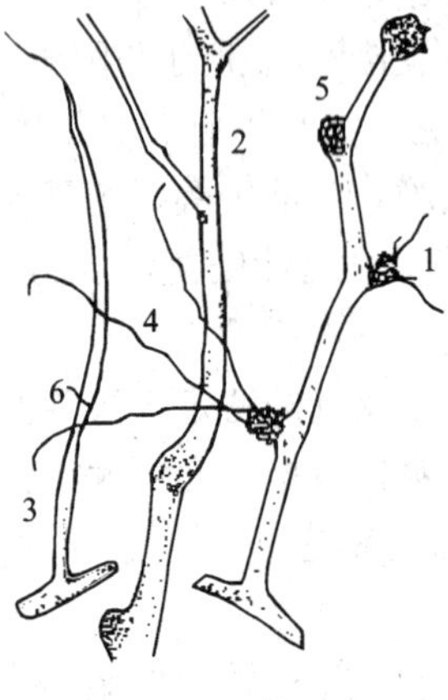

图 2—15　枣树的枝梢形态

1—枣股　2—枣头　3—枣头上的分枝
4—枣股上的枣吊　5—结果枝的脱落痕迹
6—枣头上的分枝转变成枣股部分

图 2—16　枣股生长形态

1—枣股抽生新梢的状态
2—枣股上芽苞将要萌发的状态

（3）枣吊（即结果技）。枣吊细软下垂，是一种脱落性枝。结果的枣吊主要从枣股中生出。每个枣股可由副芽萌生 3～5 个枣吊。枣吊一般长约 10～25 厘米，以 4～8 节的叶面积最大，3～7 节结果量最多。枣吊随枣股的年龄变化而增减，3～6 年生的枣股抽生枣吊多，结实力最强。在枣吊每个叶腋间均着生一个花序，由枣吊的基部至先端逐次开花，全树花期可延续 1 个月以上。在花期抑制枣吊先端的生长，可以提高其坐果率。枣树结果早，栽后 2～3 年就开始结果；寿命长，结果年限一般可达 70～80 年，以 20～50 年时生产量的潜力最大。枣树一生中可以进行 2～3 次更新，如能及时加强肥水和修剪措施，就可以及时恢复和保持健壮的树势。

2. 物候期

枣树的物候期特点是萌芽晚、花期长、落叶早。通常气温在 4～16℃时枣树才开始萌芽，19～20℃时现蕾，20～22℃时开花，秋季气温降至 15℃时即开始落叶。

四、对环境条件的要求

枣树的适应性很强，在－32.9℃的严寒条件下能够安全越冬。在年降雨量为 400～1 000 毫米地区均能正常生长。干热气候有利于提高枣的品质。枣树虽然耐旱，但在生长前期却需要较充足的水分，所以，此期如水分不足应进行灌溉补充。果实的成熟期如阴雨连绵，则易引起裂果和病害的发生。枣为喜光树种，日照充足和天气较干燥的秋季最适宜枣的生长。枣树对土壤的要求不严，耐瘠薄，耐盐碱，一般在肥沃的微碱性或中性沙质壤土中生长最好。

第六节　柑橘

培训目标

- 了解柑橘的主要种类，掌握柑橘的主要栽培品种
- 掌握柑橘的主要生物学特性及其对环境条件的要求

一、概述

柑橘在果树生产上占有重要地位，我国柑橘栽培面积和产量很大，是南方各省的重要果树品种。柑橘果实形色美观，营养丰富，甜酸适口，深受人们喜爱。柑橘除鲜食外，橘实、橘皮、橘络和叶片等都是重要的中药材。

二、主要种类和品种

1. 主要种类

柑橘不仅是指柑和橘两类，在植物分类上指的是芸香科柑橘族中柑橘亚族的一群植物。它的主要特征是果实是由合生心皮发育而成的浆果，每个心室（即果实中的瓤瓣）

含有特殊的汁胞。这种果实在植物学上称“柑果”。这类植物种类很多，经济价值较大，供果树栽培利用的有枳属、柑橘属、金柑属。

（1）枳属。枳属是落叶性灌木或小乔木。枝条多刺，叶为三出复叶，花芽为纯花芽，着生在去年生枝上，花大、腋生，果皮上被覆着细密的短柔毛，果实味苦，不宜食用，但可供药用。枳的耐寒性极强，可以作为多种柑橘的砧木。枳很容易与其他柑橘类杂交，形成属间的杂交种。

（2）金柑属。金柑属叶小而厚，叶翼及叶脉（侧脉）不明显，花小单生，一年可开花 3～4 次，果小，呈圆形或卵圆形，子房 5～8 室，果皮厚、肉质化、味甜、可食，果肉略酸。该属有山金柑等 6 种。

（3）柑橘属。柑橘属是柑橘类中种类最多、分布最广、经济价值最高的一个大属，包括大部分栽培品种，有大翼橙类、宜昌橙类、枸橼类、柚类、甜橙类、宽皮柑橘类。其中柑橘类又分柑和橘两类，形态非常近似，极易混淆，特列表比较，见表 2—4。

表 2—4　柑和橘形态比较

序号	柑	橘
1	花大，花径一般在 3 cm 以上	花小，花径在 2.5 cm 左右，或者更小
2	叶片先端（指春叶）凹口模糊	凹口明显
3	果皮海绵层厚	果皮海绵层薄
4	剥皮稍难	剥皮极易
5	种子中胚为淡绿色	种子中胚为深绿色

2. 主要优良品种

（1）宽皮柑橘类

1）温州蜜柑，又名无核橘。原种产于我国浙江省，在我国分布极广，是目前最多的柑橘良种。温州蜜柑树势中等，树冠较矮，呈扁圆形，枝条长而粗，叶片长椭圆形、肥厚；果实为扁圆形，大小不一，单果重 75～170 克或更多，果皮为橙黄色，果肉柔软多汁，甜酸适度，品质上等，无核或有少核。每年 10～12 月份成熟，耐贮运，适于鲜食或加工。

本品种生长快，进入结果期早，产量高，适应性强，但易受树脂病为害。温州蜜柑最易发生芽变，品系比较混乱，通常根据成熟期可以分为早熟、中熟、晚熟三类。

2）椪柑，别名芦柑、汕头蜜橘。主产于我国广东潮汕地区、福建中部、广西及台湾等地区。椪柑树势强健，直立性强；树冠高大，呈广圆头形。叶小。果实为扁圆或圆锥形，单果重 110～150 克，果皮易剥离，果心大而空。果肉汁多味甜，脆嫩爽口，有香气，品质极好。种子 10 粒左右。每年 11 月中下旬～12 月成熟，较耐贮运。

本品种结果早，品质优，高产稳产，耐旱，抗病，但对肥水的要求较高，北部橘区要特别注意防寒。

(2) 甜橙类

1) 锦橙，别名鹅蛋柑。原产四川江津，国内各橘区均有引种。锦橙树势强健，树冠呈圆头形，枝梢开展，具短刺。叶片先端尖陡。果实为长椭圆形，似鹅蛋，单果重150～200克，果顶平或微凹，蒂部微凹，果皮橙红色，薄而光滑，果心小，半充实，瓤瓣为半圆形或长肾形，有8～13瓣。果肉呈橙黄色，柔软多汁，甜酸适度，风味浓，有香气，品质极上。种子有6～8粒。每年11月下旬～12月上旬成熟，果可贮藏至翌年的4～5月。本品种适于在冬春季节环境温暖湿润的地区种植，在偏北的橘区常表现为色泽不鲜艳，果皮增厚，风味变差，且易染流胶病和溃疡病。

2) 新会橙。新会橙因主产于我国广东新会而得名，由于其果面光滑所以又称为滑身橙。本品种树势中等，树冠为半圆形，枝梢较细。果实稍小，近圆形，果顶印环明显，果皮为橙黄色，薄而光滑，果心充实。果肉柔软多汁，味道极甜，清香，品质上等。种子少。每年11月下旬～12月上旬成熟。果实较耐贮藏。本品种对积温要求较高，在偏北地区栽培，品质则会下降。

3) 雪柑，别名广橘，主产于我国广东潮汕，福建福州、闽侯，浙江及台湾等地区。雪柑树势强健，树冠呈圆头形，枝梢细长。叶为椭圆形，翼叶不明显。果实为圆形或长圆形，单果重120～140克，果皮稍厚，光滑，呈橙黄色，油胞大、密而凸出。果心紧实，瓤瓣为肾形，有10～13瓣。果肉颜色淡黄，柔软多汁，风味浓，微香，品质上等。种子有14～18粒。每年1月下旬～12月上旬成熟。果实耐贮藏。本品种产量高，品质优良，适应性强，山地、平地均可栽植，是华南柑橘上山栽植的重要品种之一。

(3) 柚类。柚类为柑橘类中果实最大的一种。果皮厚，难剥离。以广西容县所产沙田柚的品质为最好。果肉呈白色，汁多味甜，微酸，种子多，每年10月份左右成熟。

三、生物学特性

1. 生长结果习性

(1) 根系。柑橘的根可分为骨干根和吸收根，健壮的植株须根很多。柑橘的须根一般无根毛，但幼嫩部分的表面有真菌形成的菌根。这些真菌与树体营共生，一方面从植株得到碳水化合物，另一方面又代替根毛吸收养分和水分，其吸收能力比根毛强。但菌根需要较多的氧气，故橘园土壤必须保持疏松状态。

柑橘的根系在土壤中的分布与柑橘种类、品种、繁殖方法、土层深浅、地下水位高低及农业技术措施有关，其中以土层深浅、地下水位对根系的分布影响最大。在土层较深的地方，根系可伸入土壤达3米以上；若土层较浅、底层有硬盘或地下水位高时，根系则大多分布在土表20～40厘米范围内，整个根系成盘状。一般情况下，根系的水平分布比树冠大，吸收根主要分布在树冠的周围。柑橘的根系在一年中，并没有明显的停止生长期，只要条件适宜，全年均可生长。通常，一年内有三次生长高峰，并与枝条交错生长。

（2）枝条。柑橘的枝条多有棱起，特别是夏、秋梢的徒长幼枝，其横断面呈三角形。有的品种常具枝刺，这是进化过程中原始性状残留的表现。枝刺消耗养分，易伤果实，必须剪除。

柑橘具有假轴分枝的习性，当新枝生长到一定程度后，先端会停止生长，经过1～2天，靠近顶端的4～8节或1～2节处便会枯干、断裂、脱落，这种现象称为“自剪”或“自枯”。因此，柑橘枝梢停止生长后，并没有真正的顶芽，在次年或下一季度代替顶芽延伸的是“自剪”剪口以下的侧芽（假顶芽），其抽生部位与原来枝梢上有明显的节痕。由于假轴的反复分枝，因此柑橘枝条的生长常呈曲线延伸。从单枝来说，“自剪”早的，生长停止也早，枝条比较充实。柑橘的枝梢一年可以抽生3～4次，有春梢、夏梢、秋梢、冬梢的区别。

（3）花和果实。柑橘嫁接后4～5年开始结果，15～20年达到盛果期，经济寿命长约40～50年，但近年来各地用矮化密植栽培技术种植柑橘，这样可使柑橘提早结果，并提前进入盛果期，但其经济寿命也会相应地缩短。

柑橘的花芽，除枳为纯花芽外，其他种类均为混合芽。混合芽一般在果实采收后至次春萌芽前进行分化（主要在12月至次年3月）。金柑类一年中可多次抽梢开花，每次枝梢停长后都会有一次分化。混合芽着生在结果母枝先端附近数节处，萌发后，抽生结果枝，在结果枝的先端开花结果。

结果母枝可由春梢、秋梢或夏梢转变而来。由于种类、品种、树龄和栽培环境、营养状况不同，形成结果母枝的各次枝梢的比例也不一样。一般冬季温暖时，柑橘生长旺盛，营养条件较好的幼龄树结果母枝以夏、秋梢较多；而冬季较冷时，柑橘长势弱，营养条件差的老龄结果树则以春梢结果母枝为主。甜橙、宽度柑橘类的结果母枝，一般长5～30厘米。通常，结果母枝以树势中庸、节间短、枝条粗壮、叶片健全整齐、叶厚色浓、组织充实的为最好。

结果枝着生在结果母枝的先端，由混合芽抽生而成。抽生时间会因种类、品种、地区及环境条件的不同而异，如浙江省柑橘类果树的结果枝抽生时间在每年的3～4月份，金柑类则在每年的6～7月份。结果枝通常分有叶结果枝（正常结果枝）和无叶结果枝两种。结果枝根据花序的情况，又可分为单花枝和花序状枝两种，甜橙、柚类等两者兼有，而橘类只有单花枝。

柑橘的花通常为完全花，但营养不良时则成为畸形花。花单生或花序状着生，花序为总状花序。柑橘自花结实率高，但沙田柚的自花结实率则较低，通过异花授粉可以提高产量。柑橘类果树的多数品种需经授粉受精后才能结果，但也有些品种，如温州蜜柑、华盛顿脐橙、南丰蜜橘等，不经受精果实也能发育成无核果，这种现象称为单性结实。单性结实的原因是由于这些品种的子房自身能分泌生长素，促使果实发育。为了保证这一无核特性，对有单性结实能力的品种，应采取单一品种栽植. 以免增加种子，降低品质。

柑橘果实在发育过程中会有两次比较明显的落花落果高峰，第一次在花谢后几天至两周以内，连同果梗一起脱落，俗称“落花”。其主要原因是花由于受精不良，缺乏花粉传递的生长激素所致。第二次是在花谢后1个月，时间在6月份，又称“六月落果”，其主要原因是养分不足、内源激素缺乏或不平衡所致；水分过多或干旱也能引起“六月落果”。这次落果对柑橘的产量影响会很大。此外，晚生橙类在果实采收前，还有一次落果高峰，这次落果称为“采前落果”。主要原因除生理和遗传因素外，还有病虫害、低温、干旱、大风等的为害，严重时损失也很大。

2. 物候期

柑橘的物候期因种类、品种、地区和栽培条件不同而不同，见表2—5。

表2—5　　我国几个柑橘产区主要品种物候期　　旬/月

产区	产品	发芽期	春梢生长期	花期	开花期	夏梢生长期	秋梢生长期	果实成熟期
广东潮汕	蕉柑	下/2	下/2～上/3	中/3～上/4	中/4	上/5～下/8	上/9～下/9	上/12～下/1
	甜橙	中/1	中/1～下/3	中/2～中/3	下/3	下/5～下/6	下/7～中/8	中/11～中12
湖南溆浦	甜橙	上/3	上/3～中/4	中3/～中/4	下/4	中/6	中/8	下/11
	温州蜜柑	中/3	中/3～中/4	中3/～下/4	下/4	中/6	中/8	上10/～上/11
浙江黄岩	本地早柑	中/3	下/3～上/5	上/4～下/4	上/5	中/6～下/6	下/7～中/8	上/11
	早柑	上中/3	下/3～下/4	下/3～中/4	下/4～上/5	中/6～下/6	下/7～上/8	上/10～中/11
	温州蜜柑	上中/3	下/3～中/4	上/4～中/4	下/4～上/5	中/6～中/7	下/7～上/8	下/10～上/11
四川江津	甜橙	下/2	下/2～中/4	中/3～上/4	中/4	中/5	中/8	上12/～中/12
	红橘	上/3	上/3～上/4	中/3～中/4	下/4	上/7～上/8	中/8～中/9	中/11

3. 对环境条件的要求

（1）温度。温度是影响柑橘生长和分布的主要因素。柑橘对温度的要求因种类、品种的不同而不同。生长最适宜的温度为23～29℃，当温度低于13℃、高于37℃时柑橘就会停止生长。宽皮柑橘类要求的年平均温度在16.5～19℃；宽皮柑橘类的温州蜜柑较耐低温，年平均温度以15.5～17.5℃为宜。年有效积温最好在3 000℃以上。若年平均温度和积温不足，则会影响柑橘的正常生长和结果。柑橘喜温暖不抗寒，当绝对低温低于5℃时，对柑橘越冬就有威胁，容易造成冻害。不同种类和品种的柑橘耐寒性差异很大，而且还受所处的生理状态、砧木种类、树龄、树势、栽培环境和低温持续时间的长短以及寒风等方面的影响。一般情况下柑橘生长越旺盛越不耐寒，休眠程度越深越耐寒。柠檬周年生长并开花结果，因此最不耐寒；而金柑、枳壳在冬季会进入完全休眠，所以最耐寒。以枳为砧木、生长势强的成年树耐寒力较强，幼树或弱树则耐寒力弱。如果低温加上管理不善，冬季干旱和受到寒风袭击，则会使柑橘冻害加剧。

温度的高低还会影响到柑橘的品质。在一定范围内，温度升高时，果皮就会变薄，酸分减少，果色变淡，则柑橘的贮藏性会降低。如温度高达40℃左右时，果实和枝梢则易遭灼伤，产生日烧病，影响当年或次年的结果。高温还会引起柑橘“六月落果”和枝叶凋萎。

（2）水分。柑橘原产于高温多湿的热带或亚热带的森林地带，整个生育过程中需要较多的水分。据测定，柑橘每蒸腾300份水分才能造出一份干物质。柑橘的需水量会因种类、品种而不同。甜橙的需水量比温州蜜柑高，对缺水最为敏感，耐旱性弱，宽皮柑橘类次之。枳壳、酸橙等品种则耐旱性较强。我国柑橘主要产地的年降雨量在1 000～2 000毫米时，都能满足柑橘对水分的要求。但一年中的降雨量也常常分布不均。东南沿海及长江流域部分地区，雨水多集中在春末夏初，往往容易造成授粉不良、病虫害增多、生理落果严重；夏秋季节又常干旱，影响果实发育和秋梢的抽生；冬季有时干旱则能削弱树势和抗寒力。柑橘在果实发育期要求供水均匀，久旱后突然灌水容易造成裂果；后期水分过多，则风味变淡，贮藏性降低。因此，多雨季节要注意开沟排水，干旱季节应加强灌溉，使土壤含水量保持在田间最大持水量的60%～80%为宜。

柑橘对于温度的要求较高。滨海多雾地区的柑橘，往往生长快，果面光滑，果皮薄，果汁多，味佳色美，产量也高。而若空气干燥，则对柑橘的生长不利，常会使果形变小，果皮粗糙，囊壁增厚，汁液减少，造成柑橘品质低劣。一般柑橘生长理想的空气湿度在相对湿度的75%左右。

（3）光照。柑橘属于半耐阴的果树，但仍然要求有充足的光照。光照不足时，常会致使柑橘生长不良，叶片大、叶肉薄、叶色黄，果实小、品质差，蚧壳虫、粉虱等虫害特别严重。如果树冠外围枝叶密生，内部光线不足，常造成柑橘的内膛枝枯死，以致降低产量。冬季光照不良，则花芽的分化就差。如幼树间作高秆作物或梅雨季节的多雨天气，常会使光照不足，落花落果严重。果实成熟期光照不足，则柑橘风味变差，品质降低，甜橙类更为明显。但必须指出，柑橘是比较耐阴的植物，喜欢散射光。夏季日照过强，温度过高，对生长也很不利，有的品种易发生日烧病。干旱季节，日照过强，会产生卷叶，果皮干裂，甚至落叶、落果和树皮爆裂诱发树脂病等现象。在日照较强的地方，内膛枝也能结果，且修剪宜轻，多留枝叶，可以适当密植。

（4）土壤。柑橘对土壤的适应性很强，从我国橘区的土壤分布看，几乎各种土壤都有，即使土壤理化性状较差的红壤、黄壤也都能生长。近年来海涂种橘已初获成功，但以冲积土栽培最为理想，这种土壤一般土层深厚、土壤肥沃、土质疏松，保肥保水力强，排水良好。柑橘在土壤pH值为5.5～8.5范围内均能生长，但最宜在pH值为5.5～6.5的微酸性土壤中生长。柑橘对地势的选择也不严格，山地、丘陵、平原、水田、河边、圩地、海涂等都可以栽培。但海涂盐碱地要求盐分含量在0.2%以内才可以种柑橘，如盐分过高，在建园前应先做好开沟洗盐工作，以降低土壤的含盐量。

第七节 香蕉

培训目标

- 了解香蕉的主要种类，掌握香蕉的主要栽培品种
- 掌握香蕉的主要生物学特性及其对环境条件的要求

一、概述

香蕉是热带、亚热带水果，具有产量高、投产早、风味好、供应期长等特点。香蕉的果实营养价值高，果实质地柔软清甜而芳香。每 100 克果肉中，含碳水化合物 20 克、蛋白质 1.2 克、脂肪 0.6 克、粗纤维 0.4 克、磷 28 毫克、钙 18 毫克、铁 0.5 毫克、维生素 C 24 毫克、维生素 B 0.08 毫克等。香蕉的果实除可供鲜食外，还可制成香蕉干、香蕉酱、香蕉粉和酿酒。

二、主要种类和品种

我国食用蕉类分为香蕉、大蕉、粉蕉 3 类，每类又依假茎高度和色泽、叶片形状、叶柄长短、果实外形、品质、幼苗色泽等分为若干个品种和品系。

1. 香蕉类型

香蕉在蕉类中经济价值最高，为广东省最主要的栽培品种。香蕉植株生长壮健，假茎高 200～300 厘米，颜色为黄绿色而带紫褐色斑。叶片较阔大，叶柄槽开张，有叶翼，向外翻；果梗下垂，小果弯曲向上生长，果皮为绿色。果实成熟时棱角小而近圆形，果皮呈黄绿色，催熟后（21℃左右）果皮有梅花点即炭疽病斑；果肉清甜，有浓郁的香味，果肉为黄白色，三室易分离，无种子，皮薄，外果皮与中果皮不易分离。

（1）大种高把。又称高把香蕉，为我国广东东莞的优良品种，也是外销的主要品种。属高型品种，植株高而粗大。假茎高 250～300 厘米，周长 75～85 厘米。叶片长大，果段数较多，小果也较长而充实。果实成长较迅速，可以提早收获，整年所结的果实比较正常，一般较高产、稳产。每穗果实比矮把蕉重 5～10 千克，耐肥、耐湿、耐旱，抗寒力较强。但因假茎高，易受风害。高把蕉品系又可分为青身高把和黄身高把。前者比较优良，后者叶柄带黄色，冬季易受冻害。

（2）油蕉。油蕉为广东东莞的优良品种，假茎高为 250 厘米，坚实。叶轴及叶脉带淡红色，幼苗更明显。其主要特征是果皮较厚，呈深绿色，有蜡质带光泽；果实发育期

比高把蕉多十多天。果肉风味较淡，抗风力较强，也较耐寒。果实较耐贮运，其他抗逆性也较强，较少出现束顶病。

（3）中脚遁地雷。又称齐尾，为我国广东高州的优良品种，只在广州地区栽培。植株高大，假茎高约 300 厘米，周长 65 厘米左右，下粗上细明显。株形介于高脚遁地雷和矮脚遁地雷之间。叶窄长，较直立而且向上伸展，叶尖圆且长短几乎相等，叶柄长，最后抽生之叶较密集，故有“齐尾”之称。果穗和小果比高脚遁地雷稍短，果段也较少，但果数较多。耐肥，在地力差的蕉园生长不良。抗风、抗寒、抗病力均较弱。在相同条件下，比高脚遁地雷约早抽蕾 20 天。果实品质中上。单株产量比矮脚遁地雷高。其主要经济性状为不够稳产。

（4）天宝蕉。又称度蕉、矮脚蕉、本地蕉，为福建省漳州地区的主要栽培品种。属矮型种，假茎高 160～180 厘米。叶片长椭圆形，叶片基部为卵圆形，先端钝平，叶柄粗短。花苞表面呈紫红色杂有橙色斑纹，内部则为橙红色。花柱、花丝宿存。果皮薄，果肉浅黄白色，肉质柔软，具浓厚的香味，味甜，品质甚佳。抗风力强，但耐寒力较差，冬季经轻霜后叶大多干枯，抵抗叶斑病、束顶病能力弱。

2. 大蕉类型

大蕉植株一般较高大健壮。假茎为绿色。叶宽大而厚，呈深绿色。小果较大，富含淀粉，果身直，棱角显著。果皮厚而韧，外果皮与中果皮易分离，果肉三室不易分离，呈杏黄色，柔软，味道甜中带酸，香气不浓，偶有种子，抗风、耐旱能力及适应性均较强。

（1）大蕉。又称鼓槌蕉（广东）、月蕉（广东潮汕）、牛角蕉（广西）、柴蕉（福建）、板蕉（四川）。植株高大强壮，假茎一般高 300～400 厘米。叶长而大。果实大而直，果皮厚韧，成熟时为橙黄色。果肉呈淡黄色，柔软，味道为甜间带微酸。大蕉的抗寒力最强，适应性也较强，抗风、抗病虫能力也强，不易感染丛叶病。

（2）灰蕉。灰蕉强壮高大，假茎高 320～340 厘米。叶柄细长；果形直，棱角明显；果皮厚，被有白粉；果肉柔软，乳白色，故又名牛奶蕉。微甜有香气。其他性状似大蕉。

3. 粉蕉（包括龙牙蕉）类型

植株一般较高瘦，假茎淡黄绿色带有紫红色斑纹。叶狭长而薄，淡绿色。果实近圆形而微起棱，形较短小，成熟后果皮呈鲜黄色，薄而微韧，但易开裂，果肉呈乳白色，柔软甜滑，三室不易分离。产量中等。抗寒力比香蕉强，抗风力和对土壤的适应性比大蕉弱。

（1）龙牙蕉。又称过山香（广东）、美蕉（福建），为福建的主要栽培品种。假茎高 340～400 厘米。淡黄绿色且具有少数褐色斑点及紫红色条纹。叶狭长。果实近圆形，肥满，形状直或微弯。果皮薄，经后熟转为鲜黄色，无斑点，易开裂，果肉组织柔软，甜或带微酸。有特殊香味。

(2) 粉蕉。又称糯米蕉，广东、云南等省有栽种。假茎及叶片的形态颇似龙牙蕉，不同的主要是叶基部对称。树势壮。果形偏直，果皮薄，果肉呈乳白色，汁少、紧实、柔滑，一般较香蕉甜，具香味，但冬季所产的果品质会较差。产量一般为中等，也有些品系较高产。较抗风、耐寒。

三、生物学特性和对环境条件的要求

1. 生物学特性和开花结果的习性

香蕉为大型多年生常绿草本植物，具有一个多年生的粗大的地下茎，无主根。地上为层层紧压的覆瓦状叶鞘重叠而形成的假茎，其高度因品种及栽培条件而不同。植株在结一次果后，地上部分便枯萎，由地下茎萌发的吸芽来延续后代生长。

(1) 根系和地下茎。香蕉没有一般果树所具有的主根，它的根系是由地下茎所抽生的细长的肉质不定根，常以 2～4 条为一组并生。在地下茎上部长出的根较多，分布于近地面 10～30 厘米的土层中，为浅生性。香蕉根系在每年春季来临、温度和湿度适宜时即开始生长，在 5～8 月，特别是 6 月时根系生长最旺盛。9 月下旬以后，根生长渐慢，冬季根停止生长，进入相对休眠期。

地下茎是整个植株积累和贮藏养料的最重要器官，是芽眼及吸芽着生的地方。地上部的生长旺盛期也是地下部生长最快的时期。由于地下茎要求一定限度的空气和湿度，因此，新生吸芽的地下茎会逐年稍向上升，其上升快慢则与栽培技术有关。

(2) 假茎、茎及叶。香蕉的干是假茎，是由很长的叶鞘一层层紧压着成覆瓦状重叠形成的，起着支持植株和运输养分的作用。

叶的排列为螺旋式互生，叶鞘接近叶片逐渐收缩为叶柄。假茎的横断面叶片的中脉是浅槽形，可引雨水下渗来润滑上升中的新叶或花序。

香蕉的叶片长大而宽，刚抽生时左右半片互相包卷着成圆筒形，筒顶闭合。当整张叶片都伸出后，叶身才开始自上而下地张开。

(3) 花序、花、果实。香蕉类的花序是顶生的无限穗状花序，在吸芽（植株）生长 7～10 个月之后开始形成，约再经 1 个月，花轴才由地下茎向上伸长到假茎的顶端。当最后一片叶展开后，花蕾便出现于叶丛中。

香蕉的花有雌花、中性花（退化）和雄花三种。在花序上的排列次序为：基部的是雌花，中部的为中性花，先端的为雄花。花单性，为黄白色。三种花中只有雌花是花序的重要部分，雌花的子房发育后，会形成果实。

2. 对外界条件的要求

香蕉是原产于热带的植物，适于在热带和亚热带气候条件下栽种。

(1) 温度。香蕉的整个生长期要求的生长温度为 15～35℃之间，最适宜的温度为

24～32℃，据资料表明，气温在 29～31℃时生长最快。香蕉在生长期间如气温长期超过 24℃则生长期会缩短，易获高产。香蕉最怕低温，更忌霜冻。

香蕉耐寒性比大蕉和粉蕉弱。如在年平均温度较低、霜害较重的地区栽培香蕉，宜选择耐寒性稍强的品种，每年只收获一次果，以避免低温对果实的为害。

香蕉除喜欢较高温度外，还需要充足的光照。在生长旺盛期，特别是在花芽形成期、开花期和果实成熟期，以日照时数多并有阵雨为宜。

（2）水分。香蕉的叶片宽大，生长迅速且生长量大，故要求大量的水分。但其需水量也因生长期而异，以生长旺盛期的需水量最多。又因其浅根、不耐旱，因此对干旱现象十分敏感。栽种香蕉的土壤中要经常有水分的供应，一般每月平均最低限度也要有 100 毫米的降雨量，比较理想的是每月要有 200 毫米的降雨量。适宜的年降雨量是 1 500～2 000 毫米以上，且分布要均匀。雨水少时应进行灌溉。凡雨季来得迟的年份，香蕉生长也相应延迟，如在生长期中缺水则会降低产量。雨水过多时，应注意排水，以免香蕉因浸水而烂根。

（3）土壤。香蕉在不同的土壤中虽都能生长，但所获得的产量却不同。香蕉的根群较细嫩，对土壤的选择比较严格，黏重土及沙质土皆不适宜，以物理性状良好、有团粒结构、富含有机质、肥沃、疏松、土层深厚、水分充足而排灌良好和地下水位比较低的黏壤土、沙壤土为宜，尤其以冲积壤土或腐殖质壤土为最适宜。我国香蕉的著名产区土壤的酸碱度 pH 值一般为 4.5～7.5，以 pH 值在 6.0 以上最为适宜。pH 值在 5.5 以下时，土壤中的镰刀菌繁殖迅速，在蕉类凋萎病严重的地区，易侵害根系而发病。

（4）风。香蕉怕强风，风速在 20 米/秒时即会受到为害。台风的侵袭会对植株造成严重侵害，特别是在抽蕾前后或受象鼻虫为害较重时。一般平地的损失稍小，山地的损失较大。但季节风和海风具有调节气温的作用，有利于香蕉生长。

此外，在热带及亚热带地区，冰雹也对香蕉生长不利。

第八节　草莓

培训目标

- 了解草莓的主要种类，掌握草莓的主要栽培品种
- 掌握草莓的主要生物学特性及其对环境条件的要求

一、概述

草莓是一种宿根性的多年生草本植物。在果品生产中，草莓结果最早，产量较高，

上市极早，营养丰富，繁殖更新简易，便于间作套种和不时栽培，适合加工利用，是一种收益快、得利早、经济价值较高、颇受生产者和消费者欢迎的时令果品。

我国大面积栽培草莓约始于1995年。虽然栽培历史较短，但分布范围却很广，北起黑龙江，南至广东、广西都有栽培。尤其是城市附近，草莓的栽培面积正在日益扩大。

二、主要种类和品种

1. 主要种类

在我国北方主要有东方草莓和森林草莓（即野草莓），陕西、甘肃有五叶草莓和麝香草莓，云南、贵州有黄毛草莓，西南地区有西南草莓、西藏草莓等，上述均为野生草莓。在国外，主要有欧洲的森林草莓和蛇莓、北美的西美洲草莓和深红莓、南美的智利草莓等。而引入的栽培品种大多出自凤梨草莓。

2. 主要品种

（1）宝交早生。宝交早生由日本引入我国，属早中熟品种。植株的生长较开张，分枝力中等。叶片为椭圆形呈匙状，颜色为深绿色，有光泽。托叶为淡绿色稍带粉红色。花序平于或稍低于叶面。第一级序果平均单果重28克，最大果重60克。果实为圆锥形，果基有须（即浆果基部与萼片连接处具有光滑无种子的茎状部分），果面鲜红艳丽。种子为红色或者黄绿色，凹入或平嵌于果面。萼片平贴或稍反卷。果肉为橙红色，髓心较实，汁液为红色，质地细嫩，含可溶性固形物8%～10%，香甜味浓，品质极上。丰产，休眠较浅，适于露地和保护地半促成栽培。对白粉病抗性强，对萎黄病、灰霉病抗性弱。是目前栽培的较理想品种。

（2）丰香。丰香由日本引入我国，为早熟品种，平均单果重一般在11.5～13.0克。果实为圆锥形，果面鲜红色，富光泽。果肉硬，耐贮运，香气特浓，味道甜，品质优。株高叶阔，叶柄长，斜生，与地面的夹角小。休眠浅，需冷量约为50小时。开花早，成熟早，早期产量高，适于保护地促成（早熟）栽培。

（3）达娜。达娜为美国品种，由日本引入我国。早中熟品种。植株生长较开张。叶片为椭圆形，大而平展，颜色为深绿色。托叶浅红色。花序低于叶面。第一级序果平均单果重27克，最大果重50克以上。果实为圆锥形。果面深红色。种子呈红色，凹入或平嵌于果面。萼片平贴。果肉为浅红色，含可溶性固形物6%～7%，品质中等。丰产，休眠深，适于露地和半促成栽培。

（4）索菲亚。植株生长直立。叶片呈椭圆形，平展，颜色为深绿色。花序低于叶面。果实为鸡冠形或楔形，果面有纵沟。种子凹入果面，浅绿色或红色。萼片反卷。含可溶性固形物8.5%，品质上等。

（5）丽红。丽红由日本引入我国，为中熟品种。植株生长强壮，适于稀植。果实为纺锤形，呈红色，有光泽。果大。第一级序果平均单果重 30 克。果肉硬，酸甜适度，含可溶性固形物 19.0%，品质佳，耐贮运。

（6）因都卡。因都卡由日本引入我国，为早熟品种。果实为圆锥形，果面平整，深红色。果心髓部小，肉色全红，质地致密，甜酸适口，有香味，品质上等。平均单果重 12 克，大果重 28～31 克。果实硬度较好，耐贮运。丰产，抗病性较强。

（7）红衣。植株较开张，分枝力弱。叶片近圆形，厚大，颜色为深绿色有光泽，托叶为浅绿色。花序平于叶面。第一级序果的平均单果重为 22.6 克，最大为 34.6 克。果实为短圆锥形，果面平整，鲜红色。种子多为黄绿色，平嵌于果面。萼片平贴。果肉为红色，髓心较实。丰产，抗病、抗逆性较强，适于露地和保护地栽培。

三、生物学特性

1. 形态特征

（1）根。草莓的根是由不定根组成的须根系。不定根是由新茎及根状茎产生的。根的分布较浅，多数生长在地表下 20 厘米处。新发出的不定根为乳白色，随着年龄的增长逐渐老化变为浅黄色至暗褐色，最后变黑死亡。不定根的寿命只有 2～3 年。随着新茎的逐年上升，发生不定根的部位也随之提高，甚至露出地表，因而影响新根的生长和功能。因此，多年一倒茬栽培的需要进行培土，为根系生长创造良好条件，并有利于植株安全越冬。

（2）茎。草莓的茎有短缩茎和匍匐茎两种。短缩茎依据年龄又有新茎和老茎之分。

1）新茎。新茎为草莓当年生的短缩茎，多由 2 年生老茎的侧芽发出，年生长量很小，仅有 0.5～2 厘米，但加粗生长较旺盛。新茎上密生带有长柄的叶，到秋季顶芽可分化为花芽。新茎的叶腋间着生腋芽，有些腋芽特别是初夏生出叶片的腋芽具有早熟性，当年就能抽生匍匐茎。新茎的下部会发生不定根，第二年后新茎就转化为老茎。

2）老茎。老茎是草莓的多年生茎，其上叶片已枯死脱落，外形似根，故又称根状茎。老茎上有节和年轮，是营养物质的贮藏器官。2 年以上的老茎，其内部逐渐衰老变为褐色和黑色，其根系也由下向上逐渐衰亡。因此茎越老，功能越差，其植株的生长能力也就越弱。老茎上有隐芽，如因某种原因受到刺激，隐芽能发出新茎，再由新茎基部形成不定根，恢复植株的生长能力。一株多年生的草莓，老茎上可着生十几个新茎，总高度达 10～15 厘米，而下部的根状茎则逐渐死亡。

3）匍匐茎。又称走茎，由新茎的腋芽当年萌发形成。匍匐茎细长、柔软、节间长。多数品种的匍匐茎在偶数节上又转为短缩茎，向上形成芽和密集的叶片，向下产生不定根，形成一株营养苗，生产上常用它来进行繁殖。匍匐茎抽生的数量和每条匍匐茎上形成的营养苗数与草莓的品种、年龄、营养等因素有关。有些品种当年就能抽生 2～3 次匍匐茎，因此草莓的无性繁殖很快。匍匐茎苗离母株越近，形成越早，生长发育就越好，一般来年均能开花结果。因此，建立草莓园时要选用这些壮苗。

（3）叶。草莓的叶属于茎生复叶，由 3 片小叶组成。总叶柄较长，有 10～20 厘米，直接着生在新茎节上，呈螺旋状排列。叶柄基部有 2 片托叶，合成托叶鞘，包于新茎之上。草莓在不同时期长出的叶的寿命也不同，其寿命约在 30～130 天之间。秋季长出的叶片，寿命可延长到 200 天左右，直到春季发出新叶后才逐渐枯死脱落。越冬的绿叶保留得越多，对提高产量越有明显效果。因此，寒冷地区应注意做好草莓的越冬覆盖防寒工作。

（4）花。草莓的花序为聚伞花序，一般单株有花序 2～5 个，每个花序有花 3～60 朵不等，常为 10～20 朵。多数品种能自花授粉结实，少数品种（如丰产等）是雌性花，雄蕊不发育，必须和开两性花的草莓品种种植在一起，距离最远不能超过 30 米，经昆虫传粉，才能正常结果。一个花序上有一级花 1 朵，首先开放，然后由一级花的 2 个苞片腋内形成二级花 2 朵，每个二级花的苞片腋内再形成 2 朵三级花，以此类推，先后开放，花期长达 15～20 天。后开的花，往往结果很小，甚至不结果，成为无效花，应及时疏掉。

（5）果实。草莓单薄的果实是聚合果，果肉由花托发育而成，称为假果。花的离生雌蕊受精后，形成许多小瘦果，俗称种子。果实的形状有圆形、扁圆形、圆锥形、鸡心形、鸡冠形、扇面形、荷包形等。果面的颜色多为红色、粉红色、橙红色，少数为白色。果肉的颜色多为红色、浅红色，也有的为白色微带红色。肉质花托分为两部分，内为髓部，外为皮层，内有许多维管束和瘦果相连。瘦果嵌生于果肉表面的深度随品种而异，突出果面者较耐贮运。果实大小与品种及营养有关，以第一级序果最大，一般为 20～25 克，大者可达 60 克以上。

2. 物候期

（1）开始生长期。早春当气温上升到 2～5℃、10 厘米深的土壤温度稳定在 1～2℃时，白色的越冬根开始延伸。随着气温的升高，当土壤温度超过 10℃时，草莓茎的基部开始萌生新的不定根，地上部分的生长比根系晚 10 天左右。随着气温上升，新叶陆续地出现，越冬的叶片逐渐枯死。这一时期大体在 2 月下旬～3 月上旬。此时草莓主要依靠根及根状茎内贮藏的营养物质进行活动。管理上主要是清除防寒物，及时追肥浇水，促使新叶、新根良好生长，为草莓开花结果打好基础。

（2）开花结果期。植株萌芽后，当顶芽长出 3 个叶片、第 4 片叶尚未完全长出时，花序就在第 4 片叶的托叶鞘内露出。随着花序梗的伸长，出现整个花序，此期约在 4 月中旬。因花期短，花果并存，很难截然区分花期和结果期。由开花到果实成熟约为 30 天左右，整个果实成熟期也可延续 20 余天。开始成熟期大体在 5 月中旬，此期已有少量匍匐茎发生。管理上要注意加强肥水，防除病虫害和垫果。

（3）旺盛生长期。在旺盛生长期腋芽会大量萌生匍匐茎，新茎基部随之产生新的根系。匍匐茎和新茎根系的大量抽生，为营养繁殖奠定了基础。此期大约延续 1 个月左右。采收后应除去老叶，及时摘除匍匐茎，进行中耕、除草、培土等工作。

（4）花芽形成及越冬准备期。9月中旬以后，气温下降，植株生长缓慢，营养大量积累并贮藏在根茎内准备越冬。与此同时，由于受低温（17℃以下）和短日照（12小时以下）的影响，花芽开始分化。当温度降到0℃时，花芽分化停止。只有四季草莓在高温、长日照条件下仍能分化花芽，年内开花结果。

（5）休眠期。11月中旬以后，天气转寒，草莓进入休眠状态。秋季长出的叶片，叶小柄短，大多匍匐在地面，休眠期不脱落，呈绿色状态越冬。由于北方气候较冷，草莓除自然休眠外，还要进行被迫休眠。不同品种其自然休眠期长短不一。

四、对环境条件的要求

1. 温度

草莓喜温暖的气候，虽有一定抗寒性，但不耐高寒，也不抗高温。根系在2℃时开始活动，地上部分在5℃时开始萌发生长。萌芽生长后若再遇到－7℃的低温，就会受冻，－10℃时就会冻死。生长期间最适宜的温度是18～26℃。根系最适宜的温度为15～23℃。开花期如温度低于0℃或高于40℃，则授粉受精不正常，会出现畸形果。花芽分化一般要求温度低于17℃而高于5℃。经过秋季的低温锻炼，根系能承受8℃的低温，芽能承受－15～－10℃的低温。如若冬季进行覆盖保护，则在－40℃的严寒地区也可以栽培。早春，早熟品种不如晚熟品种抗寒；而初冬，晚熟品种又不如早熟品种抗寒。盛夏，如天气干旱，温度过高，日照强烈，生长就会受到抑制，老叶会出现灼伤或焦边，新叶难以生长，应注意灌水或提高在畦埂上种植玉米等高秆作物遮阴。

2. 光

草莓喜光，但能耐轻微的遮阴。覆盖下的越冬叶片仍能保持绿色，春季仍能进行光合作用。光照较好的果园行间、葡萄架下和大棚里栽培的草莓都能正常地开花结果。但种植过密或遮阴过重，则会使草莓叶柄细长，叶色变淡，花小果小，酸多甜少，着色较差，成熟延迟。秋季光照不足，会影响花芽分化，减少营养贮藏，降低抗寒能力。但阳光过强，同时受干旱酷暑为害时，会导致叶小根弱，严重时可成片死亡。草莓不同的生长时期对光照的要求不同，开花结果期和旺盛生长期，适宜每天12～15小时的长日照，而花芽形成期则要求每天10～12小时的短日照。

3. 水分

由于草莓的根系浅，叶片大，叶片更新频繁，浆果含水量高，因此要有较多的水分供应。萌芽期缺水，会阻碍茎、叶的正常生长；开花结果期缺水，会影响花的开放和果实的发育；繁殖期缺水，会影响匍匐茎的抽生和幼苗的发根。土壤含水量在萌芽及开花期应不低于最大持水量的70%，果实膨大期要求含水量在最大持水量的50%以上。花芽形成期需水较少，但仍应维持在田间最大持水量的60%左右。

4. 土壤

草莓最适宜生长在疏松、肥沃、排水良好、有灌溉条件的沙质壤土，尤其是表层20厘米内的土壤质地和结构甚为重要，pH值以5.5～6.5为宜。地下水位不高于80～100厘米。不适于种植在盐碱地、石灰土、沼泽地、涝洼地、黏重地及砾沙土。

第九节　扁桃

培训目标

- 了解扁桃的主要种类，掌握扁桃的主要栽培品种
- 掌握扁桃的主要生物学特性及其对环境条件的要求

一、概述

扁桃又称巴旦杏，也有巴里木、巴旦桃、偏桃、饼桃之称，因美国的产量和出口量最大，故商品名为美国大杏仁。是世界著名的干果树种，近20年来世界扁桃栽培面积较大。扁桃营养价值高，果仁含有氨基酸、蛋白质、糖及维生素A、B_1、B_2、杏仁甙、杏仁素酶以及锌、铁等人体所需要的18种微量元素，属高级营养食品。扁桃仁用途广泛，可大量用于食品工业，如制作扁桃糕、巧克力糖，可榨油。扁桃仁还具有健脾养胃、抗癌防癌等多种医疗功能，因此常被当作延年益寿的滋补品。扁桃树姿优美，枝叶繁茂，花色艳丽，散发浓香，是园林绿化、营造风景林的良好树种。扁桃是集经济、生态、社会效益为一体的优良树种，世界上许多国家对扁桃的发展十分重视，扁桃的产量每年都呈上升趋势，生产规模不断扩大。

二、主要种类和品种

1. 主要种类

扁桃属蔷薇科李亚科桃属扁桃亚属植物，该属共有40个种。现仍存留的栽培和野生扁桃种，主要分布在我国新疆的准噶尔盆地西部山地、阿尔泰山以及哈萨克斯坦、乌兹别克斯坦、伊朗、阿富汗、土耳其等国的山区。我国有6个种，即普通扁桃、唐古特扁桃（西康扁桃、四川扁桃）、蒙古扁桃、长柄扁桃、矮扁桃（野扁桃）、榆叶梅等。具有经济意义和栽培价值的只有普通扁桃。由于扁桃在长期发展过程中多采用实生繁殖，因此，品种极为丰富，全世界约有2 000多个品种。我国约有110多个品种。根据对新疆扁桃品种的调查鉴定，新疆约有35个品种，其中药用的6个，苦仁的4个，较优良

品种 14 个。扁桃品种常以某一种经济性状作依据进行分类，见表 2—6。

表 2—6　　扁桃 4 种品种分类方法及标准

分类方法	类别	标准	备注
硬度分类法	纸壳类	一手可以捏开核壳	出仁率 40%～50%，个别为苦仁品种
	软壳类	两手可以捏开核壳	出仁率 32%～40%
	标准壳类	用锤轻击敲开核壳	出仁率 17%～30%
	硬壳类	用锤重击敲开核壳	
厚度分类法	纸壳类	壳厚 0.1 cm 以下甚至露仁	出仁率 50%以上
	薄壳类	壳厚 0.11～0.15 cm	个别苦味，出仁率 40%～50%
	中壳类	壳厚 0.16～0.25 cm	
	厚壳类	壳厚 0.25 cm 以上	
仁味分类法	甜仁味	核仁香甜，为栽培主体	叶小向基部渐宽，柱头高于雄蕊
	苦仁味	核仁苦	叶大，中部较宽，花大，供药用和榨油
用途分类法	药用类	为苦仁品种或极厚壳甜仁品种	
	工业用类	一般为厚壳品种	极丰产，机械脱壳，供食品工业用
	餐用类	一般为纸壳或软壳品种	供餐用或剥食，多带壳出售
	糖果用类	指薄壳小果型品种	供制巧克力等各种糖果用

注：摘自朱京林著《新疆巴旦杏》。

2. 主要品种

（1）浓帕烈（Nonpareil）。美国主栽品种。果仁平滑，均匀，外观好，颜色呈淡褐色。外壳极薄（出仁率 60%～70%）。密闭性很差，易被鸟类和蛆虫为害。花期较早，坚果成熟早（加利福尼亚在 8 月下旬或 9 月上旬）。

（2）比提（Butte）。比提是早实性和丰产性比较强的品种之一。果仁小到中型，重约 1.0～1.3 克，丰满。核壳半硬，密封严。树体生长旺盛，树姿开展。花期比浓帕尔晚 5 天，收获期晚 2 周。

（3）卡门（Carmel）。卡门的花期与浓帕尔相同，收获期晚 2 周。产量高，结果早。果仁长，中等大小，重约 1.2 克左右。壳密封严并且软。树中型，直立。

（4）扶兹（Fritz）。扶兹的花期比浓帕尔晚 1～2 天，收获期很晚，比浓帕尔晚 40 天以上。用浓帕尔授粉极丰产。果实卵状，中到小型，重约 1.0～1.3 克。壳软。树体直立，有时伸展。

（5）美新（Mission）。美新的核壳硬，封闭严。果仁小且丰满，重均 1.0 克。花期比浓帕尔晚 6 天，收获期大约晚 1 个月。树体大，直立生长。

（6）蒙特瑞（Monterey）。蒙特瑞花期比浓帕尔晚 2 天，收获期晚 1 个月。果仁很大，并且是高比率的双仁，质量在1.5克以上，核壳软，封闭严。树体小到中型，有时伸展。结果早。

(7) 那普拉斯 (Neplus)。那普拉斯的花期比浓帕尔早5天，主要用作授粉。收获期比浓帕尔晚2周。果仁大，重1.4克以上。核壳软，封闭严。树姿伸展。由于花期早，易受霜害。

(8) 普拉斯 (Price)。普拉斯的花期与浓帕尔相同，收获期晚6天。果仁中大、丰满，重约1.2～1.4克。核壳薄如纸。树体中型，生长旺盛且直立。有大小年结果的现象。

(9) 伍德 (Wood Colony)。伍德的花期比浓帕尔晚1～2天，收获期晚10天。果仁形状较长。核壳软封闭严。树体中型，伸展。

(10) 鲁比 (Ruby)：鲁比的花期比浓帕尔晚8天，收获期晚30天。果仁中到小型，重约1.1～1.4克，丰满。核壳半硬，封闭严。产量高，树体生长旺盛直立。

(11) 软壳1号。软壳1号产于新疆莎车和英吉沙县，果实长卵形，灰褐色，为大果型。平均核重2克，1千克坚果约有530个左右，核仁平均重0.9克，出仁率47%，果实每年8月下旬成熟。

(12) 软壳3号。软壳3号产于新疆喀什市，果实长卵形，淡褐色，为大果型，平均核重2.3克，1千克坚果有500个左右，平均核仁重1.1克，出仁率为46%，果实每年8月下旬成熟。

(13) 双仁薄壳。双仁薄壳产于新疆叶城县，果实椭圆形，淡黄色，为中果型，平均核重2.0克，1千克坚果有540个左右，核仁平均重0.9克，出仁率为42%，果实每年8月下旬成熟。

(14) 双果扁桃。双果扁桃产于新疆英吉沙县，一花结2果，产量高，出仁率为30%。

(15) 长扁桃。长扁桃产于新疆疏附县，为大果型，形状半月形，褐色，平均核重1.2克，出仁率为44.4%，果实每年8月中旬成熟。

(16) 中壳双仁。中壳双仁产于新疆叶城县，果实较大，阔卵形，呈米黄色，平均核重2.8克，平均核仁重1.0克，出仁率为35%，每年8月下旬成熟。

(17) 薄皮双仁。薄皮双仁产于新疆英吉沙和莎车县，果实中大，阔卵形，淡黄褐色，平均核重2.0克，核仁重平均1克，出仁率为48%，味道香甜，果实每年8月下旬成熟。

三、生物学特性

1. 形态特征

扁桃为落叶乔木，树高可达8～13米，树冠为圆头形或圆锥形，形成较大的树冠。多年生的扁桃枝干为灰褐色，具有极易纵裂的木栓层，树干大多呈带状开裂。枝条直立或斜生，一年生枝条呈浅绿色或浅褐色，常散生有不规则的褐色斑点。扁桃根系发达，

2年生实生苗的根长达2米以上，10～15年生的树主根入土深达6米，水平根达7米，超过树冠的范围。据报道，前苏联扁桃直根能越过岩石裂缝，深入土中达10～12米。因此，扁桃具有高度的抗旱性。扁桃为长寿树种之一，寿命可达120～130年左右，现在在英吉沙县有130年生以上的大树，树干的干周为2米，直径为73厘米。

扁桃的冬芽为卵形，鳞片呈棕褐色。花芽肥大，鳞片大且革质。叶芽瘦小，鳞片较小。叶片为披针形或椭圆披针形，灰绿色，轻度革质。叶顶部渐尖，基部呈楔形或圆形，具蜜腺2～4个。叶缘具细锯齿。托叶近似于圆锥形。

花单生，呈白色或粉红色。花柄短，长3～5毫米。萼筒为钟状，萼片为长椭圆形，花瓣有5～7枚，宽楔形。雄蕊有30～36个，花丝上部呈粉红色，花药呈黄色。雌蕊大多为一个，与雄蕊等长或略高于雄蕊。花柱细长，柱头呈淡黄绿色。扫描电镜结果表明，扁桃的花粉为长椭圆形，具有三个萌发孔沟，花粉外壁纹饰为条纹状有穿孔。子房为淡绿色，密生白色绒毛。果实也呈淡绿色，密被绒毛。果实形状纵扁，果肉薄，纤维质化，成熟时易干裂。果核呈黄色或褐色，形状有卵形、长卵形、椭圆形或镰刀形等。果仁为淡褐色或棕褐色，光滑或粗糙，有皱纹。

2. 物候期

扁桃开花早、花期短，花先于叶开放。始花期一般在每年的3月上旬～4月上旬，花期约20～30天，盛花期一般在3月下旬。在扁桃品种中，薄壳的比厚壳的开花早，相差10～20天。与核果类的桃、杏相比，扁桃除比山桃开花稍迟外，与杏树一样，属于早花树种，故易受晚霜为害。

扁桃花芽分化开始于6月上中旬，结束于9月上中旬。临近采收期花芽形成慢，因此，采收后应注意保护叶片以保证花芽正常形成。花芽分化期在所有品种之间的差异不大。扁桃花芽分化与扁桃幼果的硬核期处在同一时期，此期间树体内营养物质消耗较大。因此，在扁桃幼果期加强肥水管理，对促进树体生长发育、提高坐果率、增大果实及花芽分化都起着重要作用。研究表明，扁桃花芽的形态分化自7月上中旬到9月底结束，小短果枝花芽分化时间早于其他各类果枝。同一时间，花芽分化率表现为小短果枝＞短果枝＞中果枝＞长果枝。短果枝上不同部位的花芽的分化程度及分化率表现为上部＞中部＞下部。成花率以小短果枝和短果枝最高，在83%以上。

坐果率以短果枝最高，达到27.8%。扁桃一般在4月上旬坐果，7月下旬～9月初果实成熟，结果期三个半月至四个半月。薄壳类扁桃成熟期早而厚壳类扁桃成熟期迟，相差约20天左右。

四、对环境条件的要求

1. 光照

扁桃是喜光的树种，不耐遮阴，不能密植，否则枝条会变细、弯曲，致使内膛空虚，枝条上长，结果不良。

2. 温度

扁桃的抗寒性远远超过桃树，只需要通过低温（7℃以下）70 天左右就可解除休眠。在冬季休眠期，扁桃能够抵抗－20℃的低温，花期和幼果期分别能耐 4℃和 0.5℃的短时低温。但在－24～－20℃时，会有微弱的冻梢现象。美国加州的研究人员研究认为，扁桃花蕾期可忍耐－6.6～3.8℃的低温，盛花期可忍耐－2.2～1.1℃（0.5 小时）的低温，而幼果在－0.55℃时就会冻死。西班牙 D. Bernad 等人的研究结果表明，花期的温度会直接影响花开持续的时间及花开的动态，高温会缩短花期，低温则延长花期。扁桃需冷量较少，一般冬季有 7.2℃以下的低温 100～250 小时，即能满足正常生长发育的需要。

3. 湿度

扁桃对湿度的要求较严，这也是目前内地许多地区栽培不成功的原因。一般情况下扁桃要求年降水量在 400 毫米左右。春夏对雨水较敏感，栽种在生长季多雨的地区易生长不良，叶片易因染病而早期落叶，雨雾、湿度过大时，成熟果实核壳会变成棕色，降低品质，造成褐腐病加重。

4. 土壤

扁桃具有发达的根系，在年平均降水量只有 39～58.4 毫米的地区，树体生长良好。扁桃对于土壤的要求不严，具有一定的抗盐碱能力，在土层浅薄的石山坡和戈壁滩边缘的卵石荒漠上也能生长。在土层深厚、通气良好、地下水位较低、pH 值为 7～8 的壤土和沙壤土最适宜生长，但在土壤黏重、潮湿或盐分过多以及地下水位过高的地区时会生长不良，并容易感染根腐病。

第十节 核桃

培训目标

- 了解核桃的主要种类，掌握核桃的主要栽培品种
- 掌握核桃的主要生物学特性及其对环境条件的要求

一、概述

核桃是世界四大坚果之一，原产于中国等，属核桃属胡桃科，既是重要的经济栽培树种，又是重要的食用木本油料作物。因其核仁营养丰富，富含脂肪、蛋白质、多种维生素和微量元素等，故俗称“万岁子”“长寿果”，国外称作“大力士食品”“营养丰富

的坚果”等。我国核桃栽培历史悠久，种质资源丰富。早在 2 000 年前，我国就有栽种核桃、采果食用的文字记载。

二、主要种类和品种

核桃科共有七个属，约 60 个种。用于果树栽培的主要有两个属，即核桃和山核桃两类。

1. 主要种类

（1）核桃类

1）普通核桃。又名胡桃、羌桃、万岁子，是世界上栽培最为广泛的一种核桃。属落叶乔木，一般树高 10～20 米，最高可达 30 米以上，主干直径 1 米左右，寿命长达 100～200 年，最长可达 500 年以上。果实为核果，圆形或长圆形。

2）铁核桃。又叫漾濞核桃，多称泡核桃、茶核桃等。其形态特征与核桃同类，但叶和果实有所不同。果实为扁圆形，小叶 9～11 片，叶片由下而上逐渐变小。

3）核桃楸。又名山核桃、楸子核桃等。属落叶乔木，树高达 20 米以上。树冠为长圆形，树皮灰色，叶为奇数羽状复叶，长 60～90 厘米。果实为卵形或卵圆形，壳和内隔壁坚厚，不易取仁。

4）野核桃。野核桃为落叶乔木或小乔木，有时呈灌木状。树高 5～20 米，叶为奇数羽状复叶，长达 100 厘米。果实为卵圆形，先端急尖，果实个小，取仁难。

5）麻核桃。又名河北核桃。落叶乔木，树高 10～20 米，最高的达 20 米以上。树皮为银灰色，叶为小叶，有 7～15 片。果实为圆形或长圆形，先端突尖，难于取仁。

6）吉宝核桃。又名鬼核桃、日本核桃（因原产于日本）。属落叶乔木，树高20～25 米。叶为小叶，有 11～17 片，卵圆形。果实为长圆形，先端突尖，密生腺毛，果壳坚厚，内隔壁骨质，不易取仁。

7）心形核桃。又名姬核桃，原产于日本。其主要形态特征与吉宝核桃相似，主要区别在果实。果实为扁心形，果壳光滑，先端突尖，壳坚厚，无内隔壁，可取整仁。

8）黑核桃。原产于北美，树高 30 米以上。树皮呈暗褐色或灰褐色。叶为小叶，有 15～23 片，长卵圆形。果实为圆球形，先端微尖，壳坚厚，难开裂。

（2）山核桃类。本属约有 21 个种，主要产于北美，其中一个品种产于我国。现在我国栽培的主要是山核桃和长山核桃两个种。

1）山核桃。别名小核桃，产于我国浙江、安徽等省。生长于针叶阔叶混交林中。乔木，树皮光滑。果实为倒卵圆形，幼时有 4 棱，壳厚有浅皱纹。

2）薄壳山核桃。别名美国山核桃、长山核桃，原产于美国，是当地的重要干果，我国云南、浙江等地有引种栽培。乔木，树皮为黑褐色。果实为矩圆形或长椭圆形，有

4 条纵棱。

2. 主要品种

(1) 早实类群。本类群从播种到结实的年限短，有的实生苗 1～2 年即开始结果。绝大部分原产于新疆各地。

1) 中林五号。中林五号是中国林科院林研所新培育出来的杂交品种，为国家级首批鉴定的新品种之一。单果仁重 6 克。为雌先型，属早熟品种。出仁率为 60%左右，取仁易，仁色佳。该品种抗病性强，丰产优质。水肥不足时坚果会变小，但品种不变。

2) 温 185。温 185 由新疆林科所实生选育而成，为国家级首批鉴定的新品种之一。单果仁重 6.70 克。为雌先型，属早熟品种。出仁率为 54%，果面较光滑，取仁易，核仁呈浅色至棕色，风味佳。该品种适应性强，极丰产，品质优良，但水肥不足时坚果会变小。

3) 西林 2 号。西林 2 号由西北林学院从早实、薄壳、大果核桃的实生后代中选育而成。为雌先型，属早熟品种。单仁重 8.65 克，出仁率为 61%，核仁呈浅色至中棕色，风味好。

4) 绿波。绿波由河南省林科所从新疆核桃实生树中选育而成。为雌先型，属早熟品种。每条果枝平均坐果 1.6 个，多数为双果，属短枝型。单果重约 12 克，出仁率为 54%～58.4%，仁呈黄白色。

单元 2

5) 石门核桃。由河北省昌黎果树研究所从卢龙县石门地区实生群体中选出的高各庄 4 号核桃，是典型的石门核桃类型。果实为圆形或元宝形，壳面刻沟浅，缝合线较平。单果重 15 克左右，可以取整仁。仁饱满，呈黄色或白色，出仁率为 53.5%。品质优良，早熟丰产。

6) 香玲。香玲由山东果树研究所杂交选育而成，为国家级首批鉴定的新品种之一。为雄先型，属中熟品种。单果仁重 6.60 克，出仁率为 60%～65%，取仁极易。该品种丰产优质，但对水肥要求较严，管理不当时易早衰。

7) 扎 343。扎 343 由新疆林科所实生选育而成，为国家首批鉴定的新品种之一。单果仁重 6.30 克，为雄先型，属早熟品种。出仁率为 50%，取仁易，仁味佳。该品种适应性强，丰产优质，但水肥不足时种仁不饱满。

8) 新早丰。新早丰是由新疆林科所从阿克苏温宿县“早丰薄壳实生群体”中选出的品种。为雄先型，属早熟品种。每条果枝平均坐果 2 个。出仁率为 50.6%。

(2) 晚实类群，包括一些中熟品种。这一类群在我国核桃栽培中分布面积极广，栽培株数量最多，从播种到结实，一般需要 5～6 年时间。

1) 辽核四号。由辽宁省经济林研究所杂交育成，是国家首批鉴定的新品种之一。雄先型，晚熟品种。出仁率为 50.63%，取仁极易，仁色浅。该品种适应性强，丰产优质，宜于大面积建园。

2）礼品二号（原77104）。由辽宁省经济林研究所从新疆纸皮桃核A2号树的实生后代中选出。雌先型，中熟品种。果枝率为60%左右，出仁率为70.3%，仁饱满，品质好，产量高，抗病性较强，适宜“四旁”栽植和林粮间作。

3）西扶一号。由西北林学院实生选育而成，为国家首批鉴定的新品种之一。单果仁重5.60克。雄先型，晚热品种。出仁率为52%，取仁易，风味佳。该品种抗病性强，丰产，但在水肥不足时果偏小，落花落果较严重。

4）纸皮1号（原8501）。由山西省核桃选优协作组从实生群体中选出。雄先型，9月上旬果实成熟。单果重11.1克，出油率为66.5%。丰产稳产，适应性强。

5）鲁光。由山东省果树所杂交育成，为国家首批鉴定新品种之一。雄先型，中熟品种。出仁率56%～68%，仁味油香。该品种特丰产，品质优良，适于土肥水条件较好的条件下集约经营。

6）中林一号。由中国林科院林研所杂交培育，为国家级首批鉴定的新品种之一。单果仁重6.60克。雌先型，中熟品种。出仁率为53%，取仁易，仁色浅，抗病性强。但在水肥不足时有落果现象。

7）陕核一号。由陕西省果树研究所实生选育而成，为国家首批鉴定的新品种之一。单果重7.90克，雄先型．中熟品种。出仁率为62%，取仁易，仁色浅，仁味香。该品种适应性强，丰产稳产。但过于干旱时果变小。

8）陕西Ⅱ－8－7号。由陕西省果树研究所从扶风隔年核桃的实生后代中选育而成。雌先型，中熟品种。单果重11.7～12.6克，易取仁，仁饱满，仁色湛，出仁率为58.1%～63.9%，抗旱、抗寒性强，抗病力较强。

9）西洛三号。由西北林学院与洛南核桃所合作从商洛晚实核桃中选育而成。雄先型，中熟品种。出仁率为56.64%，取仁极易，种仁饱满，可取整仁或半仁。该品种适应性强，高产优质，抗病虫抗晚霜，宜于秦巴山区及渭北旱塬地区“四旁”栽培。

（3）铁核桃品种

1）泡核桃。无性系品种。云南、贵州等地已有300多年的栽培历史，属传统优良品种。雄先型，中熟品种。结果枝为中短枝型，坚果扁圆球形，缝合线窄且明显隆起，壳面光滑。单果重12.5克，壳厚1毫米左右，取仁易，出仁率为55.7%左右。该品种丰产性强，品质好，适宜在海拔1 500～2 500米地区栽培。

2）细香核桃。无性系品种。云南省已有200多年的栽培历史，属传统优良品种。结果枝属短枝形，坚果圆珠形，壳面刻点深而密，缝合线宽而隆起，壳厚1.1毫米左右。取仁较易，出仁率为55.5%，单果重9.6克。因核仁含油量高达71%，味浓香而得名。该品种成熟期比一般品种早15天左右，是云南省主栽品种之一。

3）三台核桃。无性系品种，在云南省已有250年的栽培历史。结果枝属中长枝型，坚果倒卵圆形，壳面较光滑，单果重约10克，壳厚1.1毫米左右，可取整仁。仁色白，风味佳，出仁率为50%左右。该品种适宜在海拔1 500～2 500米的红壤或高山棕色土栽植。

三、生物学特性

1. 形态特征

核桃属于落叶乔木，一般树高10～20米，最高可达30米以上。树冠多呈圆头形或广卵形，树龄长。树冠直径约有6～10米。幼树期营养生长旺盛，树冠扩大较快，随树龄增加，营养生长转弱，结果数量增加，营养生长更替现象非常明显，结实能力减退，大枝出现更新现象。核桃属深根性树种，根系主要分为主根、侧根和须根。它具有主根甚深、侧根粗壮、须根密集等特点。核桃叶片为奇数羽状复叶，复叶的数量与树龄大小、枝条类型有关。在混合芽或营养芽开裂后数天，可见到着生灰色绒毛的复叶原始体。随着新枝的出现和伸长，复叶逐渐展开。经过40天左右，随着新枝形成和封顶，复叶长大成形。

2. 物候期

核桃雄花序一般于5月在新梢叶腋间露出，至下一年春季才逐渐分化完全，从开始分化至花散粉的整个发育过程，约延续到1年以上的时间。雌花芽发育时间比雄花序短。雌花起源于结果枝上混合芽内生长点，该生长点约于6月中旬进入雌花芽开始分化期，8月上中旬分化出苞芽和花瓣，秋冬季进入休眠期，次年3月分化雌蕊，直至4月下旬完成雌花分化，全过程约需要10个月。早实核桃的2次雌花分化开始于4月中旬，5月下旬结束并开花，与第1次雌花开花时间相差20～30天。若营养条件良好，也可结成果实，但个体较小。核桃果实发育时间较长，一般生长旺盛期有一个半月。果实发育的整个过程大体可分为3个时期：（1）果实迅速生长期，一般在花后6周，果实大小基本定型。（2）果皮硬化期，一般在6月底到7月中旬。（3）种仁充实期，自果皮硬化后一直到成熟。例如，绵核桃在以下两地的物候期见表2—7。

表2—7　　核桃的物候期（绵核桃）

观察地区	萌芽（月/日）	展叶（月/日）	雄花开放（月/日）	雌花开放（月/日）	果实生长（天）	落叶期（月/日）	伤流期（月/日）
河北昌黎	4/16	4/24	5/6	4/29	115	10/26	10/下～4/下
陕西扶风	3/下	4/4	4/6	4/14～18	120	10/下～11/上	10/下～4/上

单元 2

四、对环境条件的要求

1. 温度

不同品种适应的温度各异。普通核桃适宜生长的温度范围及有霜期为年均温度为9～16℃，极端最低温度为－25～－2℃，极端最高温度为35～38℃；有霜期150天以下。铁核桃只适应于亚热带气候条件，耐湿热，不耐干冷。其适应生长的温度条件为年平均气温为12.7～16.9℃，最冷月平均气温为4～10℃，极端最低温度为－5.8℃，温度过低核桃难以越冬。

核桃在不同发育阶段对温度的要求不同。在休眠期，核桃幼树在－20℃条件下可出现冻害，成年树虽能耐－30℃低温，但低于－28～－26℃时，枝条、雄花芽及叶芽均易受冻害。展叶后，如温度降到－2～－4℃，新梢可被冻坏。若在花期和幼果期，温度下降到－1～－2℃时，核桃则受冻减产。如温度超过38～40℃时，果实易受日灼伤害，核仁难以发育，常形成空苞。

2. 光照

核桃属于喜光树种。日照时数与强度对核桃生长、花芽分化及开花结实有重要的影响。进入盛果期，更需要有充足的光照条件。全年日照时数要在2 000小时以上，才能保证核桃的正常生长发育，而且产量高，品质好；若低于1 000小时，则核桃、核仁均发育不良。特别是在雌花开放期，若光照条件好，坐果率明显提高；如遇阴雨、低温，则易造成大量落花落果。因此，在生产中应注意栽植密度和适当修剪，不断改善树冠内的通风、透光条件。

3. 水分

不同品种的核桃对降水量的适应能力有很大的差异。如云南铁核桃分布区的降水量为800～1 200毫米，而新疆早实核桃的栽培区的降水量仅为600毫米。铁核桃在年降水量800～1 200毫米条件下才生长良好，否则产量下降。如新疆早实核桃引种到年降水量600毫米以上地区，则易罹病。

4. 土壤

核桃为深根系树种，根系需要有1米以上的深厚土层，以保持其良好的生长发育。土层过瘠薄易形成“小老树”，或连年枯梢，不能达到产量。核桃喜疏松土质和排水良好的土壤，在含钙的微碱性土壤上生长最佳，而在地下水位过高和黏重的土壤上生长不良。对土壤pH值适应范围为6.2～8.2，最适pH值为6.5～7.5。土壤含盐量宜在0.25％以下，稍有超过即对生长结实有影响。含盐量过高，则会导致死亡。氯酸比硫酸盐为害更大。

单元测试题

一、填空题（请将正确的答案填在横线空白处）

1. 我国桃的栽培品种有________、________和________三种。

2. 枣树的枝条可以分为________、________和________。

3. 枣树枝条每节叶腋间有________与________两种。

4. 梨的栽培种主要有________、________、________和________ 4个，褐梨、川梨、新疆梨在少数地区有栽培种，其他种则作砧木用。

5. 苹果和梨的花芽为________芽，而桃、李、杏树等的芽，为________芽。

6. 我国有普通扁桃、唐古特扁桃、蒙古扁桃、长柄扁桃、矮扁桃等6个种，具有经济意义和栽培价值的只有________。

7. 柑橘的种类很多，经济价值较大，可供果树栽培利用的有________、________和金柑属。

8. 枣股是一种________的结果母枝，由________萌发而来。

9. 我国食用蕉类分为________、________和________三类。

10. 葡萄主要的栽培品种按原产地的不同，大概可分为________、________和________3个种群（或系统）。

二、判断题（下列判断正确的请打“√”，错误的打“×”）

1. 东北的小苹果如铃铛果、黄海棠等都属于海棠果。（ ）

2. 山定子适于作南方的苹果砧木。（ ）

3. 苹果树是喜光植物，对年日照时数的要求在2 000小时以上。（ ）

4. 干热气候不利于提高枣的品质。（ ）

5. 苹果树喜微酸性至中性土壤（pH值为5.5～6.7）。（ ）

6. 草莓是一种宿根性的多年生草本植物。（ ）

7. 桃树适宜在含氧量比较高的土壤中生长。（ ）

8. 葡萄的副芽着生在主芽的侧方；核桃的副芽则着生于主芽的下方。（ ）

9. 核桃属浅根性树种，其根系分为须根系。（ ）

10. 扁桃对土壤湿度要求较严，这是目前内地许多地区栽培不成功的制约因子。（ ）

三、单项选择题（下列每题的选项中，只有1个是正确的，请将其代号填在横线空白处）

1. ________可作苹果的砧木，嫁接成活率高，有的有矮化作用。

A. 山定子　B. 海棠果　C. 苹果　D. 沙果

2. 秋子梨树能耐________的低温，白梨树可耐的低温，砂梨树及西洋梨树可耐。

A. －35～－30℃　B. －25～－20℃　C. －20℃　D. －15℃

3. ________抗黑心病和黑腐病弱，枝干易得腐烂病。

A. 锦丰梨　B. 早酥梨　C. 库尔勒香梨　D. 砀山梨

4. 红地球属于________种。

A. 欧洲　B. 美洲　C. 欧亚　D. 欧美杂交

5. 结果的枣吊主要从________中生出。

A. 枣头　B. 枣股　C. 主芽　D. 副芽

四、多项选择题（下列每题的选项中，至少有2个是正确的，请将其代号填在横线空白处）

1. 下列________等品种可作为金冠的授粉树。

A. 印度　B. 红玉　C. 白龙

D. 元帅系　E. 祝光　F. 富士

2. 下列梨的栽培品种中，属于西洋梨的有________。

A. 克拉普　B. 巴梨　C. 三季梨

D. 贵妃梨　E. 冬香梨　F. 伏茄梨

3. 梨树种类不同，其抗旱力表现各异，________抗旱性较差。

A. 白梨　B. 砂梨　C. 冬香梨

D. 伏茄梨　E. 秋子梨　F. 西洋梨

4. 在一些著名的梨的栽培品种中，________抗黑心病能力强。

A. 南果梨　B. 雪花梨　C. 砀山梨

D. 20世纪　E. 慈梨　F. 秋白梨

5. 下列________属于库尔勒香梨的经济性状。

A. 果呈卵圆形或纺锤形　B. 果实有红晕　C. 可贮至翌年5～6月份

D. 9月上、中旬成熟　E. 汁多味甜，石细胞少　F. 综合品质极上

6. 下列________属于酿酒品种。

A. 巨峰　B. 北醇　C. 晚红

D. 赤霞珠　E. 蛇龙珠　F. 品丽珠

五、简答题

1. 桃树对生长环境有什么要求？

2. 葡萄根系有哪些主要的生物学特性？

3. 扁桃花芽分化有何特点？

六、技能题

题目：果树品种识别。

1. 操作准备（由鉴定单位准备）

准备栽培有苹果、梨、葡萄、桃的果园。

2. 操作要求

能够准确识别栽培品种，并说明主要识别依据。

3. 操作时限

操作时限为 20 分钟。

4. 配分及评分标准

序号	作业项目	考核内容	配分	评分标准
1	品种识别	识别所考察果树的品种	10	识别不正确按比例扣分，每种类 2.5 分
2	识别依据	说明识别依据	10	能够完整说明得全分，每种类 2.5 分

单元测试题答案

一、填空题

1. 普通桃　山桃　光核桃　2. 枣头（即发育枝）　枣股　枣吊（即结果枝）　3. 主芽　副芽　4. 秋子梨　白梨　砂梨　西洋梨　5. 混合　纯　6. 普通扁桃　7. 枳属、柑橘属　8. 短缩　主芽　9. 香蕉　大蕉　粉蕉　10. 东亚种群　欧亚种群　北美种群

二、判断题

1. √　2. ×　3. ×　4. ×　5. √　6. √　7. √　8. √　9. ×　10. √

三、单项选择题

1. D　2. A　3. A　4. C　5. B

四、多项选择题

1. ABCD　2. ABCDEF　3. AB　4. AB　5. ABCDEF　6. BDEF

五、简答题

1. 答：桃树对环境条件的要求主要有：①桃树对气候条件要求不太严格。桃树分布地区虽广，但以冷凉温和的气候条件下生长表现最好。桃树在冬季需要一定量的低温才能正常萌芽生长与开花结果，一般在冬季需要 7.2℃以下的低温、经过 600～900 小时才能完成休眠期。②在我国南方一些地区，由于冬季温度过高，不能满足需冷量的要求，因而出现异常症状，如花芽不能膨大即自行脱落。③桃树最不耐水淹，桃园中的短期积水即会引起植株死亡。④桃树在一般土壤中均可栽培，但以排水良好、土层深厚的沙质土壤最适宜。⑤桃是喜光性树种，故在整形时要注意培养开张型树冠，以利通风透

光和正常生长发育，增进果实品质。

2. 答：由于采用的繁殖方法不同，其发育特性各异。葡萄实生苗的根系由主根和侧根组成；扦插苗的根系没有垂直的主根，只有从根干发生的假根（即插条埋入地下的一段枝蔓上产生的不定根）。在大气潮湿的情况下，枝蔓上有时也会发生气生根。葡萄是深根性植物，其根系在土壤中的分布状况，依品种、树龄、气候、土壤、地下水位及栽培管理方法的不同而发生变化。一般在土层深厚、土壤结构良好的条件下根系分布较深，多数品种根系的垂直分布最密集的范围是在 20～80 厘米深的土层内。采用棚架栽培的葡萄，如果植株全部枝蔓朝向一侧生长，则根系生长往往也相应地表现出不对称性，即架下的根系常比架外的要多。

3. 答：扁桃花芽分化开始于 6 月上中旬，结束于 9 月上中旬。临近采收期花芽形成慢。因此，采收后应注意保护叶片以保证花芽正常形成。花芽分化期在所有品种之间差异不大。扁桃花芽分化与扁桃幼果的硬核期处在同一时期，此期间树体内营养物质消耗较大。因此，在扁桃幼果期加强肥水管理，对促进树体生长发育、提高坐果率、增大果实及花芽分化都起着重要作用。研究表明，扁桃花芽形态分化自 7 月上中旬到 9 月底结束，小短果枝花芽分化时间早于其他各类果枝。同一时间，花芽分化率表现为小短果枝＞短果枝＞中果枝＞长果枝。短果枝不同部位花芽分化程度及分化率表现为上部＞中部＞下部。成花率以小短果枝和短果枝最高，在 83％以上。

六、技能题

答案略。

第3单元

果园土肥水管理

果园土肥水管理是果园管理中的一项主要工作，管理合理与否直接影响着树体生长、果品产量与质量及经济效益。

果园的土壤类型及特性是进行科学合理的土壤管理的基础，这就要求我们在进行果园土壤管理时必须首先研究果园土壤类型及其特性，掌握好果园土壤的肥力状况，为科学施肥提供依据，同时土壤理化特性也会直接影响果园的水分状况。因此，果园的土壤管理、水分管理和施肥是一个相互影响的有机整体，这三者直接影响果树的产量和品质。

随着果树栽培技术的不断提高，果园土壤管理也向生态模式发展，适度节水可以提高果品品质，因此，节水栽培必将在果树栽培中得到广泛的应用。同时，在果树施肥方面，平衡施肥更易实现高产、稳产和果品优质，测土施肥等精准施肥技术是未来的必然发展方向。

第一节　果园土壤类型与管理

培训目标
- 掌握果园土壤的类型
- 熟练掌握果园管理的基本方法

一、果园土壤类型及其特点

1. 平地果园土壤类型

(1) 冲积平原。冲积平原一般地面平整，土壤深厚肥沃，便于机械化耕作，是建立果园的理想地带。

(2) 洪积平原。洪积平原是山洪形成冲积扇的延伸，其幅员往往较冲积平原小，常含较多的砾石。在洪积平原近山处常有山洪为害，在这些地带不宜建立果园。

(3) 泛滥平原。主要见于我国黄河中下游，又称黄泛区，最典型的黄泛区为黄河故道地区。黄河故道地区中游土壤为黄土，肥力较高，下游土壤由粉沙组成，或与淤泥相同，沙的深度有时达数米或数十米不等，形成细粒状的河岸沙荒，故称沙荒地区。

(4) 滨湖滨海平原。滨湖滨海平原接近大水体，有利于调节果园温度。

(5) 沙滩沙荒平地。这类平地属贫瘠的不毛之地，土壤中的养分、水分极低，但通过改良土壤也可以发展果园。

(6) 水田梯壁。在水田中栽植果树是我国浙江黄岩和广东潮汕等地特有的经验，但局限性大。其方法是在水田取淤泥作土墩，墩土栽种柑橘。这种方法主要是利用田面气候较稳定、散射光较好等优点。

2. 丘陵地果园土壤类型

我国丘陵地约占10%左右，一般丘陵地带的土较缺铁，土层较薄，不适于栽培农作物，但可用于发展果园。从果园园址选择的角度看，划分浅丘和深丘的标准应以相对海拔高度划分为宜。

3. 山地果园类型

山地栽培果树有许多平地没有的优点，如果实色泽和品质好、耐贮藏、树体健壮、寿命长等。因此，山地是建设新果园、发展果树的广阔基地。

二、影响果树生长发育的土壤特性

1. 沙土

沙土是我国北方干旱、半干旱地区的主要土壤类型，大部分分布新疆、宁夏、陕北、内蒙古以及东北三省的西部等地，在干旱地区多为沙漠，在半干旱地区多为沙地。

沙土中积累的有机质少，氮、磷等养分含量低，土壤吸收性能差，漏水漏肥，吸热、散热快，昼夜温差大，一般不利于果树生长，但适合葡萄生长。

2. 盐碱地

我国的盐碱地主要分布在西北、华北、东北和滨海地区，盐碱地的总面积约3亿～4亿亩。这些地区都属于平原和盆地，地形一般较平坦，土层较深厚。但由于受旱、涝、盐、碱的为害，因而影响果树生长。

3. 黏土

黏土粒径小于0.002毫米，黏性土含黏粒多，质地黏重，结构不良，通透性差，保肥力强，水多气少，湿时泥泞，干时坚硬。土壤性凉，微生物活动弱，养分分解缓慢，土壤潜在养分比较高。果树根系伸展受阻，影响养分吸收，生长发育不良，产量低，品质差。

4. 土层厚度

土层厚度往往决定果树根系分布的深度。土层深厚，根系分布深，且能吸收较多养分和水分，并能增强果树的适应性和抗逆性。土壤类型会影响根系分布的深度。据山东农学院的调查，沙地青香蕉苹果根系可达1.9米，最深可达6米，而在黏土中根系仅分布在耕层内。山地果树根系分布与下层母岩性状有关，如下层为半风化母岩或纵生岩，则根系分布深；如为横生岩则浅，并且会抑制地上部分和产量。

5. 土壤酸碱度

果树生长要求不同的土壤酸碱度，这主要是由于土壤中有机质、矿质元素的分解和利用以及微生物的活动都与土壤酸碱度有关。各种果树对土壤酸碱度的要求不同，如柑橘要求微酸性土壤，核果类和苹果要求中性土壤。几种主要果树对土壤酸碱度的适应范围见表3—1。

表3—1　几种主要果树对土壤酸碱度的适应范围

果树种类	适应范围（pH值）	最适范围（pH值）
苹果	5.3～8.2	5.4～6.8
梨	5.4～8.5	5.6～7.2
桃	5.0～8.2	5.2～6.8
葡萄	5.0～8.3	5.8～7.5

续表

果树种类	适应范围（pH值）	最适范围（pH值）
板栗	4.6～7.5	5.5～6.8
枣	5.0～8.5	5.2～8.0
柑橘	5.0～6.5	6.0～6.5

三、土壤质地、酸碱度和有机质

1. 土壤质地

土壤质地又称土壤机械组成。岩石分化形成的土壤矿物颗粒有大有小，其中大的为肉眼可见的岩石碎片，小的则为直径百分之几甚至千分之几微米的颗粒。土壤中这些大小颗粒称为土壤机械成分。大小颗粒的组合比例称为土壤质地。

对于土壤质地的划分，我国普遍采用的是国际制。这种分类制是把土壤分成沙粒、粉粒和黏粒三个粒级，按三者重量百分率的不同组合来划分土壤质地。质地的名称一般都采用对该土壤质地影响最大的那个粒级来代表。不同质地的土壤，其水、肥、气、热状况及可耕性和生产特性都不同，它是果园园址选择的重要条件之一。

沙土类土壤土粒间有许多大孔隙，通气性好，有机质分解快，但保水保肥力差，养分容易分解被淋失，养分含量一般比较贫乏，但施肥易见效，昼夜温差大。

黏土类的水、肥、气、热状况及农业生产特性与沙土相反。土壤的土粒间有许多毛管孔隙，透气性差，水气矛盾突出；有机质分解慢，腐殖质易积累，养分比较丰富，肥效也长；黏粒多，保肥耐肥。但不耐涝，不耐旱。

壤土类性质介于沙土和黏土之间，是水、肥、气、热状况比较协调的土壤，具有沙土和黏土的长处，又较好地克服了它们的缺点。

2. 土壤有机质

土壤有机质是土壤的重要组成部分，是土壤肥力的重要因素。土壤有机质含有丰富的植物营养成分，所含有机化合物的种类主要有糖类、木质素类、树脂、蜡质、脂肪、单宁类，以及蛋白质和含氮有机化合物类等。

土壤中的有机质在果树生长过程中会不断分解而被果树吸收利用，如果不注意补充，将会越来越少，使土壤贫瘠，即使施用大量化肥也无法代替土壤有机质的作用。

3. 土壤酸碱度

土壤酸碱度反映了土壤溶液中各种化学成分的状况。一般说来，降水量少的北方和沿海积盐地区的土壤偏碱；而降水丰富的南方各地土壤易偏酸。这都是由于盐基（即钠、钾、钙、镁等）受到淋溶状况不同所引起的。盐基成分重的土壤尤其是钠离子含量为主的土壤，其碱性比较明显，所以盐湖地区往往由于钠高而造成土壤碱化。

土壤碱性还会影响土壤微生物的繁殖活动，如真菌喜欢酸性环境，放线菌喜中性和微碱性环境，固氮菌适宜在中性条件下繁殖等。大多数微生物适宜在中性或微酸、微碱条件下生存，这有利于分解土壤中有机质、释放出各种养分。

四、常见园地管理方法

1. 清耕法

果园内不间作，经常进行中耕除草，使土壤保持疏松、无杂草的状态。这种方法可以防止杂草滋生，避免与果树争肥水，土壤通气良好，加速有机质分解，有利于及时供肥。缺点是造成水、土、肥的流失，特别在丘陵山地更为严重，容易引起缺素症，造成树势早衰。

（1）清耕法的优点

1）干旱季节中耕可以保墒。

2）春季中耕可提高地温、疏松表层土壤，有利于春季土壤中微生物活动，促进果树根系对水分和养分的吸收和利用。比如 4 月上旬、中旬的北京郊区果园，土壤表层 0～10厘米，中耕的比不中耕的温度高约 0.5～1.5℃，果树早萌动 2～3 天，天气晴朗尤其显著。

3）防除杂草，减少杂草与果树争水夺肥的矛盾，还改善树冠下通风透光。

4）清耕的果园，其他农业技术措施较容易进行，如喷药、施肥等。

（2）清耕法的缺点

1）清耕对土壤破坏较大，清耕后地表容易发生严重的水、土、肥流失。尤其是有坡度的果园，灌溉、降雨后，非常严重。

2）长期清耕，土壤中有机质减少得很快，增加了对人工施肥的依赖。

3）长期清耕只有地表 0～5 厘米呈疏松状态，而下面产生坚硬的“犁耕层”不透水，不透气。

4）清耕灭除了杂草，不利于果园的良性生态平衡，比如减少了果树害虫天敌，害虫易猖獗发展，加强病虫害防治工作量与投入。

5）费工时，工作量大。

2. 生草法

生草法是指全园种植或只在行间带状种植多年生牧草，土壤表面不进行耕作的农业技术措施。

生草法可以有效地防止水土流失；割草覆盖和压埋草料，可提高土壤有机质含量，有利于改良土壤结构；生草法还有利于改善果园生态环境。由于改善了生态环境，给害虫的天敌创造了适宜的生存条件，有利于病虫害的综合防治。

生草法的优点：

(1) 对防止土、肥、水的流失有明显的效果。

(2) 增加土壤有机质，提高土壤肥力，改善土壤结构。国外许多果园由于生草而减少了施用大量机肥，避免了施有机肥的繁重劳力支出。

(3) 生草果园土壤温度变化无论是昼夜或四季均较小。草被如同覆盖，缓和地温变化。沙地果园，清耕裸露的地表，在夏季炎热的中午，温度可达到 60～70℃以上，生草覆盖的部分只有 25～40℃，冬季土壤冻结的清耕裸露地冻土层 25～40 厘米，有生草条件的果园冻土层只有 15～35 厘米。土壤中极端温度的缓和，对果树根系生长和各种生理功能是有利的。

3. 覆盖法

主要指覆草法和地膜覆盖法。

(1) 覆草法。是在树冠下的树盘或全园铺草。覆盖物主要是山草、芒萁、稻草、麦秆、玉米秆、绿肥等。铺草厚度一般为 10～20 厘米，每年均需不断添加新草，补充分解腐烂的覆盖物。覆草时期有常年覆草和短期覆草两种。比较适用的是树盘短期覆盖，在高温、干旱时期进行覆盖。与各种土壤管理方法相比，果园覆草法是缺点少、优点多的土壤管理方法。因为覆草能克服和改变许多不利的土壤因素，可以给表层创造适宜的土壤环境。树盘覆草主要有以下优点：

1) 覆草使表层土温和水分稳定，能大大减轻或避免冬季土温过低、盛夏土温过高和春秋干旱对浅层吸收根的伤害。

2) 有利于土壤微生物的繁殖和分解活动，促进土壤团粒化。覆草为微生物创造了土壤温度、水分、氧气的最适宜而稳定的环境，利于其繁殖和分解活动，把土壤中不可吸收的潜在养分分解释放出来。覆草腐烂后，能增加土壤有机质的含量，促进表土层团粒化，改良土壤的作用十分明显。

3) 覆草能防止山坡地被雨水冲刷，可灭草免耕，省去全年大量的除草用工。

覆草材料的来源可以通过园内多种绿肥来解决。此外，园内外各种杂草、稻草、麦秆、树叶、粗厩肥等都是良好的覆盖材料。

(2) 地膜覆盖。地膜覆盖可以提高果园地温。用透明聚乙烯薄膜覆盖，可以提高土壤温度 2～10℃，用黑色地膜覆盖可提高土温 4～5℃。地膜覆盖一般从 11 月下旬平均气温降至 10℃左右时即可进行，一直覆盖到翌年 6 月中下旬。7～9 月份气候炎热，覆盖地膜会使根系闷热而导致生长差甚至死亡，故以覆草为佳。10～11 月份气温和雨量均适宜，覆膜作用不大。覆膜前要做好施肥、松土、清耕等工作。冬肥、春肥应一次施足，不要中途再揭膜施肥。

覆盖地膜的另一大作用就是避免土壤中有机质在深耕条件下过分分解和流失，可有效地增加土壤有机质及氮、磷、钾的含量。所以，适时覆盖地膜有保温、保水、保肥的作用。

4. 免耕法

免耕法又称零耕或最少耕作法。主要利用除草剂防除杂草，土壤不行耕作。此法能保持土壤自然结构，便于机械化耕作，节省劳力和成本。对丘陵山地更能减缓地表径流和水土流失。用除草剂杀灭杂草后，土壤仍有相当程度的覆盖面，并可增加有机质含量。但由于改变了果园内小气候环境，对红蜘蛛的防治有不利影响。免耕法和化学除草在国外已有多年历史，近 20 年来，美、日、澳、以色列、南非等国的果园都在不同程度上实施了此法。

第二节 果园施肥

培训目标

- 掌握土壤施肥的依据
- 熟练掌握土壤施肥常用的方法
- 熟练掌握使用常用药剂在根外施肥的方法

一、土壤施肥

土壤施肥必须根据根系分布特点，将肥料施在根系分布层内，以便于根系吸收，发挥肥料的最大作用。果树的水平根一般集中分布于树冠外围稍远处。而根系又有趋肥特性，其生长方向常以施肥部位而转移。因此，一般有机肥施在距根系集中部分布层稍深、稍远处，诱导根系向深度广度生长，以形成强大根系，扩大吸收面积，提高根系吸收效能和树体营养水平，增强果树抗逆性。

二、土壤施肥的依据

植物的生长发育受到上述许多条件的限制和影响。为了供给养分，调整反应，都必须在土壤里施用适当的物质，这些物质就是肥料。在促进有益微生物的增长和限制有害微生物的活动方面，施肥也是最简单而有效的方法。所以说，施肥是恢复土壤里的养料储藏量、创造丰产的物质条件、改良土壤性质的有效方法。在进行土壤施肥时必须以下面五个方面为依据。

1. 果树的营养特性与施肥

施肥的对象主要是果树，因此，施肥首先要考虑果树的营养特性。

（1）各种果树的营养特性是不同的。不同的果树对肥料的需求也不同，一般苹果、梨、桃、葡萄等果树需要的肥料较少，而柑橘等果树需肥量大。各种果树需肥的比例不同，见表 3—2。

表 3—2　　不同果树所需氮、磷、钾的比例

果树种类	每生产 100 千克果实所需氮、磷、钾的量			氮∶磷∶钾
	纯氮/千克	五氧化二磷/千克	氧化钾/千克	
苹果	0.7	0.35	0.7	2∶1∶2
葡萄	0.75	0.3	0.75	5∶2∶5
桃	0.25	0.1	0.3～0.35	10∶4.5∶15
李	0.7～1.2	0.4～0.5	0.6～1	1∶0.5∶1

例如，葡萄要形成 100 千克产量需要从土中吸取 0.75 千克的氮（N）、0.3 千克的磷（P_2O_5）、0.7 千克的钾（K_2O），而生产 100 千克苹果只需要 0.7 千克氮（N）、0.35 千克磷（P_2O_5）和 0.7 千克钾（K_2O）即可。而桃需钾很多，但需磷则较少。

（2）同一种果树在不同的发育时期对营养的需求也是不同的。一般在果树各个物候期的需肥特性为：花前追肥，一般在 4 月中下旬果树萌芽前后进行，促进果树萌芽整齐一致，有利于授粉，提高坐果率。肥料以氮肥为主，适量加施硼肥；花后追肥，一般在 5 月中下旬落花后进行，加强果树营养生长，减少生理落果，增大果实。这个时期的肥料也以氮肥为主，适量配施磷、钾肥；催果肥，一般在 6 月果实膨大和花芽分化期进行，促进果树果实膨大、花芽分化及枝条成熟，肥料以氮、磷、钾肥配合追施；果实生长后期追肥，也就是在果实着色到成熟前的两周进行，补充果树由于结实造成的营养亏缺，并满足花芽分化所需要的大量营养，追肥以氮、磷、钾配合施用效果为佳。

（3）果树在不同树龄时期所需营养种类、数量和比例也不同。一般幼树、旺树需要肥量较少；大树、结果多的树应施肥量大。试验发现，幼树期间氮、磷、钾的施肥比例一般是 2∶2∶1 或 1∶2∶1，结果期间的比例是 2∶1∶2。

2. 土壤性质与施肥

为了充分发挥肥料的作用，应该根据土壤的性质，选择肥料的种类，确定肥料的用量、施肥时期以及施肥的方法。一般对于质地黏重的土壤，地温常偏低，对幼苗的生长不利，应该注意苗期施肥；对沙性强的土壤，因为其质地较轻，保肥性差，故施肥应少量多次进行。实践证明，土壤肥力高的地块，有机质含量相对较高，速效磷的含量也随之提高。因此，磷肥施在土壤肥力中等或偏下的地块上，增产潜力大，增产效果显著。土壤的酸碱性会直接影响植物的生长和养分的转化与吸收，所以施肥时应考虑土壤的性质和肥料的品种。在石灰性土壤中，pH 中性偏碱，施用磷肥应选择过磷酸钙、重过磷酸钙等水溶性磷肥品种，或选用含磷量高的磷酸一铵、磷酸二铵等复合肥品种；在南方酸性土壤上施用磷矿粉，可逐步释放养分而不致发生固定；在盐碱地区，一般不用硝酸钠和氯化铵，钠、氯离子会增加土壤的盐碱为害。

土壤中水分的多少，也和肥效的发挥程度有关系。水分太少，化学肥料不能溶解，

就不起作用，有机肥料没有水也不分解，不能供给作物所需的养分。土壤水分少，化学肥料用量多，易使溶液太浓，烧伤根系，反倒有害；水分太多，养分容易流失。所以，适当的灌溉，才能使肥料发挥作用，增加产量，同时施用肥料，也能提高灌溉的效益。

3. 肥料的性质与施肥

在进行果树施肥时，必须考虑肥料的性质及其在土壤里的变化，也就是土壤和肥料的相互关系。

（1）肥料在土壤中的移动性与施肥的关系。肥料施在土里后肥料的水溶性成分溶解，使土壤溶液的浓度和成分发生变化。这些肥料成分有的能被土壤吸收，不随水流动，像硫酸铵的铵、氯化钾的钾；有的不被土壤吸收，随水移动，像硝酸铵的硝酸、氯化钾的氯；易流失的不宜灌大水，像硝酸铵，在施肥后灌上大水，硝酸就流失掉。这种肥料成分对施用的位置要求不严，可以在地面撒施，再经灌水就能发挥作用、能被土壤吸收的成分一般很少流失，只是在施用上必须放在根系密布的土层，才能发挥作用，像磷肥和钾肥常作基肥施在根系分布的层次。铵在土壤里虽然能被吸收，移动较少，但是它可以经过微生物活动变成硝酸，成为流动性养分。所以，硫酸铵也有时施在地面，随着灌水，使它渗到土壤里，再变成硝酸，流到根部。

（2）土壤与肥料的相互作用

1）土壤对肥料的影响

①土壤吸收、保存养分的能力大小，随着土壤的粗细不同而有所差别。细的土壤，像黏土，吸收力很强；粗的沙土吸收力很弱。在同一粗细的土壤中，有机质多的，吸收力强，有机质少的，吸收力弱。吸收力强的土壤一次施肥多点，也能够保存，吸收力弱的土壤，施肥多时却有流失的危险。所以，对沙性土要实行分期多次施肥。

②土壤的酸碱性对肥料也有很大的影响。有的肥料能溶于酸但不溶于水，属于这类的有骨粉、磷矿粉、钙镁磷肥等。在酸性土壤里，这种肥料能够慢慢溶解，供给果树吸收。在碱性土壤和石灰性土壤里，这种肥料就不能溶解，因而也就没有效果或是效果很小。

2）肥料对土壤的影响。不只是土壤能够影响肥料，肥料也能影响土壤的酸碱度、土壤结构、保水和保肥能力。像氨水、草木灰这类碱性肥料能使土壤变成碱性。粉状过磷酸钙能使土壤暂时局部变酸。硫酸铵、氯化钾等被植物吸收铵和钾以后，剩下硫酸根和氯根，也会使土壤变成酸性。肥料的不溶解部分也能影响土壤，像磷矿粉这样的肥料，它的颗粒和沙土差不多。有机肥料能使黏土变松，对土壤有很大好处。腐熟好的有机肥料施在沙土里，就能够增加沙土的保水、保肥性，同时增加土壤的养分，改善土性。

4. 气候条件与施肥

光照、温度、风、降水等条件，一方面直接影响根系的生长及其对养分的吸收，另一方面还影响土壤中养分的状况，这些气候条件会进一步影响施肥效果。如在高温多雨季节，果树生长迅速，对养分的需求量大，此时应控制氮肥的施用量，以免造成新梢徒长。在选择肥料品种时，应该避免施用硝态氮肥，以防因降水过多氮肥随地表径流流失造成养分损失，或进入地下水造成水质污染。在高寒地区，增施磷、钾肥，提高果树的抗寒性。

5．农业技术措施与施肥

农业技术措施与肥效密切相关。农业技术措施能使肥料的作用充分发挥。中耕不仅可以改变土壤的理化性状和微生物的活动，并且能影响土壤的环境条件，促进土壤养分的分解，调节土壤养分的供应状况，而且还能促进和控制果树根系的伸展和对土壤中养分的吸收能力。良好的灌溉条件可以大大提高肥效，充分发挥肥料的增产效果。合理的土壤管理方式不仅可以促进土壤中养分数量增加，养分构成的比例也将发生变化；合理的化肥施用可以促进果树的个体生长健壮，增强抗逆能力。

另外，合理施肥不仅要了解果树的营养和生理特性，而且还要与外界环境条件结合起来，把它们作为一个整体来考虑。只有这样，才能充分发挥肥效，提高肥料的经济效益，达到“高产、优质、高效”和无公害生产的目的。

三、土壤施肥的深度和广度

土壤施肥的深度和广度与树种、品种、树龄、砧木、土壤和肥料种类等条件有关。如苹果、梨、核桃、板栗、龙眼、荔枝等果树的根系强大，分布范围深而广，施肥宜深，范围也要大些。桃、金柑、凤梨、香蕉等果树根系较浅，分布范围也较小；矮生果树和矮化砧木，根系分布更浅，分布范围也较小，以浅施、分布范围小为宜。随着树龄的增大、根系的扩展，施肥的范围和深度也要逐年加深和扩大。沙地、坡地以及高温多雨地区，养分易淋洗流失，宜在果树需肥的关键时期施入，且要多次薄施，以提高肥料的利用率。基肥要深施，增厚土层，以提高保肥、保水能力。

各元素在土壤中的移动性不同，施肥的深度也不一样。如氮肥在土壤中的移动性强，即使薄施，也可渗透到根系分布层内，被果树吸收利用。钾肥移动性较差，一般磷、钾肥宜深施，尤其磷肥宜施在根系集中的分布层内，才能利于根系吸收。另外，因磷肥在土壤中易被固定而影响果树吸收，为了充分发挥肥效，过磷酸钙或骨粉可与厩肥、堆肥、圈肥等有机肥料混合腐熟，这样施用效果较好。基肥以迟效性有机肥或肥效缓慢的复合肥料为主，应适当早施深施。追肥的肥效快，应在果树急需时施入。

四、果树施肥时期

1．基肥施肥时期

基肥以有机肥料为主，是可以在较长时期内供给果树多种养分的基础肥料。秋季施基肥正值根系第 2、第 3 次生长高峰，伤根容易愈合，施肥时切断一切细小根，还起到根系修剪的作用，可以促发新根。此时，果树地上部分的新生器官已渐趋停止增生，其所吸收的营养物质以积累储备为主，可提高树体营养水平和细胞液浓度，有利于来年果树萌芽开花和新梢的早期生长。基肥要每年都施用为好。

2. 追肥施用时期

（1）花前追肥。果树萌芽开花需要消耗大量营养物质，但早春土壤温度较低，吸收根发生较少，吸收能力也较差，果树主要消耗树体贮存的养分，此时若树体营养水平较低，氮肥供应不足，则会导致大量落花落果，严重时还影响营养生长，对树体不利。

（2）花后追肥。这次肥是在落花后坐果期施用的，也是果树需肥较多的时期，此时幼果生长迅速，新梢生长加速，二者都需要氮肥营养。一般花前肥和花后肥可以互相补充，如花前追肥量大，花后也可不施。

（3）果实膨大和花芽分化期追肥。此时部分新梢停止生长，追肥有利于果实膨大和花芽分化，既保证了果树当年的产量，又为来年结果打下了基础，对克服大小年结果也有作用。这次肥应注意氮、磷、钾适当配合。

（4）果实生长后期追肥。这次肥主要解决大量结果造成树体营养物质亏缺和花芽分化的矛盾。尤以晚熟品种后期追肥更为必要。

五、常用施肥技术

1. 土壤施肥

（1）环状施肥。又叫轮状施肥，是在树冠外围稍远处挖环状沟施肥。挖沟易切断水平根，且施肥范围较小，一般多用于幼树（见图 3—1）。另有猪槽式施肥，此法与环状施肥类同，只是将环状中断为 3～4 个猪槽式。此法较环状施肥对根的伤害较小，隔次更换施肥位置，可以扩大施肥部位。

（2）放射沟施肥。这种方法一般较环状施肥对根的伤害少，但挖沟时也要躲开大根。可以隔年或隔次更换辐射沟位置，扩大施肥面，促进根系吸收（见图 3—2）。

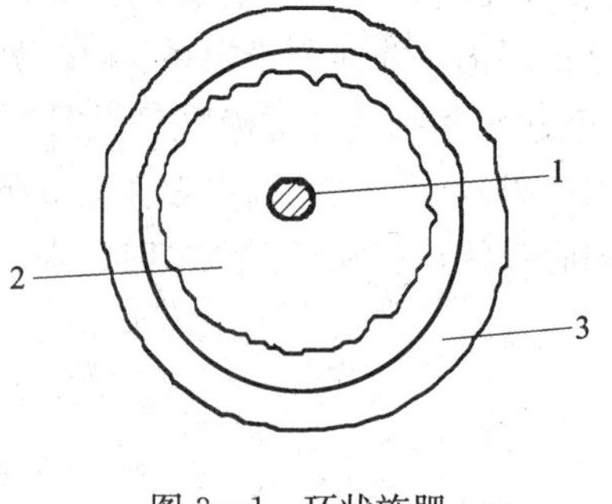

图 3—1　环状施肥

1—树干　2—树冠投影　3—环状沟

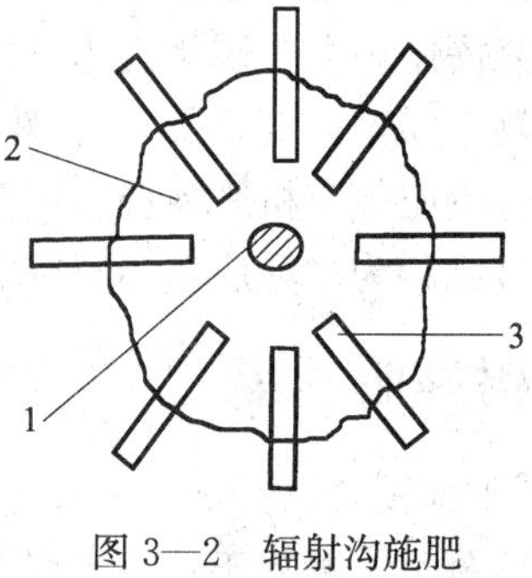

图 3—2　辐射沟施肥

1—树干　2—树冠投影　3—辐射状沟

（3）条沟施肥。在果树行间、株间或隔行开沟施肥，也可结合深翻进行。这种施肥方式较便于采用机械化施肥（见图 3—3）。

（4）穴施。以果树的树干为中心，在树冠四周挖 6～7 个直径 30～40 厘米的穴，肥料施入后混土、覆土。此方法适合于坡度较大的果园（见图 3—4）。

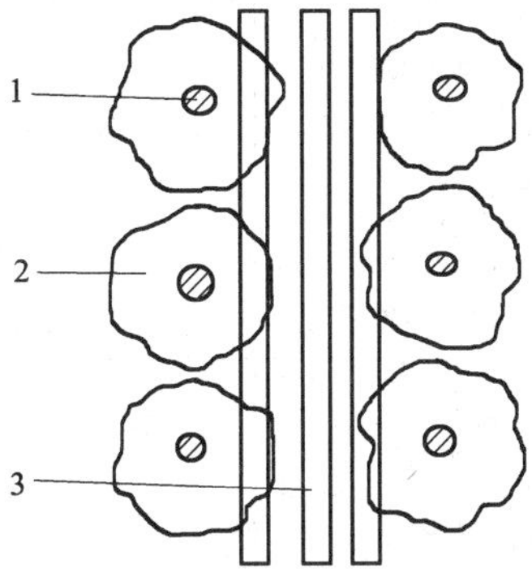

图 3—3　条沟施肥

1—树干　2—树冠　3—条状沟

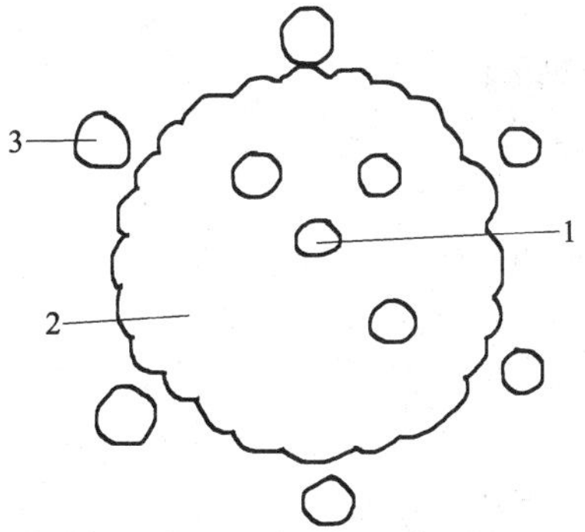

图 3—4　穴施肥

1—树干　2—树冠投影　3—施肥穴

（5）全园施肥。在成年果树或密植果园中，果树根系已布满全园时大多采用此方法。即将肥料均匀地撒入园内土中。此法若与放射沟施肥隔年更换，可互补不足，发挥肥料的最大效用。

（6）灌溉式施肥。灌溉式施肥以与喷灌、滴灌的方式相结合的较多。灌溉式施肥对树冠相接的成年树和密植的果园更为合适。

总之，施肥方法多种多样，且方法不同效果也不一样，应根据果园的具体情况，酌情采用。

2. 根外施肥

根外施肥又称叶面施肥。此方法简单易行，用肥量小，发挥作用快，不受树体营养分配中心的影响。根外施肥对解决养分急需和防治缺素症状效果明显；可避免磷、钾、铁、锌、硼等营养元素被土壤固定和化学固定，减少肥料损失；可以提高果树光合作用、呼吸作用和酶活性；简单易行，可与喷施农药或喷灌结合进行。

根外施肥只能作为补充肥料的一种常用施肥方法，但有些肥料不能进行叶面施肥。因此，根外施肥只能作为土壤施肥的一种补充，而不能代替土壤施肥。

根外施肥要注意以下事项：

（1）一般以阴天或晴天上午 10：00 以前和下午 16：00 以后空气湿度较大时喷施为好。

（2）喷施部位应选择果树的幼嫩叶片和叶片背面，以增进叶片对养分的吸收，同时应做到均匀、细致、全面。

（3）肥料和农药混合喷施时要做试验，以防降低肥效、药效或引起肥害、药害。

（4）在进行叶面施肥时要掌握适宜的肥料使用浓度（见表 3—3）。

表 3—3　　果树根外施肥的肥料种类及适宜浓度

肥料名称	施用浓度/（%）	肥料名称	施用浓度/（%）
N：尿素 硫酸铵/硝酸铵	0.3～0.6 0.1～0.3	Mg：硫酸镁	0.3～0.5
P：过磷酸钙	1～3	Ca：氯化钙	1～2
K：硫酸钾/氯化钾	0.3～0.5	Fe：硫酸亚铁 柠檬酸铁	0.1～0.5 0.1～0.2
N、K：硝酸钾	0.5～1	B：硼砂 硼酸	0.1～0.25 0.1～0.3
N、Mg：硝酸镁	0.5～0.7	Mn：硫酸锰	0.2～0.3
N、Ca：硝酸钙	0.3～1	Cu：硫酸铜	0.01～0.05
N、Mo：钼酸氨	0.3～0.6	Zn：硫酸锌 草木灰	0.1～0.6 1～6
P、K：磷酸二氢钾 磷酸铵	0.2～0.6 0.3～0.5		

单元 3

六、施肥量的计算

计算施肥量首先应该确定目标产量，然后测定果树的各器官每年从土壤中吸收的各元素的量（见表 3—4），扣除土壤中的供给量，并考虑肥料的损失，最后计算出的差额即为施肥量，具体计算办法如下：

施肥量（千克/公顷）＝15×（果树吸收营养元素量－土壤供肥量）/肥料中的有效养分含量（%）×肥料利用率（%）

根据报道，我国三种肥料元素的平均利用率为氮 35%、磷 20%、钾 45%。肥料利用率根据不同土壤质地而不同。一般沙质土最低，黏土最高。土壤天然供肥量大约为氮 1/3、磷 1/2、钾 1/2。

例如：计算每公顷生产 60 000 千克温州蜜柑需氮、磷、钾的量。已知：氮肥吸收量为 24 千克，氮的土壤供应量约为 24 千克×1/3＝8 千克，氮的肥料利用率为 50%；磷吸收量为 4.4 千克，磷的土壤供应量约为 4.4 千克×1/2＝2.2 千克，磷的肥料利用率为 30%；钾肥吸收量为 16 千克，钾的土壤供应量约为 16 千克×1/2＝8 千克，钾的肥料利用率为 40%。因此，可以得出理论施肥量如下：

施氮量＝（24－8）/50％×15＝480（千克/公顷）

施磷量＝（4.4－2.2）/30％×15≈110（千克/公顷）

施钾量＝（16－8）/40％×15＝300（千克/公顷）

表 3—4　　不同果树每年每 0.1 公顷吸收量

种　类	树龄/年	每 0.1 公顷产量/千克	全树每年每 0.1 公顷吸收量/千克			每 0.1 公顷生产 1 000 千克果的吸收量/千克		
			氮	磷酸	氧化钾	氮	磷酸	氧化钾
梨（长十郎）	14.5	3 750	16.1	6.0	15.4	4.3（10）	1.6（4）	4.1（10）
梨（20 世纪）	18	2 092	9.7	4.8	9.7	4.7（10）	2.3（5）	4.7（10）
温州蜜柑（一）	25	6 000	36.0	6.7	23.6	6.0（10）	1.1（2）	4.0（7）
温州蜜柑（二）	22	5 861	26.6	3.0	19.1	4.6（10）	0.5（1）	3.3（7）
柿（次郎）	9	1 425	8.6	2.2	7.5	6.0（10）	1.6（3）	5.3（11）
葡萄（玫瑰露）	5	1 500	9.0	4.5	10.8	6.0（10）	3.0（5）	7.2（12）
苹果（国光）	成年树	2 813	8.6	2.2	9.0	3.0（10）	0.0（3）	3.2（11）
桃	13.4	2 250	11.6	4.5	15.0	5.1（10）	2.0（4）	6.6（13）
桃（白桃）	8	1 875	9.0	3.7	14.2	4.8（10）	2.0（4）	7.6（16）

注：括号内数字为氮、磷、钾比。

七、果园绿肥

我国的果树主要分布在一些土壤比较贫瘠、有机质含量比较低的丘陵或盐碱地，种植绿肥可以培肥、改良土壤，也可以提高土地的利用率以提高果树栽培效益。

1. 种植绿肥的作用

（1）绿肥作物的根系强大，茎叶中含有丰富的有机质，尤其是豆科绿肥作物，含有大量氮素，又有磷、钾等多种元素。其中 1/3 氮素来自土壤，2/3 来自空气。1 亩苜蓿可固氮 8.7 千克，大豆可固氮 4.7 千克。

（2）绿肥作物根系较强，可吸收土壤深层的养分和水分，再通过施绿肥还于果树根系的周围，增加土壤的有机质含量，促进微生物的活动，提高土壤肥力，改善土壤的通气、供水、保肥能力，使土壤中的有机质、名种矿质元素不断得到补充。如种植田菁后，土壤容重由每立方厘米 1.345 克下降到 1.252 克；孔隙度由 49.63％升到 52.39％。

（3）绿肥作物可以覆盖地面，调节地温，减少水分的蒸发，控制杂草，防风固沙，保持水土，减轻两季涝害，防止土壤返盐，净化土壤霉素。

（4）连年种绿肥的果园，果树生长健壮，根量增加，花芽多，坐果率高，单产高，品质好，特别是盛果期的桃树，可保持品种的风味。

2. 绿肥作物及其选择

果园选用绿肥作物要根据气候、土壤、果树等因地制宜。常用的果园绿肥有：

（1）紫穗槐。春季播种，每亩用种量 1～2 千克，也可以春季压条。2 年以上的每年收割 2～3 次，每亩可收获鲜料1 000～2 000 千克。紫穗槐适应性强，耐旱，耐涝，耐盐碱，山坡、堰地、沟壑均可种植。1 次种植多年收获，枝叶易腐烂，肥效高。

（2）绿豆。春、夏季播种，每亩用种量 2 千克。播种后 60 天长至盛花期收割，每亩可收鲜料 1 000～1 500 千克。当年播种当年收获，生长快，产量高，易腐烂；喜高温、耐旱、耐瘠薄、不耐涝；酸性土壤或盐碱土均可种植。

（3）箭豌豆。箭豌豆又称大巢菜、野豌豆，也是一年生或越年生豆科绿肥，多作为旱地绿肥，在两熟地区如玉米—小麦，棉花—小麦，在麦行间作绿肥，作下季玉米、棉花的基肥，在一熟地区如棉田，秋季套种在棉行，第二年棉花种植前翻压作基肥。箭豌豆栽培技术与紫云英相似。

（4）田菁。春、夏季播种，每亩用种 3～4 千克。初花期收割，每亩收鲜料 1 500 千克。耐涝、耐盐碱、耐瘠薄，有养地改碱功能。

（5）柽麻。春、夏播种，每亩用种量 2～3 千克。播后 50 天可收割，每亩可收鲜料 2 000～3 000 千克。柽麻生长迅速，当年可收割 2～3 次。

（6）苕子。秋季播种，每亩用种量 2～3 千克。初夏收割，每亩可收割鲜料 2 000～2 500 千克。苕子植株矮，枝叶茂密柔嫩，易腐烂、肥效高。根系发达，改良沙地效果好。

（7）豌豆。秋季播种，每亩用种 7～10 千克。晚春、初夏压青，每亩可收获鲜料 1 000～1 500 千克。

（8）三叶草。多年生豆科草本植物，主要有白三叶、红三叶和地中海三叶。白三叶，茎蔓生，株高 20～30 厘米，一般 3 月下旬返青，初冬 11 月中旬霜后叶枯，覆盖期长达 8～9 个月。一般春季播种，亩播种量 1 千克，深度 3.0 厘米，6～9 月刈割压青。亩产鲜草 1 500～2 000 千克。

（9）小冠花。多年生豆科植物，根系发达，适应性强，耐旱、抗寒，适于山地果园种植。茎蔓生，株高 30～50 厘米，一般年刈割 3 次，亩产青草 2 000～2 500 千克。鲜草含干物质 10%。

（10）草木樨。分白花草木樨和红花草木樨，为多年生豆科绿肥作物，适应性强，耐旱、耐碱、耐瘠薄。适于山丘果园种植。一般茎高 50～60 厘米，初花期留茬 10 厘米，刈割一次压青；秋季霜后割草时留茬高度 3～5 厘米，以免休眠芽在越冬前萌发。

（11）苜蓿。春、秋、夏三季均可播种，当年收割一次，第二年后每年收割 3～

4次。

此外，果园绿肥作物还有黑豆、苦豆子、菜豆子、三尖叶猪屎、大尖叶猪屎豆、百脉根、蚕豆、扁茎黄芪等。各果园要根据自己的立地条件、肥力水平，选择利用。

3. 果园绿肥的用法

(1) 翻压。当年在果树行株间种植生长期短的绿肥作物，可于初花期至花荚期直接翻入土中，使其腐烂作肥。此法适用于成龄果园。

(2) 割青沟埋。在树冠外围挖沟，沟宽和沟深均为30～40厘米，沟长与树冠一侧相同，将绿肥与土分层埋入沟中，覆土后灌1次水。此法适用于幼龄或行距较大的果园。

(3) 覆盖树盘。利用鲜料覆盖树盘或放在树行间作肥料。

(4) 沤制。将鲜料集中于坑中堆沤，然后施入果园。

4. 注意事项

(1) 在绿肥生长期要施适量的氮、磷、钾肥，以缓解绿肥作物与果树争肥的矛盾。

(2) 压青后适当灌水，以加速绿肥腐烂分解。

(3) 尽量选用矮生或半匍匐生长的绿肥作物，高秆绿肥作物要及时收割。

(4) 播种多年生绿肥作物，4～5年需翻耕重新播种。

第三节 果园灌水

培训目标

→ 熟练掌握果园灌溉的方法、时期和灌溉量

→ 掌握果园排水的时间和方法

一、灌溉

1. 灌溉时期的确定

果园灌水时期的确定主要根据果树各物候期对水分的要求、气候特点和土壤水分状况。

(1) 按果树不同物候期的需水规律确定灌水时期。果树在一年内的需水量主要取决于果树各物候期对水分的要求。通常在果树生长前期，如新梢旺盛生长和果实迅速膨大期对水分需求较多，水分供应充足有利于生长和结果；而后半期要控制水分，保证及时停止生长，使果实适时进入休眠期，做好越冬准备。在北方地区果树生长期容易发生干

旱，一般需要灌水。在进行果园灌溉时，应该把握下面几个物候时期。

1）萌芽前后至开花前。此时土壤中若有充足的水分，可以提高果树萌芽率、促进开花，加强新梢生长。但在果树花期不宜灌水，以免造成大量落果。

2）新梢生长和幼果膨大期。此期是需水的临界期，果树生理机能最旺盛，叶片和新梢容易夺取幼果的水分，容易使幼果失水脱落。如果干旱严重时叶片和新梢还可以从吸收根内夺取水分。影响根系生长，进而影响树体生长，造成产量下降和品质降低。

3）果实迅速膨大期。果实迅速膨大期即是果实急速膨大的时期，也是花芽大量分化的时期。此时及时灌水，既可以满足果实膨大，同时也可以促进花芽分化，在提高产量的同时，又可形成大量有效的花芽，为连年丰产创造条件。

4）采果前后及休眠期。秋冬干旱地区，此时灌水，可以使土壤储备足够的水分，有助于肥料分解，促进果树来年春季的生长发育。南方柑橘此期结合施肥灌水，有利于恢复树势，促进花芽分化。在北方，大多数落叶果树在采收前不宜灌水，以免降低果树品质或引起落果。寒地果树在越冬前要灌溉一次封冻水，有利于果树越冬。

（2）根据土壤含水量决定灌水。一般认为土壤最大持水量在60%～80%为梨树最适宜的土壤含水量。当含水量在50%～60%以下时，持续干旱就要灌水。也可凭经验测含水量，如壤土和沙性土，挖开10厘米的湿土，手握成团不散说明含水量在60%以上，如手握不成团，撒手即散应灌水。

（3）观树看叶决定灌水。中午高温时，看叶有萎蔫低头现象，过一夜后又不能复原，应立即灌水，否则将会造成很大损失。

2. 灌水量

灌水量一般根据果树根群的分布情况、土质、土壤湿度、降雨情况和灌水方法等而定。一般要求灌水量以完全湿润分布层的土壤，土壤湿度达到田间最大持水量的60%～80%。

灌水量的计算办法：

（1）根据不同土壤持水量、灌溉前的土壤湿度、土壤容重、土壤侵润程度，计算出一定面积的灌溉量。

灌水量＝灌溉面积×土壤浸润程度×土壤容重×（田间持水量－灌溉前土壤湿度）。假设要灌溉1亩果园，使1米深度的土壤湿度达到田间持水量，土壤田间持水量为20%，土壤容重为1.25吨，灌溉前根系分布层的土壤湿度为15%，灌水量可以计算为：

灌水量＝1×666.67×1×1.25×（20%－15%）＝41.67（吨）

每次灌溉前均需测定灌溉前的土壤湿度，而田间持水量、土壤容重、土壤浸润深度等，则可数年测定一次。

应用此方法计算出的灌水量，还要根据树种、品种、不同生命周期、物候期、间作物，以及日照、温度、风、干旱持续的长短等因素，进行调整。

（2）根据果树的需水量和蒸腾量来确定每亩的需水量。可以按以下方法计算：

每亩需水量＝（果实产量×干物质％＋枝、叶、茎、根生长量×干物质％）×需水量

假设：柚每公顷产量为60吨，果实含水量为85％；一年中根、茎、叶生长量为30吨，其含水量为50％；需水量为300吨，则：

每公顷需水量＝（60 000千克×15％＋30 000千克×50％）×300＝7 200（吨）

3. 灌水方法

灌溉时间、灌溉方法、灌溉量直接决定了灌溉效果。因此，在进行果园灌溉时不仅要掌握准确的灌溉时间和合理的灌溉量，还要掌握科学的灌溉方法。常见的灌溉方法主要有：

（1）地面沟渠灌溉

1）沟灌。沟灌又叫浸灌，在有水源的果园，可通过渠道，将水引入果园的排灌系统，进行灌溉。沟灌的优点是，灌溉水经沟底和沟壁渗入土中，对果园土壤浸润比较均匀，而且不会破坏土壤结构，所以是地面灌溉的一种比较合理的方法。

2）分区灌溉。用纵横土埂把果园划分成若干小区，引水进行灌溉，也可按每一棵树将果园分成单株小区。分区灌溉适用于平地和水源方便的果园。

3）穴灌。在树冠下挖直径约30厘米的穴4～8个，深以不伤根为准，引水进行灌溉，然后覆土。穴灌适用于水源缺乏的山地果园。加上地膜覆盖，效果更好。

4）树盘灌。以树干为中心，在树冠投影以内以土埂围成圆盘与灌溉沟相通。这种方法适用于干旱果园，用水经济。

（2）节水灌溉

1）喷灌。喷灌是利用机械将水喷射呈雾状进行灌溉。喷灌的优点是节省用水，能减少灌水对土壤结构的不良影响，工效高，喷布半径约25米。喷灌还有调节气温、提高空气湿度等改善果园小气候的作用。据报道，在夏季喷灌能降低果园空气温度2.0～9.5℃，降低地表温度2～19℃，提高果园空气湿度15％。喷灌也适用于地形复杂的山坡地。喷灌的设备，包括水源、动力机械和水泵构成固定的泵站，或利用有足够高度的水源与干管、支管组成。干管、支管埋入土中，喷头装在与支管连接的固定的竖管上。微型喷灌在美国很普及，是目前灌溉技术中较先进的方法。低头微型喷灌每株一个喷头，干旱时每天喷雾多次，使土壤水分保持比较合适的程度。据报道，微型喷雾能有效地减轻冻害，因而用微喷防冻，可收到明显的效果，一般能提高气温0.5～1.5℃。若改低位微型喷灌为高位，对防霜冻有更好的效果。

2）滴灌。滴灌又叫滴水灌溉，是将具有一定压力的水，通过一系列管道和特制的毛管滴头，将水一滴一滴地渗入果树根际的土壤中，使土壤保持最适于植株生长的

湿润状态，又能维持土壤的良好通气状态。滴灌还可结合施肥，不断地供给根系养分。滴灌能节约用水，据试验，比喷灌节省用水一半左右；滴灌不会产生地面水层和地面径流，不破坏土壤结构，土壤不会板结；也不至于过干或过湿。一个滴头流量2.4升/小时，每株4个滴头，连续15小时可滴水145千克，滴灌可达40～50厘米深、200厘米宽，土壤含水量可达田间持水量的70%～80%。滴灌需要管材多，投资较大。管道与滴头容易堵塞，要求有良好的过滤设备。滴灌对调节果园小气候的作用不如喷灌。如果果园主产区秋季多干旱，除采用灌溉外，果园还可通过秸秆覆盖、种植绿肥、深翻改土等管理，可大幅度地增加土壤含蓄的水分，满足果树抽秋梢与果实膨大对水分的需求。

3）渗灌。渗灌是借助地下管道系统使灌溉水在土壤毛细管作用下，自下而上湿润果树根区的灌溉方法，也称地下灌溉。渗灌具有灌水质量好，减少地表蒸发、节省灌溉水量以及节省占地等作用。

二、排水

1. 排水时间

在果园发生下列情况时，应及时排水：

（1）多雨季节或一次降雨量过大时，应明沟排水。

（2）河滩地或低洼地果园，地下水位高于果树根系分布层时，则必须设法排水。可在果园开挖深沟，将水排出果园，降低地下水位，以防根系受害。

（3）黏重土壤、渗透性差的土壤，透水性差，要有排水设施。

（4）盐碱地易发生土壤次生盐渍化，必须利用灌水淋洗，排出果园。

2. 排水方法

果园排水系统由小区内的排水沟、小区边缘的排水支沟和排水干沟组成。

排水沟挖在果树行间，把地里的水排到排水干沟中。排水沟的大小、坡降以及沟与沟间的距离，要根据地下水位高低、雨季降雨量的多少而定。

排水支沟位于果园小区边缘，主要作用是把排水沟中的水排到排水干沟中去。排水支沟要比排水沟略深，沟的宽度要根据小区面积大小而定，小区面积大的可以适当宽些，小区面积小的可以适当窄些。

排水干沟挖在果园边缘，与排水支沟、自然沟连通，把水排出果园。排水干沟比排水支沟要宽些、深些。

有泉水的涝洼地，或上一层梯田渗水汇集到果园形成的涝洼地，可在涝洼地上方开截水沟，将水排出果园。也可以在地里用石头砌一条排水暗沟，使水由地下排出果园。对于树盘低洼而积涝的，可以结合土壤管理，在整地时加高树盘土壤，使之稍高出地面，以解除树盘低洼积涝。

单元测试题

一、填空题（请将正确的答案填在横线空白处）

1. 苹果最适宜在 pH 值为________的土壤中生长。

2. 按照我国普遍采用的土壤质地的划分制度，土壤可分成________、________和________三个粒级。

3. 果树追肥主要是在________、________、________和________四个时期进行。

4. 在进行果树根外追肥时，氯化钙的适宜浓度为________。

5. 常用的节水灌溉技术有________、________和________。

6. 果树的水平根系一般分布在________。

7. 覆盖地膜有________、________和________的作用。

8. 果树施肥包括________和________时期。

9. 花后追肥，一般以________肥为主，适量配施磷、钾肥；果实生长后期追肥，以________施用效果为佳。

10. ________、________和________直接决定灌溉效果。

二、判断题（下列判断正确的请打“√”，错误的打“×”）

1. 粒径小于 0.02 毫米的土壤为黏土。（　）

2. 氮肥可在土壤中深施，钾肥移动性较差，一般磷、钾肥宜浅施。（　）

3. 果树结果期间氮、磷、钾的施肥比例一般是 1∶1∶2。（　）

4. 过磷酸钙或骨粉与厩肥、堆肥、圈肥等有机肥料混合腐熟后施用效果较好。（　）

5. 在进行果树灌溉时灌水量以完全湿润分布层的土壤，土壤湿度达到田间最大持水量的 40%～60%为宜。（　）

6. 葡萄适宜在 pH 值在 5.8～7.5 的土壤中生长。（　）

7. 在盐碱地区，可以经常使用硝酸钠和氯化铵。（　）

8. 氯化钾和硝酸铵，在施肥后灌上大水，容易流失掉。（　）

9. 苹果、梨、龙眼、荔枝等果树，施肥宜深，范围也要大些。（　）

10. 黑豆、苦豆子、莱豆子、三尖叶猪屎和大尖叶猪屎豆都可以作为果园绿肥作物来种植。（　）

三、单项选择题（下列每题的选项中，只有 1 个是正确的，请将其代号填在横线空白处）

1. 在果园土壤管理中，覆草法的覆草厚度一般为________厘米。

A. 5～10　　B. 10～15　　C. 10～20　　D. 20～25

单元 3

2. 各种果树需肥的比例不同，桃树一般要求的氮、磷、钾的比例为________。

A. 10∶4∶15　　B. 10∶4.5∶15　　C. 2∶1∶2　　D. 2∶1∶3

3. 石灰性土壤 pH 中性偏碱，不应施用的磷肥是________。

A. 过磷酸钙　　B. 重过磷酸钙　　C. 磷酸一铵　　D. 磷矿粉

4. 花前追肥，一般以________肥为主，适量加施硼肥。

A. 氮　　B. 磷　　C. 钾　　D. 钙

5. ________不宜作为果园绿肥而种植。

A. 蚕豆　　B. 小冠花　　C. 草木樨　　D. 油菜

四、多项选择题（下列每题的选项中，至少有 2 个是正确的，请将其代号填在横线空白处）

1. 影响果树生长发育的土壤因素有________。

A. 沙土　　B. 黏土　　C. 盐碱土

D. 土层厚度　　E. 土壤酸碱度　　F. 水分

2. 平地果园土壤类型主要有________。

A. 冲积平原　　B. 洪积平原　　C. 泛滥平原

D. 滨湖滨海平原　　E. 沙滩沙荒平地　　F. 水田梯壁

3. 果园管理的基本方法包括________。

A. 清耕法　　B. 生草法　　C. 灌溉法

D. 免耕法　　E. 施肥法　　F. 覆盖法

4. 土壤施肥中，常用的施肥技术有________。

A. 环状施肥　　B. 辐射沟施肥　　C. 穴施

D. 条沟施肥　　E. 全园施肥　　F. 灌溉式施肥

5. 果园绿肥的用法主要有________。

A. 翻压　　B. 制作饼肥　　C. 晒干灰化

D. 割青沟埋　　E. 覆盖树盘　　F. 沤制

6. 在进行果园灌溉时，应该在________这几个关键时期进行灌水。

A. 采果前　　B. 萌芽前后至开花前　　C. 开花期

D. 新梢生长和幼果膨大期　　E. 果实迅速膨大期　　F. 采果前后及休眠期

五、简答题

1. 果园土壤管理中生草法有哪些优点？

2. 土壤施肥有哪些依据？

3. 果树在栽培中种植果园绿肥有哪些作用？

六、计算题

1. 计算每公顷生产 60 000 千克葡萄需氮、磷、钾的量。已知：氮肥吸收量为 24

千克，氮的土壤供应量约为 24 千克×1/3=8 千克，氮的肥料利用率为 50%；磷吸收量为 4.8 千克，磷的土壤供应量约为 4.8 千克×1/2=2.4 千克，磷的肥料利用率为 30%；钾肥吸收量为 18 千克，钾的土壤供应量约为 18 千克×1/2=8 千克，钾的肥料利用率为 40%。计算氮、磷、钾的施肥量。

2. 要灌溉 1 亩果园，使 0.8 米深度的土壤湿度达到田间持水量，土壤田间持水量为 18%，土壤容重为 1.20 吨，灌溉前根系分布层的土壤湿度为 14%，计算灌水量。

七、技能题

题目：果园追肥基本方法。

1. 操作准备（由考试单位准备）

（1）准备施肥果园照片。

（2）提供施肥果园基本情况数据，包括栽培树种、发育阶段、树龄、土壤肥力基本数据。

（3）准备各类氮、磷、钾肥及其他肥料的包装袋图片，要能够看清使用说明。

2. 操作要求

（1）能够准确选择肥料种类。

（2）能够根据果树图片计算其在某个发育阶段的施肥量，计算所需施肥的量，果园面积以一亩计算。

（3）简要说明施肥方法。

（4）用文本形式提交。

3. 操作时限

操作时限为 40 分钟。

4. 配分及评分标准

序号	作业项目	考核内容	配分	评分标准
1	选择肥料	肥料种类选择准确	6	选择不准确扣 4～6 分
		肥料配比确定合理	4	配比不准确扣 2～4 分
2	计算施肥量	计算准确的施肥量	6	根据计算过程扣分
	施肥方法	施肥方法全面准确	2	能够完整说明得全分

单元测试题答案

一、填空题

1. 5.4～6.8　2. 沙粒　粉粒　黏粒　3. 花前　花后　果实膨大和花芽　果实生

长后期 4. 1%～2% 5. 喷灌 滴灌 渗灌 6. 树冠外围稍远处 7. 保温 保水 保肥 8. 基肥施肥 追肥施用 9. 氮 氮、磷、钾配合 10. 灌溉时间 灌溉方法 灌溉量

二、判断题

1. × 2. × 3. × 4. √ 5. × 6. √ 7. × 8. √ 9. √ 10. √

三、单项选择题

1. C 2. B 3. D 4. A 5. D

四、多项选择题

1. ABCDE 2. ABCDEF 3. ABDF 4. ABCDEF 5. ADEF 6. BDEF

五、简答题

1. 答：生草法的优点主要有：

(1) 对防止土、肥、水的流失有明显的效果。

(2) 增加土壤有机质，提高土壤肥力，改善土壤结构。国外许多果园由于生草而减少了施用大量有机肥，节省了劳力。

(3) 生草果园土壤温度变化，无论是昼夜或四季均较小。草被如同覆盖，缓和地温变化。沙地果园，清耕裸露的地表，在夏季炎热的中午，温度可达到 60～70℃以上，生草覆盖只有 25～40℃，冬季土壤冻结的清耕裸露地冻土层 25～40 厘米，有生草条件的果园冻土层只有 15～35 厘米。土壤中极端温度的缓和，对果树根系生长和各种生理功能是有利的。

2. 答：进行土壤施肥时的主要依据为：一是根据各种果树的营养特性。不同的果树对肥料的需求也不同，一般苹果、梨、桃、葡萄等果树需要的肥料较少，而柑橘等果树需肥量大。二是根据同一种果树在不同的发育时期对营养的不同需求。三是根据果树在不同树龄时期所需营养种类、数量和比例也不同。四是根据土壤性质。五是根据肥料性质。

3. 答：种植绿肥的作用主要有：

(1) 绿肥作物的根系强大，茎叶中含有丰富的有机质，尤其是豆科绿肥作物，含有大量氮素，又有磷、钾等多种元素。

(2) 绿肥作物根系较强，可吸收土壤深层的养分和水分，再通过施绿肥还于果树根系的周围，增加土壤有机质，促进微生物的活动，提高土壤肥力，改善土壤的通气、供水、保肥能力，使土壤中的有机质、名种矿质元素不断得到补充。

(3) 绿肥作物可覆盖地面，调节地温，减少水分蒸发，控制杂草，防风固沙，保持水土，减轻两季涝害，防止土壤返盐，净化土壤霉素。

(4) 连年种绿肥的果园，果树生长健壮，根量增加，花芽多，坐果率高，单产高，品质好，特别是盛果期桃树，可保持品种的风味。

六、计算题

1. 施氮量=（24−8）/50%×15=480（千克/公顷）

   施磷量=（4.8−2.4）/30%×15=120（千克/公顷）

   施钾量=（18−9）/40%×15=37.5（千克/公顷）

2. 25.612 8 吨

七、技能题

答案略。

第4单元

果树树体管理

良好的果树树体是果树生产实现优质、高产的前提。树体构件是果树修剪管理中的主要对象。修剪技术可以改善果树的通风透光条件，提高果树的光合能力，也可以改善果树的营养条件，平衡生长与结果之间的矛盾。整形修剪是高产、优质的关键。

要进行合理科学的整形修剪，必须熟悉果树树体结构的基本组成和各组成部分的生长特性。同时，也要了解果树整形修剪的意义、作用及其应该遵循的原则和依据，掌握各类果树的常见树形及其特点。整形是通过修剪技术来实现的，因此，也必须熟练掌握修剪的各种技术措施及其作用。

目前，果树栽培总的发展趋势是矮化密植，这就要求现代果树整形修剪必须更加简易化。这一要求主要包括：整形方面要求树体骨干级次明显减少；在修剪措施上以轻剪为主，轻重结合；修剪时期提倡“四季修剪”，尤其是夏季修剪。

第一节 果树整形修剪作用、原则和依据

培训目标 → 掌握果树整形修剪的作用、原则和依据

一、果树整形修剪

果树整形，是指通过修剪，把树体整成某种形状，体现良好的骨架结构。果树修剪是在整形的基础上，根据果树生长和结果的需要，结合环境和管理条件，对树体施行的某种“手术”，以调节枝条的生长与结果、衰老与更新的矛盾以及个体与群体、果树与环境的矛盾，从而保证骨架牢固、枝组理想、果多质佳和稳产长寿。因此，整形和修剪是相互联系不可分割的技术，其目的是争取使果树早结果、高产稳产、优质、长寿和低消耗。

二、果树整形修剪的作用

1. 果树整形修剪的意义

自然生长的果树，树冠郁闭，枝条密生，交叉重叠，内膛空虚，树势衰弱；光照和通风不良，病虫严重；产量不高，易出现大小年结果现象，果实品质低劣；不利于果实采收、疏花疏果和病虫害防治。通过合理整形修剪，幼树可以加速扩展树冠，增加枝量，提前结果，早期丰产，并且能够培养出可以合理利用光能、负担高额产量和获得优良品质果实的树体结构；盛果期的果树通过整形修剪，可以使树体发育正常，维持良好的树体结构，生长和结果关系基本平衡，实现连年高产，并且尽可能延长盛果期年限；衰老树通过更新修剪，可使老树复壮，维持一定的产量。通过整形修剪，可以培养出结构良好、骨架牢固、大小整齐的树冠，并能符合栽培距离的要求。合理的修剪可使果树新梢生长健壮，营养枝和结果枝搭配适当，不同类型、不同长度的枝条能保持一定的比例，并使结果枝分布合理，连年形成健壮新梢和足够的花芽，产量高而稳定。合理修剪能使果树通风透光，果实品质优良、大小均匀、色泽鲜艳。

2. 整形修剪对果树的影响

（1）整形修剪可以调节果树与环境的关系。正确的整形修剪，能改善树体内部的光照条件，提高幼树叶面积系数，使成龄树叶片成层分布；形成良好的叶幕结构，充分利

用光能；并且可以调整果树个体结构和群体结构之间的关系，改善果园通风透光条件，更有效地利用空间。同时修剪可以调节树体各部分、各器官之间的平衡关系。由于修剪是在不减少根系，不减少吸收量的前提下，使树冠的枝梢有所减少，因而能促进留下来的枝梢的生长，提高光合效率。

（2）调节器官形成的数量、质量。由于修剪使叶面积减少，总生长量减少，光合产物和供给根系的养分也会相应减少，会使根生长受到抑制，反过来又影响地上部的生长。因此，修剪在总体上是有抑制作用的，刺激生长的作用只能表现在局部，这表现了修剪对果树地上部和地下部动态平衡关系的调节作用。

（3）调节养分的吸收、运转和分配。修剪时可以利用果树各器官、各部分的相对独立性，让一部分枝梢生长、一部分枝梢结果，每年交替，相互转化，使营养生长和生殖生长达到相对平衡。果树的同类器官也存在着矛盾并互相竞争，需要通过修剪加以调整。对枝条，要保持其一定数量，同时要使长、中、短枝保持一定的比例。长枝过多时，生长期长，用于生长消耗的营养物质过多，积累不够，影响短枝生长和花芽分化；长枝过少时，总的营养生长势变弱，也不利于营养物质的生产和积累，不利于生长和结果。对短枝，首先应保持优良短枝的数量，同时疏除质量过差的短枝，使一般短枝向优良短枝转化。

（4）调节果树生长与结果的关系。果树可以通过修剪来调节营养生长和生殖生长的关系，使这两类器官保持相对的平衡，以达到稳产、高产的目的。合理修剪能使果树年年有一定的生长，形成足够的花芽，结出一定数量的果实。花芽少时，修剪上要尽量保留花芽，缓和营养生长势，促使由营养生长转向生殖生长；花芽多时，要进行疏花疏果，减少结果量，并进行短截回缩，促进营养生长。

修剪作用的实质是通过调节果树与环境的关系，保持各器官的数量与质量，调节果树对养分的吸收、营养物质的制造、分配和利用等，从而解决果树生长与结果的矛盾，达到连年丰产的目的。因此，修剪必须符合果树本身的生长结果习性，并在良好的土、肥、水管理基础上进行。

3. 果树整形修剪的双重作用

修剪对果树有促进枝条生长、多分枝、长旺枝的局部促进作用；而修剪对果树整体则具有减少枝叶量、减少生长量的抑制作用。这种促进作用和抑制作用同时在果树上的表现，称为修剪的双重作用。枝条短截能减少枝、芽的数量，相对改善枝芽的营养状况，使留下的芽萌发出旺枝，增强局部的生长势；但正是由于减少了枝、芽的数量，使被短截枝条的总生长量也相对减少，这往往表现在对同类枝条处理的差异上。例如，选作骨干枝的一年生枝，在中部饱满芽处短截，剪口发出健壮的新梢，表现出修剪的促进作用；但其总枝叶量因短截而减少，以致加粗生长缓慢，其粗度显著小于不短截的辅养枝，表现出修剪的抑制作用。

修剪对疏枝口下部的枝条具有促进生长的作用，而对疏枝口上部的枝条，却具有削弱生长势的作用，这也表现出修剪的双重作用。利用背后枝换头时，既能增强缩剪枝的生长势，又能加大缩剪枝的垂直角度，削弱其总生长量，同样表现出修剪的双重作用。

总之，修剪的双重作用是广泛的，有些是预期达到的，有些是希望避免的，要熟悉不同修剪方法、修剪程度、修剪部位对果树整体、局部的影响，才能收到良好的效果。

三、果树整形修剪的原则

果树整形修剪的基本原则是："因树修剪，随枝作形，有形不死，无形不乱"，在整形中应该做到"统筹兼顾，长短结合，均衡树势，主从分明"。

"因树修剪"，是对果树的整体而言，即在果树的整形修剪过程中，根据不同果树种类的生长结果习性，以及果园立地条件等实际情况，而采取的相应的整形修剪方法以及修剪所适宜的轻重程度。

"随枝作形"，是对果树的局部而言。在整形修剪过程中，应根据枝条的长势强弱、枝量多少、长中短枝的比例、分枝角度的大小、枝条的延伸方向以及开花结果等情况，正确处理局部和整体的关系，生长和结果的平衡，主枝和侧枝的从属，以及枝条的着生位置和空间利用等，以便形成合理的丰产树体结构，获得长期优质、稳定增产的较高经济效益。所以，因树修剪、随枝作形，是果树整形修剪中应该首先考虑的原则。

"统筹兼顾，长短结合"，是指结果与长树要兼顾，不要急于求成，既有长计划又要短安排。幼树既要整好形，又要有利于早结果，做到生长结果两不误。盛果期也要兼顾生长和结果，要在高产稳产的基础上，加强营养生长，延长盛果期，并注意改善果实的品质。

"均衡树势，从属分明"，是指在同一果园内，不同树株之间，或同一棵树的不同类枝条间，生长势力总是不平衡的。修剪时，就应注意通过抑强扶弱，适当疏枝、短截，保持果园内各单株之间的群体、长势近于一致，一棵树上各主枝间及上、下层骨干枝间，保持平衡的长势和明确的从属关系，使整个果园的树株，都能够上、下和内、外均衡结果，实现长期优质和稳定增产。

果树修剪的原则是"以轻为主，轻重结合，因树制宜"。即修剪数量和程度，总的要求要轻或适度，尤其是盛果期以前更是如此。"以轻为主，轻重结合"，是指尽可能减轻修剪量，减少修剪对果树整体的抑制作用。尤其是幼树，适当轻剪、多留枝，有利于长树、扩大树冠、缓和树势，以达到早结果、早丰产的目的。由于构成树冠整体的各个不同部分的着生位置和生长势力不完全一致，因此，在修剪过程中，必须注意轻重结合，才能既建造牢固的树体骨架，又能有效地促进幼龄果树向初果期、盛果期的正常转化。轻重结合的原则，既能建造牢固的树体骨架，又能促进提早结果和早期丰产，以及长期的优质、丰产。因此，在确定修剪量时，应根据生长和结果状况及其平衡关系的变化而有所变动，宜轻则轻，宜重则重。

四、果树整形修剪的依据

整形修剪应以果树的树种和品种特性、树龄和长势、修剪反应、栽培模式、自然条件和栽培管理水平等基本因素为依据，以进行有针对性的整形修剪。要搞好整形修剪，必须考虑以下基本因素：

1. 树种和品种特性

果树的不同种类和品种，其生物学特性差异很大，在萌芽抽枝、分枝角度、枝条硬度、结果枝类型、花芽形成难易、坐果率高低等方面都不相同。梨的顶端优势强于苹果，幼龄期间，枝条的直立性强于苹果，进入盛果期后，骨干枝的角度又比苹果更为开张。梨的萌芽力高于苹果，成枝力却又弱于苹果，成花比较容易，结果也早，但比苹果容易出现大小年结果现象。梨树隐芽的寿命长于苹果。因此，缩剪和更新修剪，就比苹果更为方便。由于苹果和梨的这些生物学特性上的差异，在整形修剪时，就应注意对幼龄梨树的修剪，主枝的剪截程度要轻于苹果，也就是说，要比苹果更强调轻剪多留；主枝顶端的高度，要与中心领导枝的高度相近，以防出现上强下弱现象。在葡萄的不同品种间，果枝分生节位高的龙眼，宜采用棚架整形和长梢修剪，而长势较弱，果枝分生节位较低的玫瑰香等品种，则应采取篱架整形和短梢修剪。因此，在整形修剪时，就必须根据树种和品种的不同生物学特性，采取有针对性的修剪方法，做到因树种、品种进行修剪，就成为果树整形修剪最根本和最重要的依据。

2. 树龄和长势

同一果树不同的年龄时期，其生长和结果的表现有很大差异。幼树一般长势旺，长枝比例高，不易形成花芽，结果很少。这时要在整形的基础上，轻剪多留枝，促其迅速扩大树冠，增加枝量。枝量达到一定程度时，要促使枝类比例朝着有利于结果的方向转化，即所谓枝类转换，以便促进花芽形成，及早进入结果期。随着大量结果，长势渐缓，逐渐趋于中庸，中、短枝比例逐渐增多，容易形成花芽，这是果树一生中结果最多的时期。这时，要注意枝条交替结果，以保证连年形成花芽；要搞好疏花疏果并改善内膛光照条件，以提高果实的质量；要尽可能保持中庸树势，延长结果年限。盛果期以后，果树生长缓慢，内膛枝条减少，结果部位外移，产量和质量下降，表明果树已进入衰老期。这时，要及时采取局部更新的修剪措施，抑前促后，减少外围新梢，改善内膛光照，并利用内膛较长枝更新；在树势严重衰弱时，更新的部位应该更低、程度应该更重。

3. 修剪反应

不同树种、品种及不同枝条类型的修剪反应，是合理修剪的重要依据，也是评价修剪好坏的重要标准。修剪反应，一要看局部表现，即剪口或锯口下枝条的长势、成花和结果情况，二要看全树的长势强弱。

果树的修剪反应大多表现在两个方面：一是局部反应，如剪口下萌芽、抽枝，结果和形成花芽的情况；二是整体反应，如总生长量、新梢长度与充实程度、花芽形成总量、树冠枝条密度和分枝角度等。即使是同一品种的果树，用同一种修剪方法处理不同部位的枝条时，其反应的程度和范围，也有较大的差异。因此，修剪反应既可检验修剪的轻重程度，也是检验修剪是否合理的重要标志。只有熟悉并掌握了修剪反应的规律，才能做好整形修剪。

初果期国光苹果和红星的花枝，元帅系品种花上缩剪以后，特别是在初果期树上修剪时，其反应往往是促进新梢旺长，降低坐果率。对骨干枝两侧的分枝和骨干枝的背上枝进行疏剪时，当骨干枝的背上枝数量多时，疏除两侧分枝后，背上枝的反应就比较缓和，但背上枝的数量少时，疏除骨干枝两侧分枝后，背上枝的反应就很强烈，往往引起旺长。

4. 栽培模式

果树不同的栽植密度和栽植方式使其整形修剪方式也有所不同。一般栽植密度大的果园，整形时应注意培养枝条级次低、小骨架和小树冠的树形，修剪时应注意开张枝条角度，控制其营养生长，抑制树冠过大，促进花芽形成，以发挥其早结果和早期丰产的潜力；对栽植密度较小的果园，则应适当增加枝条的级次以及枝条的总数量，以便迅速扩大树冠成花结果。对计划性密植和临时加密的果树，永久性植株和临时性植株，要分别采取不同的修剪方法。对永久性植株，采取常规修剪措施，既要注意树形，又要注意早结果；对临时性植株，修剪时要尽量采取促花结果、压缩树冠、控制营养生长的修剪措施，促其早结果、多结果，而不必强调树形。当临时性植株影响永久性植株树冠扩展时，要根据具体情况，进行回缩修剪、移栽、间伐或砍除。

5. 自然条件和管理水平

自然条件和管理水平对果树生长发育有很大影响，应区别情况，采用适当的树形和修剪方法。

土壤瘠薄的土地和肥水不足的果园，树势弱、植株矮小，宜采用小冠、矮干的树形，修剪稍重，短截量较多而疏剪较少，并注意复壮树势。相反，土壤肥沃、肥水充足的果园，果树生长旺盛、枝量多、树冠大，定干可稍高、树冠可稍大，后期可落头开心，修剪要轻，要多结果，采用“以果压冠”的措施控制树势。

在冬季气温较低的地方栽植葡萄时，因冬季需将葡萄下架并覆土防寒，所以，整形修剪方式要适应下架埋土的需要，主干要低，芽眼的留量要适当增加；在冬季不需下架埋土防寒的地区，修剪量可相对较重，芽眼的留量也可适当减少。同样，肥水管理水平的高低，对果树生长发育也有明显影响，在整形修剪时，应根据树势强弱，以及对修剪反应的敏感程度等，采取相应的管理措施。

此外，树形、花芽数量、病虫为害情况等，也是整形修剪应该考虑的因素。

第二节 树体结构

培训目标

→ 熟练掌握树体结构组成

→ 准确识别各类生长枝

一、整体结构

1. 树冠

一般果树树冠由中央领导干、主枝、侧枝、辅养枝、枝组组成，如图 4—1 所示。

(1) 树冠。树干以上所有着生的枝、叶所构成的形体。

(2) 冠径。树冠直径。一般分东西和南北两个部分。

2. 主干

主干是指从地面起到构成树冠的第一大分枝基部的一段树干。它负载整个树冠的重量，起着沟通地上与地下营养物质交换的重要作用。

(1) 干高。树干的高度。

(2) 干周。距地面 20 厘米树干的周径。

(3) 干径。距地面 20 厘米树干的直径。

3. 中心干

中心干也叫中央领导干，是主干的延长部分，是指从主干上端第一层主枝以上，处于树冠中心，向树冠顶端生长的树干。构成树冠的所有主枝都着生在这上面。

4. 树冠层性

枝条在中心干、主干上形成明显层次的现象，称树冠层性。

(1) 层内距。同层内最下和最上主枝的距离。

(2) 层间距。第 1 和第 2，第 2 和第 3 层相邻两层上下主枝间的距离。

5. 辅养枝

辅养枝是着生在树冠各类枝条上的非骨干枝。在果树的生命活动中，它们起着辅养树体生长结果的作用。辅养枝又分为临时辅养枝和永久辅养枝两类。

6. 主枝

又叫骨干枝，是指着生于中心干上并构成树冠的各大分枝。（见图 4—1）

7. 侧枝（副主枝）

直接着生在主枝上的骨干枝。每个主枝上都有一个以上的侧枝。各侧枝从靠近主枝基部的第一个算起，分别为第一、第二、第三……侧枝。（见图 4—1）

8. 骨干枝

骨干枝是构成树体地上部分的基本骨架，主要由主干、中央领导干、主枝、侧枝组成。在骨干枝上着生小枝和枝组，共同构成树冠。骨干枝的多少、长短、着生状态，决定树冠的大小和形状。

9. 枝组

结果枝组简称枝组，是从中心干、侧分枝或主侧枝及辅养枝上长出的各个群枝组合，在群枝中包括不同枝龄的枝轴、营养枝和结果枝等。枝组的概念，是我国于 1963 年左右在苹果树上首先提出的（见图4—2），以后逐渐广泛地用于多种果树上。可分为大、中、小 3 种。一般大型枝组有 7～9 个二次枝，中型枝组有 4～6 个二次枝，小型枝组有 1～3 个二次枝。

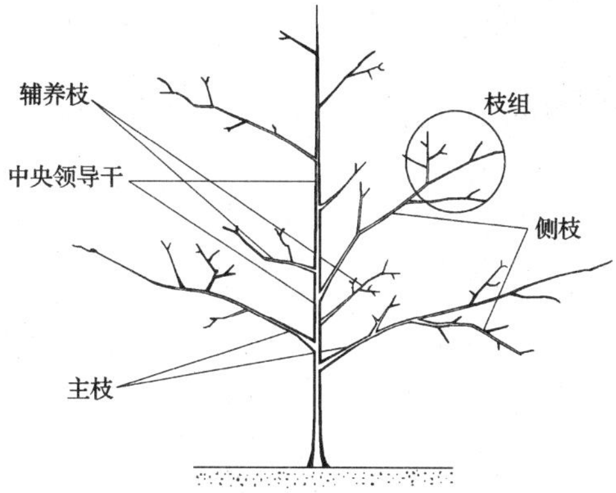

图 4—1　果树树体结构基本组成

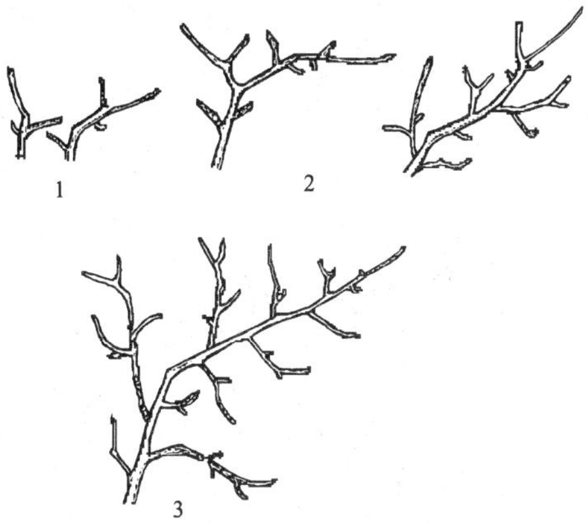

图 4—2　苹果树的几种枝组

1—小型枝组　2—中型枝组　3—大型枝组

二、生长枝

果树树体各类枝条分布如图 4—3 所示。

1. 根蘖

从根部发出的芽，露出地面形成的小苗，称为根蘖（根蘖苗）。

2. 不定芽枝

从树体或树干随意发出来的芽形成的枝称为不定芽枝。

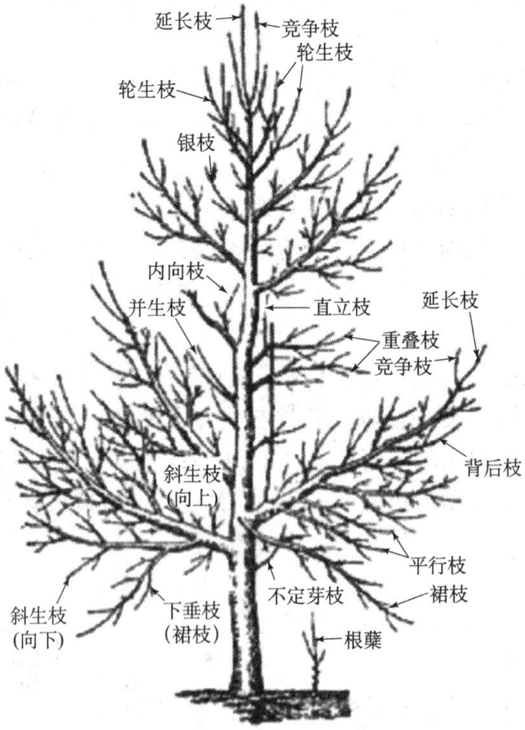

图 4—3　果树树体各类枝条分布

3. 裙枝

树体某一部位长出来的多条分枝称为裙枝。

4. 平行枝

在树体上平行生长的枝。

5. 背后枝

在枝的背面（下面）发出来的枝称为背后枝。

6. 延长枝

领头生长的枝称为延长枝。

7. 竞争枝

竞争枝指生长直立强壮、与领导枝竞争生长的枝条，一般剪口下第一芽形成的枝条为领导枝（延长枝），第二芽形成的枝称为竞争枝。

8. 徒长枝

直立生长旺盛、节间长、芽子弱、组织不充实的枝条。

9. 重叠枝

两个或几个重叠向一个方向生长的枝条。

10. 直立枝

着生在骨干枝背上垂直向上生长的枝条。

11. 轮生枝

交替轮换生长的枝称为轮生枝。

12. 跟枝

从枝条后面又生长出来的枝条称为跟枝。

13. 内向枝

向树冠中心生长的枝条。

14. 并生枝

两个并列向外生长的枝条。

15. 斜生枝

不向水平方向生长的枝条。

16. 生长枝

生长枝又称营养枝或发育枝。生长枝上只着生叶芽，抽生新稍，扩大树冠，形成新的结果枝和枝组。

17. 纤细枝

枝体细瘦，在桃、梨、杏及西洋梨树上常有发生。这类枝上部或顶端易形成花芽而结果。

18. 中间枝

枝体短缩，顶芽为中间芽，叶轮状簇生，无明显节间，无腋芽，类似短果枝而顶芽为叶芽。苹果、梨等果树多有这类枝条。

19. 结果母枝

由混合芽萌发出来结果枝的枝条称为结果母枝，如葡萄、柿子等就是这种果枝。

20. 更新枝

应替换的老弱枝，在其接近处下位选状旺枝来替换，该状旺枝称为更新枝。在葡萄或桃树等果树上，多采用更新枝。桃树上有单枝更新和双枝更新。葡萄有小更新（母枝更新）和大更新（主蔓更新）。

21. 结果枝

能开花结果的枝条。其上一般都同时着生有叶芽和花芽。根据结果枝的长度和形态可以分为长果枝、中果枝、短果枝和花束状果枝。仁果类果枝，长度在 15 厘米以上为长果枝，在 5～15 厘米之间为中果枝，在 5 厘米以下称为短果枝。核果类果树的结果枝，在 30 厘米以上的为长果枝，15 厘米左右的为中果枝，10 厘米以下为短果枝。苹果、梨等仁果类的果树，短果枝顶芽开花后，又形成侧生短果枝，成为一群短果枝，称为短果枝群。花束状果枝，一小段枝条，大部称为果台。从果台萌生的小枝称为果台枝。

22. 内侧枝

着生在主枝内斜上侧的大枝。

23. 外侧枝

着生在主枝斜向外侧的大枝。

24. 把门侧枝

着生在主枝基部，离主干很近的侧枝。

25. 背后侧枝

着生在主枝背后生长的大枝。

26. 水平枝

朝水平方向生长的枝条，又叫平生枝。

27. 下垂枝

向下生长的枝条。

28. 交叉枝

两个或几个相互交叉生长的枝条。

29. 辅生枝

在骨干枝的同一横断面附近，着生的几个向四面伸展的枝条。

30. 对生枝

生长在各级骨干枝两侧而距离很近、生长势相似的枝条。

31. 内膛枝

生长在树冠内部的枝条。

32. 外围枝

生长在树冠外围的枝条。

33. 春梢

春季萌发生长的枝条。

34. 夏梢

春梢停止生长后，6～7月又继续生长出来的一段枝条。

35. 秋梢

春梢、夏梢停止生长后，夏末秋初顶芽第二次生长萌发的一段枝梢。春梢、夏梢和秋梢交界处（或1～2年生枝交界处）一般没有明显的芽，称为盲节（环痕）。

36. 副梢

当年生副梢上又萌发出二次枝，又叫二次枝，桃树可萌发三次枝。

37. 光腿枝

一个枝条上顶部发出几个长枝、短枝或中枝，中下部不发枝而出现的光秃现象。

38. 锥子枝

下粗上细具顶芽的短枝。

第三节 常见的果树树形及其特点

培训目标 → 熟练掌握常见的果树树形及其特点

一、疏层形

1. 主干疏层形（图 4—4）

适宜干性较强的品种。其树体结构是：干高 50 厘米，树高 3 米左右，主枝 6～7 个，分 3～4 层，第一层 3 个主枝，均匀向三个不同方向延伸，层内距 20～25 厘米，主枝角度 50～60 度。第二层 2 个主枝，与第一层主枝插空分布，1～2 层主枝间距 100 厘米，层内距 15 厘米左右，基角 45～50 度。第三、四层各留 1 个主枝，2～3 层主枝间距 70 厘米左右，3～4 层主枝间距 50 厘米左右，基角 45 度。第一层主枝上配置 3～4 个侧枝，1、2 侧枝为背斜侧，3、4 侧枝为平侧，第 1 侧枝距主干 50 厘米左右，距第 2 侧枝 30～40 厘米，1、3 和 2、4 侧枝为左右同向侧。第二层主枝上配置 2～3个侧枝，一般为平侧，左右排列，第一侧枝距主干 45 厘米。3、4 层主枝各配置一个侧枝，距中心干 40 厘米左右。在正常管理情况下，5 年树体骨架可基本形成。这种树形的优点是树体骨架牢固，负载量大，树体寿命长。

图 4—4 主干疏层形图

2. 小冠疏层形（图 4—5）

近几年新建梨园的栽植密度普遍偏大，树冠较小。为适应小树冠的整形，小冠疏层形得到了广泛应用。小冠疏层形是缩小了的主干疏层形，其特点是骨架牢固，产量高，寿命长。小冠疏层形第一层 3 个主枝，第二层 2 个主枝。第一层每个主枝上有 2 个侧枝，侧枝在主枝上的着生点要略偏背下。第二层的主枝根据需要进行选留培养，上无侧枝，直接着生枝组。第一层主枝的垂直角 50 度左右，第二层主枝的垂直角40～45度。第一层 3 个主枝的平面夹角均为 190 度。3 个主枝上相应的侧枝应留在同一方向。培养小冠疏层形的第一步是定干。定干的目的有两个，一是促使剪口上发生新枝，用于培养主干和主枝；二是确定主干高矮，剪留高，干就高，剪留矮，干也矮。

二、自然开心形

1. 自然开形（图 4—6）

自然开心形是最常用的树形，在梨、苹果、枣、桃、杏等果树的栽培上有广泛的应用。这种树形没有中心干，主干高度 50 厘米左右；由主干上着生 3～4 个均匀错开的主枝，主枝的基角 45～50 度。在每个主枝上着生若干侧枝，沿主枝左右排开，侧枝的前后距离在 50 厘米左右。侧枝上生短果枝和结果枝组。自然开心形树体小，主枝开张，通风、透光性好，结果枝牢固而充实，寿命稍长，果实品质也好。

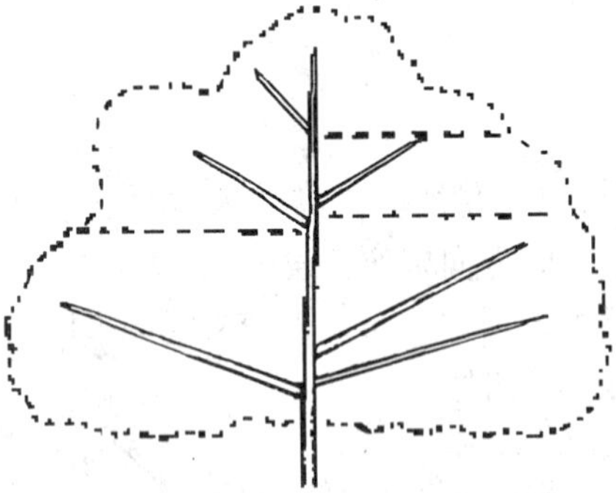

图 4—5　小冠疏层形

图 4—6　自然开心形

2. "Y" 形和 "V" 字形（图 4—7）

"Y" 形和 "V" 字形是近年来新兴的设施栽培和密植常用的树形，在苹果、梨、桃、杏等果树上都有应用。主枝开张角度 45～50 度，每个主枝上可根据栽培品种和模式特点培养 2～3 个侧枝，并可根据情况在每个侧枝上培养 2～3 个结果枝组。这两种树形通风透光好，叶片曝光率（树冠表面积与叶片总面积之比率）高。开花结果容易，果实品质好，尤其是果面着色均匀。该树形整形方法简单，容易推广，树冠较矮，管理较方便。缺点是树冠骨架不牢固，主干分叉处易劈裂，主枝偏少，土地利用率低，产量不高。但经过改良可以取得很好的效果。

三、特用树形

1. 匍匐形（图 4—8）

匍匐树形是在北方寒冷地区为了果树埋土防寒将直立果树扣压形成的特用树形。树干与地面倾斜角度成 45 度左右，树冠呈扇形，有 5～6 个主枝，主干在中心干上以十字形排列。第一主枝距地面 80 厘米左右，第二主枝距地面 40～60 厘米，以下各主枝以此类推。

本树形结构简单，但在扣压出土时，容易损坏延长枝和结果枝，因而一般要考虑留延长枝的后备枝，并适当多留结果枝。匍匐树形的休眠期修剪一般在春季进行。

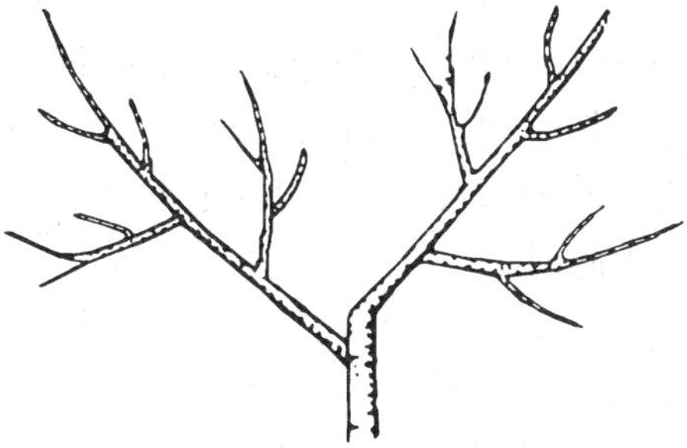

图 4—7 “Y”形、“V”字形

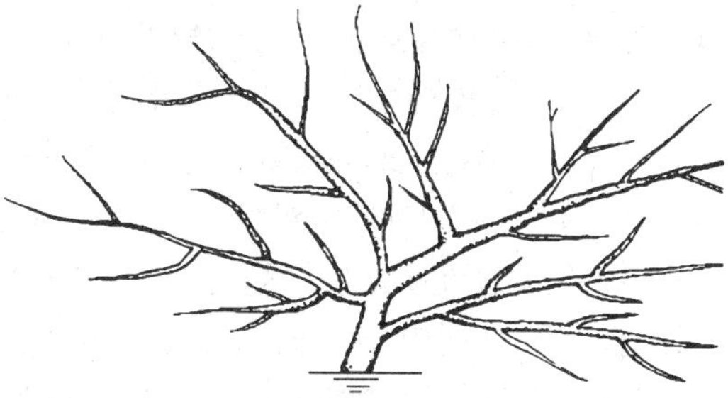

图 4—8 匍匐形

2. 臂形（图 4—9）

这种树形经过改良在苹果、梨、猕猴桃、葡萄栽培上都有应用。该树形的骨干枝由主干和臂两部分组成。按照留臂的数量可以分为单臂和双臂，按照臂的层次又可以分为单层、双层和三层。单臂的树形向一个方向引，双臂的树形向左右两侧对称引，多层的则分布于不同高度的主干或铅丝上。在苹果、梨上将臂形改良成水平台阶扇形、骨干多曲扇形；猕猴桃上的应用主要有双臂双层水平形和双臂三层水平形良种；葡萄上主要有单层和双层以及单臂水平形。臂形树形的培养特别是多层臂的培养，一般是分年来完成的，结果枝组直接着生在各臂上。这种树形易控制树势，枝条空间分布均匀，便于管理。

四、葡萄树形

1. 扇形（图 4—10）

扇形是我国葡萄栽培最常用的树形，可以分为多主蔓自然扇形和多主蔓规则扇形，而规则扇形按选留主枝多少，可以分为大扇形和小扇形。

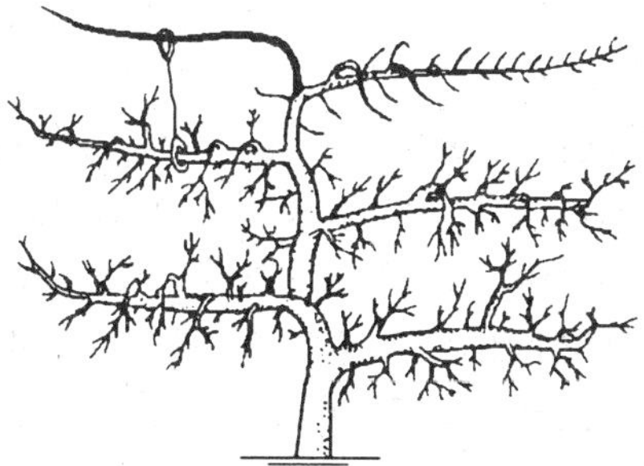

图 4—9 双臂形

图 4—10 扇形

（1）多主蔓自然扇形。每株留多个主蔓，在每个主蔓上再分生侧蔓或直接着生结果枝组，使其在架面上呈扇形分布。主蔓数量因栽植方式有所不同，栽植密的或单篱架可采用2～4个主蔓，稀植或双篱架、棚架可留更多主蔓。这种整形方法在北方埋土区使用较多，由于植株在地面没有明显的主干，加上主蔓数较多，不易形成过粗过硬的枝干，埋土防寒时较为方便。植株若受冻，能较快地恢复树冠，更新比较容易。这种树形还比较容易控制植株的负载量，适应范围较宽。但这种整形方式，枝条的极性比较强，结果部位迅速上移，如果控制不好，易形成下部光秃的现象，所以，成年后应每年在植株中下部注意选留预备枝（短剪）。在选留结果母枝时，应适当疏去一部分植株上部的强壮枝条，以利中下部枝条正常生长。上部强枝结完果后，应及时回缩更新。此外，主侧蔓数量不宜过多过粗，适当的时候也需更新。上部枝叶不能留得过多，以防影响通风透光，降低品质。生长势过旺的品种以及容易发生极性生长的保护地品种应慎用。

（2）多主蔓规则扇形。这种树形是对自然扇形加以改良而来的，可以克服自然扇形整枝的一些缺点，便于学习和掌握。规则扇形要求配置较严格的结果枝组，每个枝组上选留一个结果母枝和一个预备枝。结果母枝要求生长健壮、成熟良好，作中长梢修剪，一般剪留8～10节（视枝条的强弱和植株的负载量而定）。结果母枝上发出的新梢作结果枝用，结完果后，一般应从结果母枝的基部剪去。预备枝要求短剪，一般剪留2～3节，其位置应在结果母枝的下方。预备枝上发出的新梢，留1～2个结果或作为营养枝，冬剪时再短剪留作预备枝。当留一个新梢时，此时应在结果母枝发出的新梢中选留一个健壮枝条作为新的结果母枝。也可将2根枝条作一长（上方）一短（下方）修剪，形成新的结果枝组。如此年复一年，实现结果枝组的不断更新。一般篱架栽培时，每一植株可留3～5个主蔓，每个主蔓上留1个（小规则扇形）至3个（大规则扇形）结果枝组。生长势较强的品种可以选择大规则扇形。在肥水条件好、需要增加负载量时，在部分枝组中可以选留两个长的结果母枝。

密植时，每一植株也可以只留1～2个主蔓，每一个主蔓按一长一短规则修剪。

2. 龙干形（图4—11）

这是在我国北方葡萄棚架栽培中常用的一种传统整形方式。植株留1个至多个粗龙干，由地面顺棚架向上爬。在龙干上均匀分布结果母枝组，结果枝每年短剪（1～2芽），只有龙干先端的延长枝长剪（6～8芽）。一个龙干称“一条龙”整形，最为常用，也有些老产区用二三条或多条龙的。多龙干时，龙干之间的距离约为50厘米，如果肥水条件好，或生长势强的品种，龙干间的距离可以增大到60～70厘米或更大。

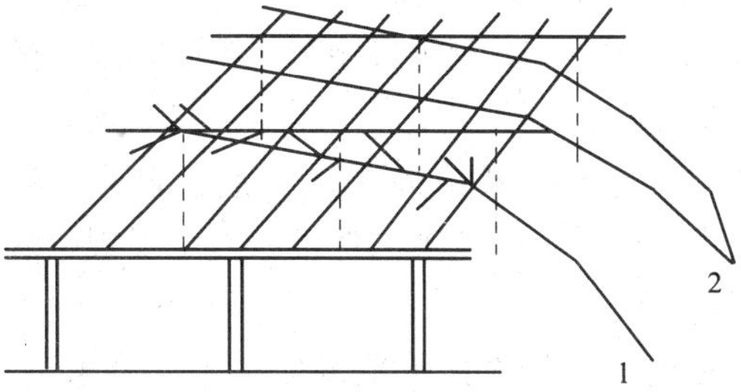

图 4—11　龙干形
1—一条龙　2—两条龙

第四节　果树整形修剪的时期及主要修剪技术

培训目标
- 掌握果树修剪的时期
- 熟练掌握果树修剪各时期的主要技术

一、果树修剪的时期

1. 按修剪的可行性来分

理论上说，以对果树生长控制为目的的修剪，什么时期都可以进行，但从影响果树生长发育的效率上和可行性上说，各种不同果树、不同品种、不同生长情况等，是应当讲究修剪时期的。果树修剪时期主要分冬剪和夏剪。

（1）冬剪。落叶果树秋末冬初落叶至第 2 年春季萌芽，或常绿果树冬季生长停止的时期，这一段时间即休眠期，进行的修剪称为冬剪（winter pruning）或休眠期修剪(dormant pruning)。在生产上这是最重要的修剪时期，一是因为这个时期劳动力便于安排，无其他活茬挤占，易从容进行；二是落叶后树冠内枝条清清楚楚，便于辨认和操作；三是这个时期修剪，果树的营养损失少，即使是常绿果树也如此。另外，果园土壤管理上，不论是生草或种间作物，以冬剪影响最小。

一个大面积的果园，整个冬季内要进行修剪，应先剪幼树、先剪经济效益大的树、先剪越冬能力较差的树、先剪干旱地块的树。从时间上讲，应先保证技术难度大的树修剪。

（2）夏剪。除冬剪的时间外，由春至秋季末的修剪都称夏剪（summer pruning),

又称带叶修剪（green pruning）。理论上讲，调节光照、调节果实负载量、调节枝梢密度，夏剪更准确一些，也较合理；但夏季果园劳力紧张，夏剪的及时性难以保证，甚至容易被忽略。

一些正大量结果的树，为提高果实品质和产量的夏剪，应尽量保证。幼果树的整形、控制强旺生长的修剪，也应给予夏剪的保证。夏季发现的病虫枝，应及时修剪。

2. 按果树年生长周期来分

果树一年中的修剪时期，可分为休眠期修剪（冬季修剪）和生长期修剪（夏季修剪）。生长期修剪可细分为春季修剪、夏季修剪和秋季修剪。为提高修剪效果，除应重视冬季修剪外还应重视生长期修剪，尤其对生长旺盛的幼树更为重要。

（1）休眠期修剪。指落叶果树从秋冬落叶至春季芽萌发前，或常绿果树从晚秋梢停长至春梢萌发前进行的修剪。由于休眠期修剪是在冬季进行，故又称为冬季修剪。

休眠期树体内贮藏养分较充足，修剪后枝芽减少，有利于集中利用贮藏养分。落叶果树枝梢内营养物质的运转，一般在进入休眠期前即开始向下运入茎干和根部，至开春时再由根茎运向枝梢。因此，落叶果树冬季修剪时期以在落叶以后、春季树液流动以前为宜。常绿果树叶片中的养分含量较高，据 Cameron（1945）报道，结果柑橘树上叶片的含氮量约占全树的 1/2，磷在叶片和新梢中含量仅次于花，钾在叶片中的含量仅次于果实，叶片中氮、磷、钾含量均随叶龄增长而下降，尤其在落叶前下降最快，大都被重新利用，光合效能也随叶片老化而下降。因此，常绿果树的修剪宜在春梢抽生前、老叶最多并将脱落时进行，此时树体贮藏养分较多而剪后养分损失较少。

冬季修剪还要综合考虑树种特性、修剪反应、越冬性和劳力安排等因素。不同树种春季开始萌芽的时间早晚不同，如杏、李、桃较早，修剪应早些进行，苹果稍晚，而柿、枣、栗更晚，修剪相应也可延迟。葡萄在北方寒冷地区需埋土防寒，修剪必须在埋土前进行。落叶果树进入休眠期后早修剪可以促进剪口附近芽的分化和生长，加强顶端优势，减少分枝，晚修剪相反，可缓和树势，增加分枝。对于大面积的果园，多从劳力合理利用考虑，根据树种和树龄的不同，修剪安排有前有后。

（2）生长期修剪。指春季萌芽后至落叶果树秋冬落叶前或常绿果树晚秋梢停长前进行的修剪，由于主要修剪时间在夏季，故常称为夏季修剪。

1）春季修剪。主要内容包括花前复剪、除萌抹芽和延迟修剪。花前复剪是在露蕾时，通过修剪调节花量，补充冬季修剪的不足。除萌抹芽是在芽萌动后，除去枝干的萌蘖和过多的萌芽。为减少养分消耗，时间宜早进行。延迟修剪，也称晚剪，即休眠期不修剪，待春季萌芽后再修剪，此时贮藏养分已部分被萌动的芽梢消耗，一旦先端萌动的芽梢被剪去，顶端优势受到削弱，下部芽再重新萌动，生长就会推迟，因此能提高萌芽率和削弱树势。此法多用于生长过旺、萌芽率低、成枝少的品种。

2）夏季修剪。指新梢旺盛生长期进行的修剪。此阶段树体各器官处于明显的动态变化之中，根据目的及时采用某种修剪方法，才能收到较好的调控效果。如为促进分枝，摘心和涂抹发枝素宜在新梢迅速生长期进行。夏季修剪的关键在“及时”。夏季修剪对树体生长抑制作用较大，因此修剪量要从轻。

3）秋季修剪。指秋季新梢将要停长至落叶前进行的修剪。以剪除过密大枝为主，此时树冠稀密度容易判断，修剪程度较易掌握。由于带叶修剪，养分损失比较大，次年春季剪口反应比冬剪弱。因此，秋季修剪具有刺激作用小，能改善光照条件和提高内膛枝芽质量的作用。北方为充实枝芽以利越冬，对即将停长的新梢进行剪梢，也属秋季修剪。秋季修剪在幼树、旺树、郁蔽的树上应用较多，其抑制作用弱于夏季修剪，但比冬季修剪强。

二、果树修剪的主要技术

果树基本修剪的主要技术措施包括短截、缩剪、疏剪、长放、曲枝、刻伤、除萌、疏梢、摘心、剪梢、扭梢、拿枝、环剥等多种方法，了解不同修剪方法及作用特点是正确采用修剪技术的前提。

1. 休眠期的主要修剪技术

（1）短截。剪去一年生枝条的一部分，称为短截，又称为短剪。（见图 4—12）

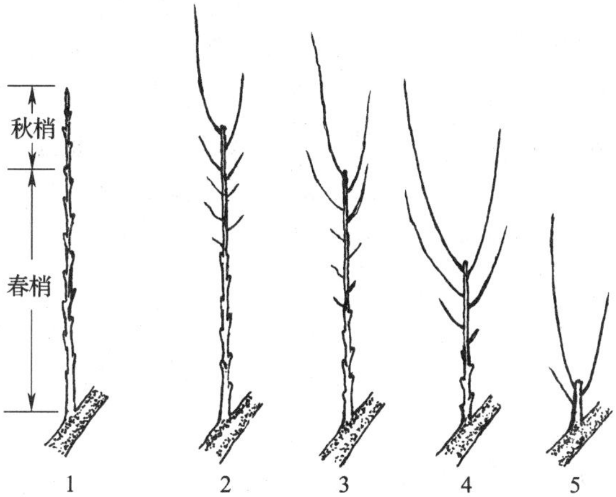

图 4—12　苹果树 1 年生枝条短截反应

1—原枝　2、3—轻短截　4—中短截　5—重短截

枝条经短剪后，可刺激生长，抽生较多的枝条，一般近剪口几个芽抽枝较长，特别是剪口下的第一个芽生长最强，但如剪口过于贴近剪口芽，则影响剪口芽抽枝，而第二个芽则生长旺盛。有时为了防止剪口芽生长过旺或为了培养第二个芽的生长，往往采用此种剪法。短截的强弱（即长或短），所产生的反应也不同。

按照短截的强度可将其分为：

1）轻短截。只剪除枝条的不充实部分或顶芽，一般只剪除秋梢部分及盲芽。对枝条的刺激不大，抽生的枝条弱，可缓和树势。

2）中短截。短截于饱满芽处剪截，剪后能抽生中、长枝条，保持原有的生长势，适用于延长枝、骨干枝及腋花芽结果的枝条的修剪。

3）重短截。剪去枝条的1/2～2/3，剪后抽生1～2个强枝，一般用以培养结果枝组。

4）超重短截。仅于枝条基部留1～2个弱芽的剪截，剪后一般只能抽生1～2个弱枝，也可能抽生一个强枝。可控制和改造直立的旺枝和竞争枝。

（2）疏枝。将枝条从基部剪除，称为疏枝，又称为疏剪。经过疏枝可改善树体的通风透光条件，增强同化作用，降低养分消耗，促进花芽形成，增强伤口下部枝条的生长能力。

一般需疏除过密枝、病虫枝、下垂枝、骑生枝、平行枝、轮生枝、把门枝、徒长枝、竞争枝等。

疏剪反应的特点是对伤口上部枝芽有削弱作用，对下部枝芽有促进作用，疏剪枝越粗，距伤口越近，作用越明显。对母枝的削弱较短截要强，疏除枝越多、枝越粗，其削弱作用越大。

（3）缩剪。缩剪亦称回缩（见图4—13），即在多年生枝上短截。缩剪反应的特点是对剪口后部的枝条生长和潜伏芽的萌发有促进作用，对母枝则起到较强的削弱作用。其具体反应与缩剪程度、留枝强弱、伤口大小有关。如缩剪留强枝，伤口较小，缩剪适度，可促进剪口后部枝芽生长；过重则可抑制生长。缩剪的促进作用，常用于骨干枝、枝组或老树复壮更新时；削弱作用常用于骨干枝之间调节均衡、控制或削弱辅养枝上。

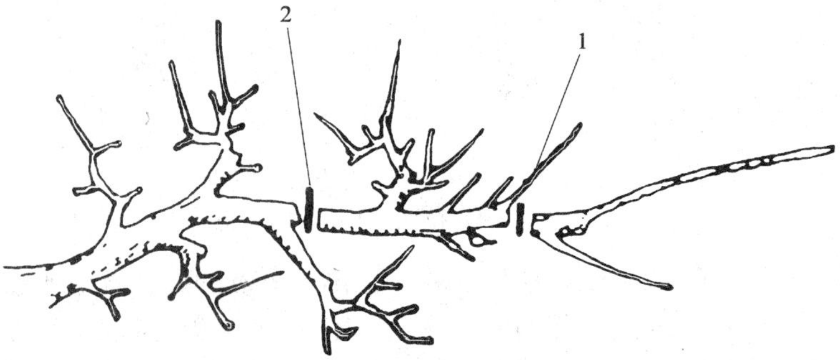

图4—13　缩剪

1—轻度缩剪　2—重缩剪

(4) 长放。亦称甩放，即一年期的生长枝不剪。中庸枝、斜生枝和水平枝长放，由于留芽数量多，易发生较多中短枝，生长后期积累较多养分，能促进花芽形成和结果。背上强壮枝和直立枝长放，会使顶端优势增强，母枝增粗快，但易发生“树上长树”现象，因此，不宜长放；如要长放，必须配合曲枝、夏剪等措施控制生长势。

(5) 角度调整。为了缓和树势，调整主枝间的平衡关系，改变主枝的延伸方向，改善通风透光条件等，调整开张角度是行之有效的措施。具体方法有：

1) 拉枝与撑枝。如枝条的开张角度较小，可用拉枝或用树枝及木棒撑开，较大的枝条用绳拉，较小的枝条用修剪下来的树枝（要留枝丫，以利于固定）撑开。有些树种（如梨树）的枝杈处易裂开，拉枝前可于分叉处打一个“8”字结，然后再拉。

2) 吊枝与支撑。如枝条的角度开张过大，可用此法。对位于树冠中、上部的开张枝条，可用绳吊；对下部开张的大枝可用木棍支撑。

3) 里芽外蹬。即剪口芽朝里，第二或第三个芽朝外，第二年将剪口抽生的枝条剪除，则第二芽抽生的枝条角度较大，如角度还不够大，可留第三芽抽生的枝条，以获得较大的开张角度，这样的修剪方法称为里芽外蹬。此法多用于延长枝的角度开张。

4) 转头。若原主枝的开张角度不合适，可选其下生长势较强、角度合适的枝或枝组代替，并将选留枝的上部枝或枝组去除。也可分两年进行，第一年去强枝留弱枝，这样如弱枝上有花芽，还能结果，同时也不至于过分地削减树势。这种操作方法，称为转头。

(6) 戴帽。指在一二年生枝的春梢与秋梢的交界处剪截。戴死帽：在交界处正中剪截，第二年在剪口下发生中、短枝条；戴活帽：保留秋梢的几个瘪芽剪截，第二年前部发中枝，后部发短枝。应用戴帽修剪，可使苹果等树种提早成花结果，但结果部位往往在该枝条的上端，应注意培养后部枝并及时回缩，防止树形过散。

2. 生长期的主要修剪技术

(1) 抹芽、除梢。抹除刚萌发的芽，称为抹芽，或称为除梢。(见图 4—14)

在新梢生长旺盛时，疏除过密的新梢，称为除梢。抹芽、除梢可选优去劣、节省养分、改善光照、减少果树生理落果，并避免造成较大伤口。所以，抹芽、除梢可起到事半功倍的效果。

柑橘的芽具有早熟性，当年能发生几次梢，常采用抹芽除梢的办法，培养健壮整齐的结果母枝。葡萄通过抹除夏芽副梢，逼冬芽萌发进行多次结果。

(2) 摘心和剪梢。摘心是摘除幼嫩的梢尖，剪梢包括部分成叶在内。(见图4—15)

摘心和剪梢可削弱顶端优势，暂时提高植株各器官的生理活性，改变营养物质的运转方向，增加营养积累，促进分枝。因此，摘心和剪梢必须在急需养分调整的关键时期进行。

图 4—14　桃树的抹芽

1—竞争枝　2—内膛密弱枝　3—伤口枝

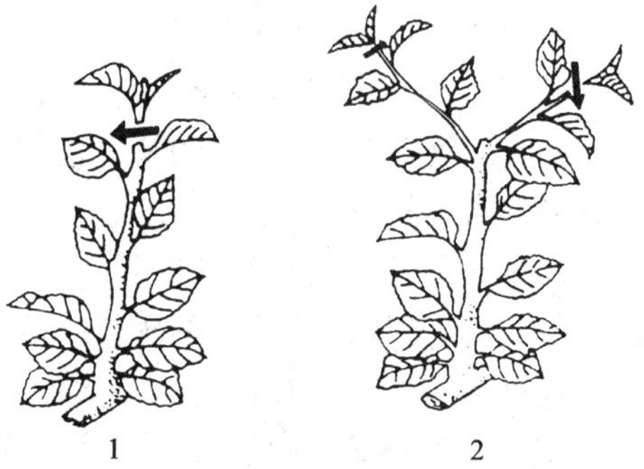

图 4—15　摘心

1—一次摘心　2—二次摘心

摘心的时间，因树种、品种以及摘心的目的而不同。在生理落果前对苹果果台的副梢摘心可提高坐果率，坐果后摘心可增进果实膨大，提早成熟和提高品质。葡萄在花序以上留 8～10 叶摘心，可提高坐果率和促进冬芽发育充实。桃树于 5 月份对生长枝新梢摘心，可保证二次枝形成花芽。

（3）扭梢。在新梢基部处于半木质化时，从新梢基部扭转 180°，使木质部和韧皮部受伤而不折断，新梢呈扭曲状态。对生长过旺、直立且不结果的枝条，在其基部扭伤，并置于水平或下垂状态的方法，称为扭梢，又称为掌梢。经扭梢的部位，木质部和皮层均已受损，这样就暂时阻止了水分和养分的运送，减缓了枝条的生长势，可促使枝条充实和花芽分化。扭梢较短截和摘心的刺激性小，不致萌发二次枝。一般于 5～7 月份在枝条半木质化时进行。方法是用手握住新梢基部，缓缓扭转枝条，使皮层和木质部稍有裂痕，但不能将枝条折断。（见图 4—16）

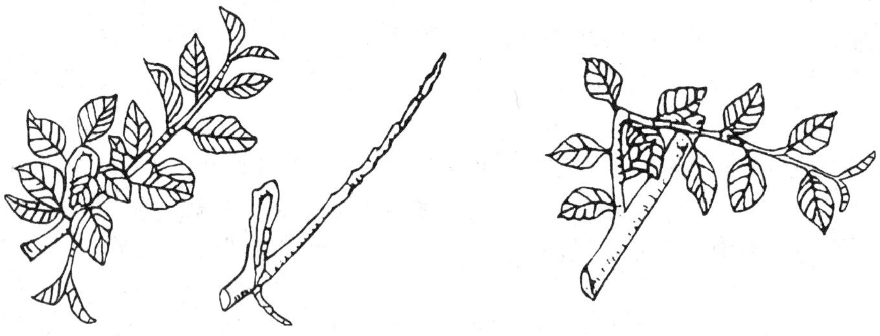

a)　　　　b)

图 4—16　扭梢与折枝

a）扭梢　b）折枝

(4) 拿枝。亦称捋枝。在新梢生长期用手从基部到顶部逐步使其弯曲，伤及木质部，响而不折。在苹果春梢停长时拿枝，有利旺梢停长和减弱秋梢生长势，形成较多副梢，有利形成花芽。秋梢开始生长时拿枝，减弱秋梢生长，形成少量副梢和腋花芽。秋梢停长后拿枝，能显著提高次年萌芽率。

(5) 曲枝和圈枝。即改变枝梢方向。一般是加大与地面垂直线的夹角，直至水平、下垂或向下弯曲，也包括向左右改变方向或弯曲。曲枝就是将直立的枝条弯向水平或下垂方向生长。圈枝是把生长旺盛的长枝弯曲成圆环，或把两个枝相互结成圆环。

曲枝和圈枝都能缓和生长势，促进花芽分化，但对枝条向上部分萌发的芽和强枝要去除，使其发生中、短枝。

(6) 刻伤和多道环刻。在芽、枝的上方或下方用刀横切皮层达木质部，叫刻伤。春季发芽前后在芽、枝上方刻伤，可阻碍顶端生长素向下运输，能促进切口下的芽、枝萌发和生长。多道环刻，亦称多道环切或环割。即在枝条上每隔一定距离，用刀或剪环切一周，深至木质部，能显著提高萌芽率。单芽刻伤多用于缺枝一方；而多芽刻伤和多道环刻，主要用于轻剪、长放的辅养枝上，缓和枝势，增加枝量。刻伤的位置不同，所起的作用也不同。生长期在芽或枝的下部刻伤，可阻止叶片光合作用所制造的有机养分向下运送，阻止根部的水分和无机盐向上运送，以增强下部芽及枝的生长势，促进花芽的形成和枝条的充实并可以提高坐果率。如对枝条进行纵割，深达木质部，可使枝条增粗。

(7) 环状剥皮。简称环剥。即将枝干韧皮部剥去一圈。环割、环状倒贴皮、大扒皮等都属于这一类，只是方法和作用程度有差别。绞缢也有类似作用。环剥在枣、苹果、梨、柿、柑橘等多种果树上都有应用。(见图 4—17)

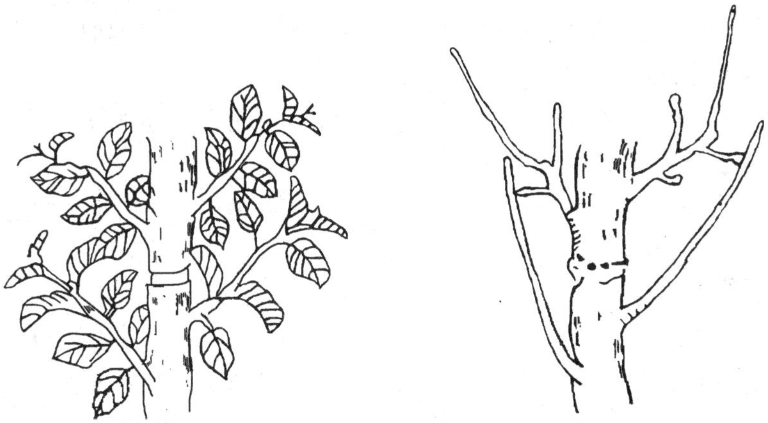

a)　　　　b)

图 4—17　环剥

a) 生长期环剥　b) 环剥对其上部和下部生长的影响

环剥暂时中断了有机物质向下运输，促进地上部分碳水化合物的积累，生长素、赤霉素含量下降，乙烯、脱落酸、细胞分裂素增多，同时也阻碍有机物质向上运输。环剥后必然抑制根系的生长，降低根系的吸收功能，同时环剥切口附近的导管中产生伤害充塞体，阻碍了矿质营养元素和水分向上运输。因此，环剥具有抑制营养生长、促进花芽分化和提高坐果率的作用。

根据环剥特点，操作时应注意以下几点：

1）环剥时间。环剥时间与环剥目的有关，为促进花芽分化，宜在花芽分化前进行；提高坐果率宜在花期前后进行。

2）环剥宽度与深度。环剥的适宜宽度，是在急需养分期过后即能愈合为宜。过宽长期不能愈合，抑制营养生长过重，甚至造成植株死亡。环剥过窄，愈合过早，不能充分达到目的。苹果树环剥宽度，一般为枝直径的1/8～1/10。

环剥适宜深度为切至木质部，切得过深，伤及木质部，会严重抑制生长，甚至使环剥枝梢死亡；切得过浅，韧皮部有残留，效果不明显。对环剥敏感的树种和品种，可采用绞缢、多道环割，也可采用留安全带的环剥法，留下约10%部分不剥。

3）环剥效果与剥口以上的叶面积。环剥效果与其树或枝上的叶面积大小有关，幼树或春季环剥过早，由于总体叶面积小，光合产物不多，积累不足，效果差甚至无促花效果。因此，幼树和春季不宜过早环剥。

4）部分环剥与主干环剥。主干环剥对树整体作用强，对根抑制作用大；部分枝环剥，只对部分枝产生抑制作用，促进成花或坐果，未环剥枝能继续供给根养分，并能增强光合效率。因此，在不需要控制整株生长的情况下，宜对部分枝实行环剥。

5）保护环剥切口。为防止病虫对切口的为害和促进愈合，对切口可涂药保护，也可用塑料布或纸进行包扎。

环剥时间因目的不同而异。为了提高坐果率，可于开花末期进行，如桃树为了促进花芽分化，可于5～6月份进行环剥。

除上述各种基本方法外，还有击伤芽、断根、折枝等，需要时也可应用。

三、果树修剪的次序

应先观察要修剪植株周边的其他植株是否对该植株的生长结果有影响，从而有针对性地修剪。对要修剪的植株树冠四周、上下、内外进行观察，判断树势强弱，确定修剪程度。修剪树冠时“先上后下，先外后内，先大枝后小枝，先粗剪后细剪，先全局后局部”。一般先修剪枯枝、病虫害枝、纤弱枝、荫蔽枝，后修剪结果枝及结果母枝。所有的剪口要平滑。修剪后所有剪下的枝条要集中处理。

第五节 果树修剪的工具、操作技术和注意事项

培训目标

→ 熟练掌握果树修剪工具的使用方法
→ 熟练掌握果树修剪的操作技术

一、修剪工具

1. 修枝剪

修枝剪是用来疏截小枝的。在进行果树修剪时，要求修枝剪剪刃锋利、灵活轻便、剪簧强度适中。买来的剪刀若没有开刃，使用时要先开刃，将刃面过厚的部分磨平些，只磨斜面和刀刃，不磨刀托和背面。开刃磨得好，使用省力，工作效率高。一般要求，每一次使用前都要磨一次，及时调整两个剪面间的螺钉，以免剪口出缝，容易夹皮、夹枝或损伤工作人员的手。在磨剪口时，不宜将剪子拆开来磨，因为拆开磨螺钉经常拧动，易造成剪轴活动，剪口不能合口。用完剪刀，在剪面上涂上凡士林等物质，防止剪面生锈。

2. 手锯

手锯是剪除大枝的工具。一般要求手锯的钢质要好，过软的手锯面易弯，过硬的手锯面易断。目前生产中常用的手锯有两种：一种锯条长约 35～40 厘米，宽 3～4 厘米；另一种锯条长约 20 厘米左右，宽约 2.5～3.0 厘米。前一种适用于对盛果期或生长健壮树的修剪，后一种适用于对幼树或初果树的修剪。新锯使用一段时间后要用扁锉将锯齿锉锋利，锉后要求锯齿尖要一样高，侧面要一样齐，倾斜度要一致，这样修剪出来的枝条，锯口平整光滑，有利于愈合。手锯使用后要涂上防锈剂保养。

3. 果梯

在果树修剪中，经常使用的果梯按高度可以分为高、中、矮三种。高度在 2～3 米的为高梯，高度在 1.5～2.0 米的为中梯，高度在 1.5 米以下的为矮梯。同时，常用的果梯也可按梯腿的多少分为独腿梯、三腿梯和四腿梯。三腿梯，高度一般在 2 米左右。其优点是：省木料，搬动灵活，山地和平地都适用，在优龄果园中使用较多。三腿梯有

活梯和死梯两种，活梯的使用更加方便。四腿梯立地稳，移动方便，可从两面上下，高度也可以进行调节，也有活梯和死梯两种，活梯的使用更加方便。

二、操作技术

1. 修枝剪的使用

修剪小枝时，剪口要顺着树枝分叉的方向或侧方，这样不但省力，而且剪口平滑，枝条不易受伤，剪口也容易愈合。剪截较粗的枝条，要一手握剪，另一手将枝条向剪刃切下方向轻推。修剪时要根据枝条的粗细选用修枝剪或手锯。

大多数果树的一年生枝条的剪口状况对发枝有明显的影响，剪口留桩要适宜。若剪口留桩过高，容易形成死桩，不但不易愈合，而且易感染病虫害，影响剪口下第一芽、枝的生长。若留桩过低，剪口过于贴近剪口芽，则由于剪面干缩后，严重影响剪口芽的萌发、抽枝。在进行修剪时，要求从芽的对面下剪，剪口呈 30～40 度的倾斜面，斜面上方比芽尖高 1～2 毫米，斜面下边微高于芽基。这样修剪才能保证伤面小，好愈合，剪口芽生长良好。葡萄结果母枝进行修剪时，要求在节间中部短截。（见图 4—18）

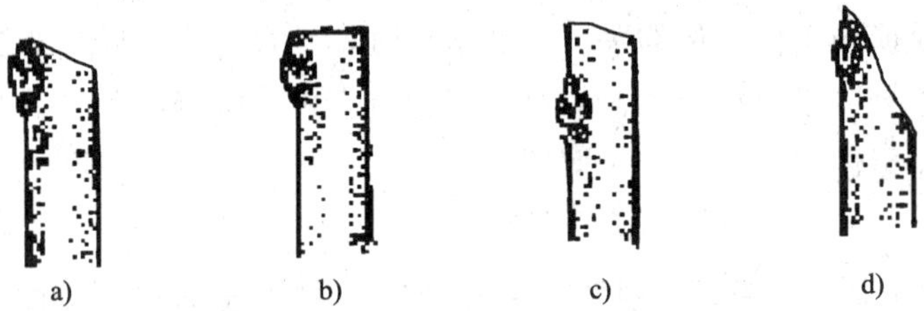

图 4—18　一年生枝剪截法

a）剪口合理　b）平度大　c）残桩太高　d）剪口合理

2. 手锯的使用

在使用手锯锯除大枝时的锯口对枝条伤口的愈合影响很大。疏枝时伤口面积越小越好。伤口面应该贴近枝条的基部，稍微倾斜，锯口平整光滑才有利于愈合。若锯口过长，容易造成死桩，不易愈合，还会引起大量潜伏芽萌生徒长枝。若锯口面太低，面太大，对树体削弱明显。使用手锯锯除大枝时，应该从枝的下部起锯。若从上部起锯，锯到一定程度会因枝条自身的重量而劈裂树体。一般在使用手锯修剪时，应两个人合作进行。一人锯，一人扶。若一个人也可分两次锯除。即先锯除上部，然后再锯除剩余部分。如果枝太大，为了防止劈裂，可分多次分段锯除。（见图4—19）

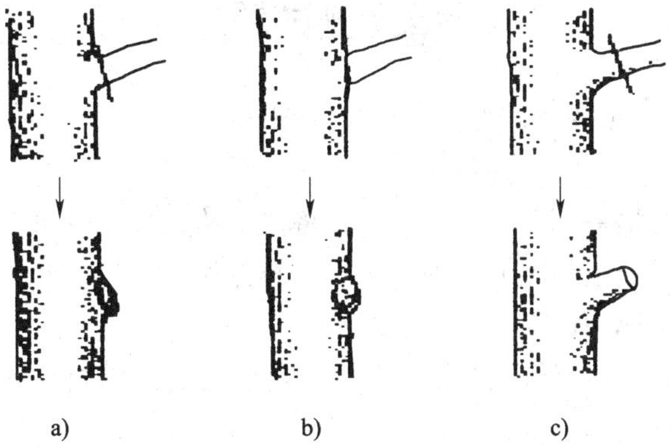

图 4—19 大枝锯除法

a）合理 b）锯口太大 c）留桩过高

三、注意事项

在进行果树修剪时，应该注意以下问题：

1. 做好调查研究。修剪前，要绕树仔细观察树体，了解树种、品种、树形、树龄、树体管理情况、栽培模式、生长、结果、修剪反应、枝条密度、花芽量等，根据修剪的原则和要求，做出树体的修剪方案，然后进行修剪。

2. 在进行果树修剪时，要按照一定的程序进行。一般应该从树冠上部开始，逐渐向下。去除枝条要先大后小，并尽可能地使自己的修剪意图明确地体现在树体上，使别人在进行修剪时也能很快领会上一年修剪的意图，以免由于树形的变化而影响正常的生长和结果。

3. 在进行果树修剪时，操作人员要穿软底鞋，防止硬鞋底踩伤树皮，影响树体生长。

4. 在进行大树修剪时，要尽量使用果梯，避免损伤骨干枝和结果枝组。

5. 在每一棵树修剪完毕后，要进行复查，以便修正修剪上的不足。

6. 为了保证修剪有序进行，一般以一个人的修剪思路为主，其他人只能作为辅助角色。

7. 在修剪后，要将修剪的枝条，特别是病枝进行集中处理，防止病虫害传染。

单元测试题

一、填空题（请将正确的答案填在横线空白处）

1. 修剪的原则是________。

2. 剪去一年生枝梢一部分叫________；将枝梢从其基部剪除叫________。

3. 果树修剪有两个重要时期，即________修剪和________修剪。

4. 落叶果树冬季修剪以在________为宜。

5. 如目的是促进枝梢花芽分化，环剥可在________进行；为提高坐果率，应在________进行。

6. 培养枝组可以对枝条采取________、________、________、枝条先环剥后短截等措施。

7. 目前葡萄栽培中常用的树形有________和________。

8. 主枝基角以________度为宜。

9. 矮化树冠定干高度，以________米为宜。

10. 对果树枝条进行环剥，环剥深度要求________。

二、判断题（下列判断正确的请打“√”，错误的打“×”）

1. 幼树一般长势旺，在整形时要轻剪多留枝，促其迅速扩大树冠。（　）

2. 果树中、短枝比例逐渐增多时，是其一生中结果最少的时期。（　）

3. 国光的花枝上缩剪以后，其反应是长势不稳定，坐果率低。（　）

4. 有些果树树体虽然有主干，但没有中心干。（　）

5. 落叶果树常在采收后修剪。（　）

6. 重剪可加强果树幼树的生长量。（　）

7. 缓放的枝梢有利于其在基部形成中、短枝并转向开花结果。（　）

8. 环剥暂时减少环剥口以下部位的养分积累。（　）

9. 疏剪造成的伤口，对剪口上部枝条有促进作用。（　）

10. 控制垂直根，培养水平根，可以控制树冠高度。（　）

三、单项选择题（下列每题的选项中，只有 1 个是正确的，请将其代号填在横线空白处）

1. 木本果树树冠由________组成。

A. 骨干枝、枝组、叶幕　　B. 主干、骨干枝、叶幕

C. 中心干、枝组、叶幕　　D. 主干、主枝、副主枝

2. 在元帅系品种花上缩剪以后，特别是在初果期树上修剪时，其反应往往是________。

A. 新梢停长，坐果率提高　　B. 新梢停长，坐果率降低
C. 新梢旺长，坐果率提高　　D. 新梢旺长，坐果率降低

3. 果树进入结果期，可采用________措施来控制树势。
A. “以果压冠”　B. “以梢控冠”　C. “减肥控冠”　D. “重剪控冠”

4. 果树整形修剪常通过改变枝芽生长方向来调节枝条的生长势，其依据是枝条生长有________的现象。
A. 干性　B. 层性　C. 垂直优势　D. 芽的异质性

5. 下列因素中，不利花芽分化的是________。
A. 开张枝条角度和环剥　　B. 充足的光照
C. 花芽分化前控水造成适当干旱　　D. 树势壮旺

6. ________指的是萌发后抽生结果枝的枝条。
A. 结果枝组　B. 辅养枝　C. 结果枝　D. 结果母枝

四、多项选择题（下列每题的选项中，至少有 2 个是正确的，请将其代号填在横线空白处）

1. 整形和修剪的目的是争取果树________。
A. 早结果　B. 高产　C. 稳产
D. 优质　E. 长寿　F. 低消耗

2. 整形修剪的基本原则是________。
A. 因树修剪，随枝作形　　B. 有形不死，无形不乱
C. 统筹兼顾，长短结合　　D. 均衡树势，主从分明
E. 以轻为主，轻重结合　　F. 因树修剪，轻重结合

3. 果树修剪反应多表现在________。
A. 整体反应　B. 枝条反应　C. 根系反应
D. 叶片反应　E. 主干反应　F. 局部反应

4. 密植果园修剪时应注意________以发挥其早结果和早期丰产的潜力。
A. 多使用短截　　B. 开张枝条角度　C. 控制其营养生长
D. 抑制树冠过大　E. 采用环剥　F. 促进花芽形成

5. 摘心的效应有________。
A. 促进枝梢加快老熟　　B. 加快幼树分枝
C. 增加养分积累　　D. 抑制二次梢的生长
E. 促进加长生长　　F. 减少分枝

6. 下面属于果树修剪中的角度调整的有________。
A. 角度调整　B. 撑枝　C. 拉枝
D. 吊枝与支撑　E. 里芽外蹬　F. 转头

五、简答题

1. 果树整形修剪的双重作用是什么?

2. 果树整形修剪有什么意义和作用?

3. 果树整形修剪有哪些主要依据?

4. 果树修剪时，短截通常分为几种类型? 各有何效应?

六、画图题

画图说明果树树体结构的基本组成。

七、技能题

题目：果树的整形修剪技术。

1. 操作准备（由考试单位准备）

提供一定量的未修剪果树。

2. 操作要求

(1) 修剪方法得当，操作熟练。

(2) 对该修剪时期所用的修剪操作技术（如摘心等）进行示范和说明。

(3) 修剪整体效果好。

3. 操作时限

操作时限为 20 分钟。

4. 配分及评分标准

序号	作业项目	考核内容	配分	评分标准
1	树形设计	树形选择最佳	4	树形选择不准确扣 4 分
	修剪过程	修剪操作技术正确熟练	12	操作次序、操作准确性、修剪技术的应用、熟练程度各 3 分
2	修剪效果	修剪整体效果好	4	观察整形修剪整体效果

单元测试题答案

一、填空题

1. “以轻为主，轻重结合，因树制宜”　2. 短截　疏剪　3. 生长期　休眠期　4. 落叶后至春季树液流动以前　5. 花芽分化前　开花前或开花后　6. 先放后缩　先截后放再缩　回缩辅养枝　7. 扇形　龙干形　8. 40～45　9. 0.3～0.5　10. 割断韧皮部刚到木质部

二、判断题

1. √ 2. × 3. × 4. √ 5. × 6. × 7. √ 8. × 9. × 10. √

三、单项选择题

1. A 2. D 3. D 4. C 5. D 6. D

四、多项选择题

1. ABCDEF 2. ABCD 3. AF 4. BCDF 5. ABC 6. ABCDEF

五、简答题

1. 答：果树整形修剪的双重作用是：修剪对果树有促进枝条生长、多分枝、长旺枝的局部促进作用；而修剪对果树整体则具有减少枝叶量、减少生长量的抑制作用。这种促进作用和抑制作用同时在果树上的表现，称为修剪的双重作用。枝条短截能减少枝、芽的数量，改善枝芽的营养状况，使留下的芽萌发出旺枝，增强局部的生长势；但正是由于减少了枝、芽的数量，使被短截枝条的总生长量也相对减少，这往往表现在对同类枝条处理的差异上。例如，选作骨干枝的一年生枝，在中部饱满芽处短截，剪口发出健壮的新梢，表现出修剪的促进作用；但其总枝叶量因短截而减少，以致加粗生长缓慢，其粗细显著小于不短截的辅养枝，表现出修剪的抑制作用。

2. 答：整形修剪的意义：通过合理整形修剪，幼树可以加速扩展树冠，增加枝量，提前结果，早期丰产，并培养能够合理利用光能、负担高额产量和获得优良品质果实的树体结构；盛果期通过形修剪，可使树体发育正常，维持良好的树体结构，生长和结果关系基本平衡，实现连年高产，并且尽可能延长盛果期年限；衰老树通过更新修剪，可使其复壮，维持一定的产量。通过整形修剪，可培养成结构良好、骨架牢固、大小整齐的树冠，并能符合栽培距离的要求。合理修剪可使新梢生长健壮，营养枝和结果枝搭配适当，不同类型、不同长度的枝条能保持一定的比例，并使结果枝分布合理，连年形成健壮新梢和足够的花芽，产量高而稳定。合理修剪能使果树通风透光，果实品质优良、大小均匀、色泽鲜艳。

整形修剪的作用有：整形修剪可以调节果树与环境的关系，调节器官形成的数量、质量，调节养分的吸收、运转和分配，调节果树生长与结果的关系。

3. 答：整形修剪的依据主要有：

（1）树种和品种特性：不同树种之间如苹果树和梨树，其生物学特性就有明显差异。

（2）树龄和长势：同一果树不同的年龄时期，其生长和结果的表现有很大差异。在整形修剪过程中，就应根据不同年龄时期的生长结果特点，分别采用轻重不同的修剪方法。

（3）修剪反应：不同树种、品种及不同枝条类型的修剪反应，是合理修剪的重要依据，也是评价修剪好坏的重要标准。只有在充分掌握了不同树种和品种的修剪反应之后，才能更好地发挥修剪的增产作用。

（4）栽培模式：栽植密度和栽植方式不同的树种、品种，其整形修剪方式也有所不同。

（5）自然条件和管理水平：自然条件和管理水平对果树生长发育有很大影响，应区别情况，采用适当的树形和修剪方法。

此外，树形、花芽数量、病虫为害情况等，也是整形修剪应该考虑的因素。

4. 参考答案要点：

（1）轻短截：将枝条顶部剪去 1/4～1/3，截后易形成较多的中、短枝，可缓和生长势，有利花芽分化。

（2）中短截：剪去枝条上部的 1/3～1/2，截后形成中、长枝较多，生长势强，促进营养生长，不利花芽的形成，通常剪口芽应选取饱满芽。

（3）重短截：剪去枝条的 2/3～3/4，如是直立枝截后抽生的枝条强旺，促进局部的营养生长，不利花芽的形成，如是斜生枝截后易形成短果枝。

（4）极重短截：仅保留枝条基部 3～5 厘米，因枝条基部的芽体大多是瘪芽，故极重短截既不利于花芽形成也不利于营养生长，主要用于降低枝位，培养小型枝组。

六、画图题

参考图 4—3。

七、技能题

答案略。

第5单元

果树常见病虫害和常用药剂

随着果树栽培面积的不断增加，以及密植等栽培模式的应用，果树病虫害的防治技术成为果树栽培管理中最重要的任务。病虫害的发生会导致果树产量下降，品质降低，甚至树死园毁，给果树生产造成极大损失。因此，病虫害的有效防治是果树正常生长和结果的基本保证。

对果树病虫害进行安全、高效、无污染的防治，应该能对各种病虫害准确识别，掌握其发病规律。在进行病虫害防治时，要了解常用杀虫剂、杀菌剂的毒性、作用及其注意事项。同时，在生产中还应该掌握石硫合剂、波尔多液等药剂的配制和使用方法，以提高果树病虫害的防治效果。

对病虫害的防治，应贯彻“预防为主，综合防治”的方针，采取多种有效措施进行防治，以达到高效、低毒、无污染、低成本防治病虫害的目的。

第一节　果树常见病害

培训目标 → 熟练掌握主要果树病害的为害特征及规律

一、仁果类果树病害

1. 梨树主要病害

（1）梨黑星病。梨黑星病又称疮痂病，是南北梨区发生普遍，流行性强，损失较大的一种重要病害。这种病害可以从落花期一直为害到果实成熟期。

1）症状。梨黑星病可侵染梨树所有的绿色幼嫩组织，如花序、叶片、叶柄、新梢、芽鳞及果实等，其中以叶片、果实为主。最典型的症状是在病部产生明显的黑色霉层，故又有黑霉病之称。叶片受害多发生在叶背，长出黑色霉斑，叶正面为多角形或圆形褪绿黄斑。病害严重时，叶片正反面都长满黑色霉层，致使叶片干枯而脱落。叶柄受害产生圆形或长条状霉斑并造成落叶。嫩梢发病除形成条状霉斑外，后期皮层龟裂呈粗皮状的疮痂。果实受害初期为淡黄色斑点，逐渐扩大长出黑色霉斑，以后病部凹陷木栓化，停止生长、呈畸形、易脱落。

2）防治措施

①秋末冬初清扫落叶，拾净落果，同时结合修剪，彻底剪掉病梢、芽鳞并集中烧毁等。早春发病初期，及时摘除中心病梢和病花序，并烧毁，防止病害扩散蔓延。

②药剂防治。落花后喷第一次药，以后每隔 15～20 天喷一次，共 4～5 次。干旱年份只喷 1～3 次即可。常用药剂有波尔多液［1∶2～3∶(180～320)］和 65%代森锰锌可湿性粉剂 500～700 倍液，50%多菌灵和 50%甲基托布津可湿性粉剂 500～800 倍液，50%退菌特可湿性粉剂 600～800 倍液。前期喷药中可混加尿素 500 倍液，中期混磷酸二氢钾 300～500 倍液，不仅防病还有增加营养的作用。

③不同品种对梨黑星病的抗病性差异非常明显，如西洋梨、日本梨比中国梨的抗病性强。中国梨中砂梨、褐梨、夏梨等品种有较高的抗病性，而白梨最易染病，秋子梨次之。在新建梨园时应选用抗病品种。

（2）梨锈病。梨锈病是梨树的重要病害之一，在梨园附近有栽植桧柏的地区均有这种病害发生。梨锈病菌不为害苹果树和山楂树。梨锈病菌为转主寄生菌，其转主寄主有桧柏、龙柏、刺柏等。梨锈病使梨树叶片干枯，果实呈畸形，易早落，影响梨果产量和质量。

1）症状。主要为害梨树的叶片、幼果和新梢。叶片受害，开始在叶片下面发生鲜明的橙黄色圆形斑点，以后病斑扩大，病部中央密生橙黄色针头大小的小粒点。天气潮湿时，病部会溢出浅黄色黏液，黏液干后小粒点变成黑色。后期病部变黑，叶片枯焦，易引起早期落叶。

幼果受害，在果面产生橙黄色病斑，上生小黑点和毛状物。病部生长停滞，梨果变成畸形容易早落。

新梢、果梗和叶柄被害时，与果实被害症状大体相同，后期病部龟裂。叶柄、果柄受害易引起落叶、落果。新梢被害后，病部以上部分常枯死，易被风折断。

2）防治措施

①栽培措施。砍除桧柏是防治梨锈病最彻底有效的措施。梨锈病担孢子传播范围一般在1.5～5千米内，故砍除梨园周围5千米内桧柏和龙柏等转主寄主，就能基本保证梨树不发病。

②喷药保护。如梨园靠近风景区或绿化区，那里的桧柏不宜砍除，这时可采用喷药措施保护梨树，或在桧柏上喷药。桧柏上喷药应在3月上中旬进行，药剂种类主要有15%粉锈宁乳剂2 000倍液，12.5%特普唑或烯唑醇可湿性粉剂2 000～2 500倍液、40%福星8 000倍液防效较好。每隔10天左右喷1次，连续喷3～4次，雨水多的年份应适当增加喷药次数。

③防治时期。梨树上喷药，应掌握在梨树萌芽期至展叶后25天内喷药，以保护花序、嫩梢和新叶。北方地区梨生长季节一般在5月中旬（白梨萼片脱落后，病梢初现期），第二次在6月中旬，第三次在6月末至7月上旬，第四次在8月上旬。

④品种差异。一般中国梨最易染病，日本梨次之，西洋梨最抗病，如慈梨、严州雪梨、二宫白、砀山酥梨等发病较重，鸭梨、三花梨、今村秋、明月梨、大青皮梨、莱阳梨等次之，康德梨、晚三吉和博多青梨等较抗病。

（3）梨黑斑病

1）症状。主要为害果实、叶片、叶柄及新梢。幼果受害后先在果面形成数个漆黑色圆形小点，逐渐扩大成圆形或椭圆形略微凹陷的病斑，表面有黑色霉状物，果面龟裂，有时裂缝深达果心，裂缝里也会长出黑霉，病果早落。果实受侵时，初期与幼果受害相同，但病斑较大，黑褐色，有时表面微现同心轮纹。被害严重的果实，往往几个病斑愈合成大斑，表面也有黑霉。嫩叶受侵，初生针头状黑色圆斑，其后扩大为近圆形或椭圆形暗褐色病斑，微现淡紫色轮纹。天气潮湿时，病斑表面生黑霉。病叶畸形、早落、成叶发病后病斑较大，同样有轮纹和黑色霉状物。叶柄及新梢上发病，病斑初呈黑色，稍凹陷，后扩展成长圆形或纺锤形，凹陷较深，淡褐色。

2）防治措施

①栽培措施。加强栽培管理，合理施肥或增施有机肥，增强梨树的抗病力。对地势低洼、排水不良的果园应做好排水工作。对历年发病重、树冠郁闭的果园，冬季宜重剪，可剪除病梢，促进通风透光，摘除病果可减少再侵染，降低病果率。搞好果园卫生，冬季结合修剪剪除病枝，清除果园内落叶、落果，并集中烧毁。

②喷药保护。花后 4～7 天，每隔 15～20 天喷 1 次药以保护叶片和果实。常用药液是：(50～100) $\times 10^{-6}$多氧霉素，65%代森锌可湿性粉剂 500 倍，50%多菌灵或福美双可湿性粉剂 600～800 倍液，或敌菌丹 1 000～1 500 倍液等。为了防止药液被雨水淋湿，可在药剂中加入助杀灵等渗透剂。

(4) 梨白粉病。梨白粉病在我国梨产区均有发生。病害严重时，病叶卷曲，病梢生长停滞、扭曲、枯死。严重影响产量和品质。

1）症状。为害部位：为害叶片和嫩梢。叶片受害时，叶片背面产生圆形或不规则形的白粉斑，并逐渐扩大，直至全叶背布满白色粉状物。当气温逐渐下降时，在白粉斑上形成很多黄褐色小粒点，后变为黑色。发病严重时，造成早期落叶。

2）防治措施

①栽培措施。结合冬季修剪，剪除病枝、病芽，清除病原。早春果树发芽时，应及时摘除病芽、病梢。

②药剂防治。一般于花前及花后各喷一次杀菌剂。防治白粉病有效的药剂有 12.5%烯唑醇可湿性粉剂 800 倍液、40%福星 7 000～8 000 倍液和 15%粉锈宁乳剂 2 000倍液。

(5) 腐烂病。腐烂病是一种毁灭性的病害，发病严重的果园，树体病疤累累，枝干残缺不全，甚至造成死树和毁园。近些年来，随着老树的更新淘汰，该病情有所缓解。

1）症状。为害部位：腐烂病主要为害枝干，有时也会侵害果实。枝干受害，致使皮层腐烂坏死，表现出溃疡型和枝枯型两种症状类型。在生长衰弱的树上，枝枯型症状尤为明显，可致主枝或整株发病枯死。

2）防治措施

①栽培措施。结合冬季修剪，剪除病枝、病芽，清除病原。早春果树发芽时，应及时摘除病芽、病梢。

②药剂防治。果实采收后至萌芽前喷布较高浓度的杀菌剂，防效很好。如抗菌新星可湿性粉剂 50～100 倍液、10%保绿水剂 800～100 倍液、枝干轮腐净 500～600 倍液。

③病部治疗。枝发病初期，及时刮除病部，坚持刮早、刮小、刮了的原则，刮毕彻底清除病皮，而后涂以杀菌剂消毒，选用药剂同上。

（6）梨褐腐病

1）症状。主要在贮藏期和成熟期为害果实，受害果实表面呈淡褐色绵状坏死，表面散生灰白色绵球状物，呈轮纹状排列的簇生绵球状物。

2）防治措施

①栽培措施。提高树体的抗病能力，注意果园的通风透光和排水，增施腐殖酸钙、有机肥和绿肥，可减少伤口和传播机会，减轻病害发生，有条件套袋的果园套袋，以保护果实。

②药剂防治。防止果实裂口，采收运输途中尽量减少伤口。果实成熟期喷施保绿（氨基酸络合铜）500倍液、70%的甲基托布津700～800倍液、50%多菌灵600～800倍液。

③加强贮藏和运输期间的管理。果实采收、贮运时应尽量避免造成伤口，减少病菌在贮运期间的侵染；发现病果，及时检出处理。用50%果实保鲜剂100～200倍液浸果，防效较好，使病菌扩展减慢。

（7）梨苦痘病

1）症状。主要为害果实和嫩梢，受害果实表面呈现深绿色的略凹陷斑块，皮层及皮层下浅病部果肉棉絮状褐色坏死；新梢受害，顶端干缩枯死，叶缘干枯。

2）防治措施

①栽培措施。提高树体的抗病能力，注意果园的通风透光和排水，增施腐殖酸钙、有机肥和绿肥。秋季或早春结合施用有机肥混拌腐殖酸钙25～50千克/亩，或者根据树冠大小每株施入1～2千克硝酸钙。减少伤口和传播机会，减轻病害发生，有条件套袋的果园套袋以保护果实。

②药剂防治。梨树展叶后、花期、落花后10天左右各喷施钙硼双补1 000～1 200倍液或者喷施0.3%的硝酸钙水溶液。

（8）梨根癌。长江以北各省普遍发生，以偏碱性土壤地区发生普遍。在园中一般是零星发生，偶有成片发生的。病菌主要侵染根茎，也为害侧根和细支根，造成根系发育不良使植株地上部发育迟缓。梨树长势明显小于正常植株，多是因为苗木带菌引起。

1）症状。癌瘤的大小从数毫米到十几毫米不等，由于其发育程度和内部木质化的程度不同，癌瘤的质地和硬度变化也很大。生长越久的癌瘤，组织越坚硬。癌瘤的形成和生长导致根系不能正常生长发育，造成地上部植株发育迟缓，生长势弱，新梢短，但不直接造成植株死亡。

2）防治措施

①苗木出土时严格检疫，剔除病苗。

②大树发病，挖出病根，减除病瘤，用氨基酸铜200倍液消毒病部及其他根部，同

时撒布石灰粉。

③重病苗圃地 3 年之内不能用做育苗基地。

2. 苹果树主要病害

(1) 苹果树腐烂病。苹果树腐烂病是一种毁灭性病害，它可造成局部死枝或整株死亡，严重影响苹果生产。

1) 症状。植株发病之后，病皮腐烂坏死，这种病害症状可分两种类型。

①溃疡型。发病初期，病部出现阴湿状红褐色腐烂斑块，稍微肿起，皮部组织松软，用手指按压有弹性感，并流出酒糟气味的黄褐色汁液，病斑逐渐扩大。后期病部干缩下陷，病皮呈深褐色至黑褐色，表皮龟裂，表面散生许多黑色小粒点，当病皮扩展环绕枝一周时，其上部枝条全部枯死。

②枯枝型。病斑多发生在幼树和大树 2～3 年生枝上，病菌凭借伤口、枯枝、干桩侵入，迅速蔓延，但病皮并不肿起，不呈水渍状，边缘不清晰，染病不久枝条出现黄叶、枯枝。后期病部散生许多黑色小粒点。

2) 防治措施。防治苹果腐烂病应从增强树势、壮树抗病和减少病源，并及时检查刮治入手。

①秋施基肥，控制树体负荷，防止早期落叶，增强树势是防治腐烂病的根本措施。

②刮除树干、主枝上的老、翘皮，剪净树上的枯枝，带到园外烧毁。

③固定专人常年检查，随发现随刮除。

④腐烂病园片，发芽前喷 1～3 波美度[①]石硫合剂或 40%福美砷 100 倍液。要求喷药均匀，喷严枝干；生长季喷药也要喷严枝干。

⑤腐烂病严重的果园，可进行重刮皮防治。即春节过后至发芽前，将骨干枝主要部位进行重刮皮。刮皮要达到“老皮露白，幼皮露青，遇到病灶，一定刮清”的要求。

⑥培土与糊泥。若树主干基部染病，可刮除病皮后进行培土，将病疤培入土中不再复发，慢慢愈合，恢复树势。

(2) 苹果干腐病

---

① 波美度是表示溶液浓度的一种方法。把波美密度计浸入所测溶液中，得到的度数叫波美度。波美度以法国化学家波美（Antoine Baume）命名。波美是药房学徒出身，曾任巴黎药学院教授。他创制了液体密度计——波美密度计。波美密度计有两种：一种叫重表，用于测量比水重的液体；另一种叫轻表，用于测量比水轻的液体。当测得波美度后，从相应化学手册的对照表中可以方便地查出溶液的质量百分比浓度。例如，在 15℃测得浓硫酸的波美度为 66，查表可知硫酸的质量百分比浓度为 98%。

波美度数值较大，读数方便，所以在生产上常用波美度表示溶液的浓度（一定浓度的溶液都有一定的密度）。不同溶液的波美度的测定方法是相似的，都是用测定密度的方法，根据测得的密度，查表换算浓度。现在对不同溶液的波美表都是专用的，如酒精波美表、盐水波美表，这种波美表上面，有测定溶液波美度对应的该种类溶液的浓度，可以直接读数，不用查表了。

1）症状

①干腐型。这种症状在幼龄树和成龄树均有发生，但以成龄树枝干发病较多。初发病时，枝干出现湿润不规则斑块，不久呈现出暗褐色近圆形病斑，病部常溢出浓茶色黏液，扩展速度较慢。秋、冬季节病斑水分散失，成为干缩凹陷的黑褐色干斑，密生许多黑色小点粒，病皮翘起，与健康部分交界处往往裂开。发病轻时，病斑只在皮层较浅部位，以后病皮干枯脱落；病重时，可深达整个皮层，许多病斑相互连成一片，皮层组织呈黑褐色，使整个枝干干缩枯死。有时仅发生在枝干的一侧，形成凹陷的条状斑，树干不至于很快枯死，但极度衰弱。

②浸润型。多发生在结果树局部的主、侧枝上。初发时，病枝表皮好像人的皮肤被开水烫伤，会有橙黄色油渍状，组织松软，皮层局部呈黑绿色，上覆一层乳黄色粉胞状物，极易用手去除表皮。病枝条常于数日内叶片突然变黄，迅速脱落，以后病枝全部皱缩干枯。

③溃疡型。多发生在小树主干、嫁接口附近和新移栽树的主干、主枝上。发病初期树干上发生水渍状斑块，病皮产生不规则裂口，流出红褐色汁液。以后病部扩大，呈紫褐色，干缩下陷与健皮分离，病部密生黑色小点粒。有时数病斑相连，病部干枯并轻微爆皮。

2）防治措施。发病园片除注意干旱年份春季及时灌水、缩短缓苗期外，其他防治措施同苹果树腐烂病。

（3）苹果树轮纹病

1）症状。枝干受害，常以皮孔为中心；发生红褐色近圆形或椭圆形病斑，直径为 5～15 毫米，质地坚硬，中心凸起呈瘤状，以后边缘下陷，形成一圈凹陷的环沟，与健皮分离。第二年病斑内散生许多小黑点。患病部位失水干缩，周围翘起，有些病皮可随之脱落。严重时，许多瘤斑密集融合，造成枝干表皮极其粗糙，削弱树势，久而久之，会使枝干枯死。果实多在近熟期和贮藏期发病，以皮孔为中心，形成褐色水渍状圆斑，病斑逐渐扩展，形成深浅交错的同心轮纹。病斑不凹陷，烂果不变形，病斑扩展迅速，几天内可使全果腐烂，溢出褐色黏液，皮下散生小黑点。病果失水，成为黑色僵果。

2）防治措施。防治苹果轮纹病必须抓住 4 个要点：

①选择抗病砧木和抗病品种。圆叶海棠（属楸子）是抗轮纹病的砧木。抗轮纹病的品种有新红星、首红、国光等。红富士极不抗轮纹病，重病地区应加强管理。

②壮树抗病。加强栽培管理，增强树势，提高抗病能力。

③重视治疗（刮除）枝干上的病疣。春节过后至发芽前，细致刮除枝干上的疙瘩疣，刮后用 5%菌毒清水剂 100 倍液，或 40%福美砷 50～100 倍液，或 50%退菌特 100 倍液，或 5 度石硫合剂涂抹消毒。

④要早喷和连续喷洒杀菌剂。具体方法是：重病园片在彻底刮除树体粗皮的基础上，于发芽前喷洒一遍100倍左右40%福美砷可湿性粉剂（要加黏着剂）或其他铲除剂。落花后10～15天喷第一遍杀菌剂，以200倍石灰倍量式波尔多液为主，降雨多的地区和年份，可提前喷，降雨少的地区和年份可适当晚喷，但最迟不晚于5月中旬。如果是金冠等易生果锈的品种，可以改喷50%的退菌特600～800倍液或50%多菌灵800～1 000倍液等，但要加黏着剂。以后视天气情况，每15～20天喷一次，直至采前40天。及时摘净病果带到园外烧毁或深埋。

(4) 苹果树白粉病

1) 症状。越冬病芽干瘪瘦小，鳞片松散，先端鳞片开裂，发芽较晚，病重的芽会枯死。病梢生长细弱，叶和嫩茎上都覆盖了一层白粉，节间短，嫩叶狭窄，叶缘向上卷曲，质地硬脆、萎缩，严重时病叶会焦枯、脱落。受害的叶片，叶背会产生粉斑，正面褪绿变黄，浓淡不均，叶面上凹凸不平。花芽受害时不能正常开放。萼片、花瓣变小变畸形。花瓣窄长，呈黄绿色，生有白粉，以后会萎缩，坐不住果。幼果感染病菌多在果顶生有白粉，以后逐渐变成锈斑，病部组织硬化，后期龟裂。

2) 防治措施。苹果树白粉病菌量大，有多次侵染和完成侵染期短的特点，因此，防治苹果白粉病，必须抓住生长前期连续防治，贯彻人工防治和化学防治相结合的方法才能收到良好的防治效果。

①在加强综合管理壮树抗病的基础上减少和消灭菌源，修剪时剪净树上的病芽，春季萌芽后要及时掐除病芽，剪净病梢，拿到园外烧毁。为了减少传播途径，在每次喷药前要清理病梢、病叶，然后再喷药。

②病重的果园，早春喷石硫合剂3次，即发芽前喷1～3度石硫合剂，花前、花后各喷1次0.3度石硫合剂或15%粉锈宁可湿性粉剂1 500～2 000倍液，可以收到良好效果。

③春梢和秋梢旺长期，根据具体情况选用15%粉锈宁可湿性粉剂，或50%和70%甲基托布津可湿性粉剂，或50%多菌灵，或50%硫黄胶悬剂等药剂进行喷雾，可达到防治目的。

④病害严重的地区，应选择发展抗白粉病的苹果品种。

(5) 苹果炭疽病

1) 症状。果实染病初期，果面上出现淡褐色小圆斑，以后逐渐扩大，病斑凹陷，边缘清晰，病灶部位产生同心轮纹状排列的黑色小粒点。天气潮湿时，易分泌粉红色黏液，病灶部位呈漏斗状腐烂，可以烂到果心。患病的组织带有苦味，与好果肉极易分离，最后病果腐烂干缩，脱落变为黑色僵果。

2) 防治措施

①喷布铲除剂。在剪除病弱枝条、干枯果台和僵果等清除病源的基础上，在萌芽前

喷 80%五氯酚钠 150 倍左右，或二硝基邻甲酚钠 200 倍液，或 40%福美砷 100 倍液，以铲除树体上宿存的病菌。

②搞好测报，喷好封闭药，防止向外扩散蔓延，可以收到良好效果。全园何时喷药，根据调查测报决定。

③选用抗病品种。品种与抗病有很大关系，有的品种如国光、红富士发病较重；祝光、元帅、新红星发病较轻。

④防治该病，如前期病轻，喷布波尔多液预防较好，后期发病可用退菌特、多菌灵或托布津等治疗。药中要加黏着剂 6501 或皮胶。

⑤发病重的园区可于 6 月上旬套袋防病。套袋前应先喷一次杀菌剂。

二、核果类病害

1. 桃树主要病害

（1）桃疮痂病

1）症状。膨大期果实的肩部会出现 1～2 毫米淡黄色小点，后期生长黑色霉状物，并连接成片。

2）防治措施。应于果实膨大前、病害初发生时使用烯唑醇、腈菌唑等三唑类药剂进行防治。

（2）桃穿孔病。桃穿孔病分为细菌性穿孔和真菌性穿孔两类，田间主要普遍发生的是细菌性穿孔病，可以为害叶片、枝干和果实。

1）症状。叶片在发病初期产生水浸状多角形斑点，进一步发展病斑脱落，形成穿孔；穿孔连成片形成大的缺刻或孔洞。枝条在春季初期为长椭圆形，微隆起；夏季呈不规则状、干枯、凹陷，后期色泽变深，进一步呈干裂状。桃幼果发生病斑呈水浸状，凹陷，近成熟果发病初期，病斑点状，呈褐色，后期病果开裂。

2）防治措施。于萌芽期、幼果期、果实膨大期使用新型抗细菌病害的产品效果良好，可交替使用 VBS、青霉素、新植霉素、水合霉素、农用链霉素等。

（3）桃炭疽病。桃炭疽病病原可同时为害苹果、梨等多种果树的果实，引起腐烂，造成严重损失。

1）症状

①果实：病果上病斑圆形，凹陷表面产生粉红色黏液。

②叶片：病叶叶缘、尖部出现病斑，褐色不规则。

2）防治措施。萌芽期、幼果期、果实膨大期可使用杀菌剂、咪鲜胺类等特效药剂，此外常规保护性杀菌剂如代森锌、代森锰锌等，内吸性药剂如多菌灵等均有效果，防治疮痂病的药剂可以同时防治此病害，注意用药交替使用。

（4）桃流胶病。桃流胶病为综合营养失调的生理性病害，可引起细菌侵染，造成树体衰弱，严重的会引起树死亡。

1）症状。枝干伤口处流出晶莹透亮的黄色胶液，严重时伤口处胶液堆积成冻状，后期树胶变为红褐色。

2）防治措施

①养根壮树、配方施肥、根系修剪是丰产优质的基础，同时农事操作时需尽量减少枝干伤口，防治枝干害虫，预防冻害和日灼。

②药剂防治。萌芽期、幼果期、果实膨大期使用新型抗细菌病害的产品效果良好，可交替使用青霉素、新植霉素、农用链霉素等。

（5）桃缩叶病。桃缩叶病的寄主植物有桃、油桃、扁桃、碧桃及李属其他植物。

1）症状

①为害叶片。春季叶片刚开展时即会发病，病叶皱缩扭曲，肉质状肥大，质地嫩脆，浅黄色至红褐色；成熟叶片上出现瘤状凸起，红褐色；后期在病叶表面长出一层银白色粉状物，病叶最终变成褐色并转黑色，干枯脱落。

②新梢、花和幼果也可被侵染。患病新梢呈灰绿色，短而粗，扭曲，枝梢上叶片丛生。

③花和幼果受害会变为畸形，易脱落。

2）防治措施

1）加强桃园管理、清除最初的侵染来源；养根壮树、配方施肥、根系修剪是丰产优质的基础。

2）以药剂防治为主要措施。在发病严重的地块应及时追肥、灌水，增强树势，提高植株的抗病力；在病叶表面尚未形成白色粉状物前及时摘除病叶，以减少传染的菌源。药剂是：80%代森锰锌可湿性粉剂 500 倍液，或 40%克瘟散乳油 1 000 倍液，交替使用。

（6）桃树腐烂病。桃树腐烂病为弱寄生菌，弱树发病较重，潜伏侵染现象明显，生长季节症状潜隐。

1）症状。枝干发病初期病斑表面散生许多小黑点，后期小黑点溢出橘红色丝状物，严重时导致树体死亡。

2）防治措施

①栽培措施。加强栽培管理，增施有机肥，培育壮树，提高树体的抗病能力。结合冬季修剪，剪除病枝、病芽，清除病原。

②药剂防治。果实采收后至萌芽前喷布较高浓度的杀菌剂，防效很好。如抗菌新星可湿性粉剂 50～100 倍液，10%保绿水剂 100～800 倍液，枝干轮腐净 500～600 倍液。

③病部治疗。发病初期，及时刮除病部，坚持刮早、刮小、刮了的原则，彻底清除

病皮，而后涂以杀菌剂消毒，选用药剂同上。

2. 杏树主要病害

(1) 杏疔病。杏疔病又称杏黄病、红肿病，主要为害新梢、叶片，也为害花和果实。

1) 症状

①新梢染病。节间缩短，其上叶片变黄，变厚，以后叶脉变为红褐色，病枝结果少或不结果。

②叶片。染病叶柄变短，变粗，基部肿胀，节间缩短；叶肉变厚呈革质状，并在叶正反两面散生许多小红点。后期从小红点中涌出淡黄色孢子角，卷曲成短毛状或在叶面上混合成黄色胶层。7 月以后黄叶渐干枯，变为褐色，质地变硬，卷曲折合呈畸形，8 月以后病叶变黑，质脆易碎，叶背面散生小黑点。

③花染病。病花多数不易开放，花苞增大，花瓣不易脱落。

2) 防治措施

①5 月间摘除病芽、病叶。

②可在杏树展叶期喷 80%代森锌、70%多菌灵等，隔 10～15 天喷 1 次，连续坚持数年可基本消灭或控制杏疔病害。

(2) 杏穿孔病。杏穿孔病分为细菌性穿孔和真菌性穿孔两类，田间主要普遍发生为细菌性穿孔病，常常为害叶片、枝干和果实。

1) 症状

①叶片（细菌性穿孔）：发病初期产生水浸状多角形斑点，进一步发展病斑脱落，形成穿孔；穿孔连成片形成大的缺刻或孔洞。

②枝条：春季初期为长椭圆形，微隆起；夏季呈不规则、干枯、凹陷，后期色泽变深，进一步呈干裂状。

③果实：幼果发生病斑会呈水浸状，凹陷，接近成熟的果实发病初期，病斑为点状，呈褐色，后期病果会开裂。

2) 防治措施。萌芽期、幼果期、果实膨大期使用新型抗细菌病害的产品效果良好，可交替使用 VBS、青霉素、新植霉素、水合霉素、农用链霉素等。

(3) 杏疮痂病（又称黑星病）

1) 症状。幼果果面出现黑色圆形病斑，后期果面病斑连成片，表面产生裂缝，成熟果面出现黑色圆斑及木栓化斑。

2) 防治措施。应于果实膨大前、病害初发生时使用烯唑醇、腈菌唑等三唑类药剂进行防治。

(4) 杏流胶病。杏流胶病为综合营养失调的生理性病害，会引起细菌侵染，造成树体衰弱，严重的会引起果树死亡。

1）症状。枝干伤口处会流出晶莹透亮的黄色胶液，严重时伤口处的胶液会堆积成冻状，后期树胶变为红褐色。

2）防治措施

①养根壮树、配方施肥、根系修剪是丰产优质的基础，同时农事操作时尽量减少枝干伤口，防治枝干害虫，预防冻害和日灼烧伤。

②药剂防治。萌芽期、幼果期、果实膨大期使用新型抗细菌病害的产品效果良好，可交替使用青霉素、新植霉素、农用链霉素等。

（5）杏褐斑病

1）症状。叶片：病斑呈紫褐色，近圆形，严重时病叶变黄，早落。

2）防治措施

①休眠期清园，清除患病枯枝和生病果穗。

②药剂防治：自花后开始，每间隔7～10天用药一次，主要药剂有多抗霉素（宝丽安）、氨基酸铜（保绿素）、代森锰锌、代森锌等药剂。喷药时，如逢雨季，可在配制好的药液中加入助杀灵等黏合剂，以提高药液的黏着性。

3. 李树主要病害

（1）李树穿孔病。李树穿孔病分为细菌性穿孔和真菌性穿孔两类，田间主要普遍发生为细菌性穿孔病，为害叶片、枝干和果实。

1）症状

①叶片（细菌性穿孔）：发病初期产生水浸状多角形斑点，进一步发展病斑会脱落，形成穿孔；穿孔连成片形成大的缺刻或孔洞。

②枝条：春季初期为长椭圆形，微隆起；夏季呈不规则形，干枯、凹陷，后期色泽变深，进一步呈干裂状。

③果实：幼果发生病斑呈水浸状，凹陷，近成熟果发病初期，病斑点状，呈褐色，后期病果开裂。

2）防治措施。萌芽期、幼果期、果实膨大期使用新型抗细菌病害的产品效果良好，可交替使用青霉素、新植霉素、水合霉素、农用链霉素等。

（2）李树流胶病。李树流胶病为综合营养失调的生理性病害，可引起细菌侵染，造成树体衰弱，严重的会引起树死亡。

1）症状。枝干伤口处流出晶莹透亮的黄色胶液，严重时伤口处的胶液会堆积成冻状，后期树胶变为红褐色。

2）防治措施

①养根壮树、配方施肥、根系修剪是丰产优质的基础，同时农事操作时尽量减少枝干伤口，防治枝干害虫，预防冻害和日灼烧伤。

②药剂防治：萌芽期、幼果期、果实膨大期使用新型抗细菌病害的产品效果良好，

可交替使用青霉素、新植霉素、农用链霉素等。

三、浆果类果树病害

1. 葡萄主要病害

（1）葡萄霜霉病。葡萄霜霉病是世界性病害，为葡萄产区的重要病害。病害严重时，病叶焦枯早落，病梢生长停滞、扭曲、枯死。果实染病后期会引起大量落果，严重地影响果品的产量和品质。

1）症状

①主要为害部位。叶片，也为害新梢和幼果。

②叶片受害。早期，叶正面出现不规则水渍状斑块，边缘不清晰，浅绿色至浅黄色。病斑互相融合后，形成多角形大斑。叶背面出现白色霜状霉层；后期，病斑变为黄褐色或褐色干枯，边缘界限明显，病叶常干枯早落。

③幼嫩新梢、穗轴、叶柄也易染病。初期出现水渍状斑点，逐渐变为黄绿色至褐色微凹陷的病斑，表面生白色霜状霉层，病梢生长停滞、扭曲，严重时会枯死。

④果实发病。果实多在初期染病，幼果染病后，病部褪色并变成褐色，表面生白色霉层，最后萎缩脱落。较大果粒染病时，呈现红褐色病斑，内部软腐，最后僵化开裂。

2）防治措施。防治该病应采取清洁果园、加强栽培管理和药剂保护相结合的综合防治措施，方能收效。

①清洁果园。及时收集并销毁带病残体，特别在晚秋时需彻底清扫落叶，烧毁或深埋，减少越冬的菌源。

②加强栽培管理。合理修剪，尽量剪去接近地面的不必要的枝蔓，使植株通风透光良好，降低空气湿度，以减少病菌初侵染的机会。适时灌水，雨季应注意排水。增施磷、钾肥，避免偏施氮肥，以提高植株的抗病力。

③药剂保护。在发病重的地区，葡萄发病前喷布烯酰吗啉（如金博克），对葡萄霜霉病有特效。另外，可交替使用58%甲霜灵锰锌可湿性粉剂600～800倍液、90%乙磷铝可湿性粉剂600倍液和69%安克锰锌可湿性粉剂1 500倍液，隔15～20天喷一次，根据发病情况连续喷药2～4次。

（2）葡萄黑痘病

1）症状

①叶片、叶脉受害。开始出现针头大红褐色至黑褐色斑点，周围有黄色晕圈。后期，后病斑扩大呈圆形或不规则形，中央灰白色，稍凹陷，边缘暗褐色或紫色，直径为1～4毫米，干燥时病斑自中央破裂穿孔，但病斑周缘仍保持紫褐色的晕圈。叶脉上病

斑呈梭形，凹陷，灰色或灰褐色，边缘呈暗褐色。叶脉被害后，由于组织干枯，常使叶片扭曲、皱缩。

②幼嫩新梢、穗轴染病。穗轴发病会使全穗或部分小穗发育不良甚至枯死。果梗患病可使果实干枯脱落或僵化。

③果实发病。绿果被害，最初为圆形深褐色小斑点，然后会扩大，直径可达5～8毫米，中央凹陷，灰白色，外部仍为深褐色，两周缘紫褐色似“鸟眼”状。多个病斑可连接成大斑，后期病斑硬化或龟裂。病果小而酸，失去食用价值；染病较晚的果实仍能长大，病斑凹陷处不明显，但果味较酸。病斑限于果皮，不深入果肉。空气潮湿时病斑上出现乳白色的黏着物。

2）防治措施

①选育抗病品种。葡萄品种间的抗病性差异很大，故可选育园艺性状良好而又抗病的品种栽培。

②冬季搞好清园工作。秋季，葡萄落叶后清扫果园，将地面落叶、病穗扫净烧毁。冬季修剪时，仔细剪除病梢，摘除僵果，刮除主蔓上的枯皮，并收集烧毁。然后在植株上全面喷洒一次铲除剂，以杀死枝蔓上的越冬病菌。葡萄发芽前喷洒的铲除剂，可用0.5%五氯酚钠混合3波美度的石硫合剂，或10%硫酸亚铁加1%粗硫酸。这一工作是预防黑痘病发生的重要环节，如做得仔细彻底，就能大大减少越冬病原，提高第二年喷药保护的效果。

③喷药保护。葡萄展叶后至果实着色前，每隔10～15天喷药一次。其中以开花前及落花70%～80%时喷药最重要。药剂可用1∶0.7∶（200～240）波尔多液、65%代森锌可湿性粉剂500～600倍液、50%多菌灵可湿性粉剂1 000倍液或75%百菌清可湿性粉剂600倍液。代森锰锌600倍液和1.5%多抗霉素800倍液防治黑痘病效果很好。

（3）葡萄白腐病。又称腐烂、水烂、穗烂病，是葡萄的重要病害之一。我国北方产区一般年份果实损失率在15%～20%，病害流行年份果实损失率达到60%以上。

1）症状

①主要为害部位。白腐病主要为害果穗，也为害新梢、叶片等部位。

②果穗受害。先发生在接近地面的果穗尖端，首先在小果梗或穗轴上发生浅褐色、水渍状、不规则的病斑，逐渐蔓延至整个果粒。果穗成熟前，病果粒略带黄色，外观不饱满，皮层隆起，但不破裂，病果粒呈苍白色，最终脱落。

③果粒感病。果粒发病，先在基部变淡褐色软腐，并迅速使整果变褐腐烂，果面密布白色小粒点，严重发病时常全穗腐烂，果穗及果梗干枯缢缩，受震动时病果甚至病穗极易脱落。有时病果不落，而失水干缩成有棱角的僵果，悬挂树上，长久

不落。

④新梢发病。新梢发病，往往出现在损伤部位（如摘心部位或机械伤口处），病斑呈水渍状，淡褐色，不规则，并具有深褐色边缘的腐烂斑。从植株基部发出的徒长枝，因组织幼嫩，很容易造成伤口，发病率高。

2）防治措施

①秋季采后搞好清园工作，彻底清除病原； 生长季节及时摘除病果、病叶，剪除病蔓。

②加强栽培管理，注意施肥方法。由于病害初次侵染源主要来自土壤，因此要适当提高果穗离地面的距离，以减少病菌侵染的机会，及时摘心、绑蔓、剪副梢，使枝叶间通风透光良好，避免病菌蔓延，同时增施有机菌肥，增强树体的免疫能力，搞好果园排水工作，以降低田间湿度。

③药剂防治。应掌握花期前后开始喷第一次药，以后每隔 10～15 天喷一次。药液为：80％代森锌可湿性粉剂 800～1 000 倍液、50％福美双或福美锌可湿性粉剂 600～800 倍液、70％甲基托布津可湿性粉 800 倍液、50％多菌灵可湿性粉剂 800 倍液、75％百菌清可湿性粉剂 500～800 倍液。喷药时，如逢雨季，可在配制好的药液中加入助杀灵等黏着剂，以提高药液的黏着性。

(4) 葡萄穗轴褐枯病。又称穗烂病，是近年来葡萄生产中的重要病害之一。病害流行年份果实损失率可达 60％以上。

1）症状

①主要为害部位。主要为害葡萄穗轴，从而导致果粒干缩腐烂。

②穗轴感病。病斑呈水渍状，淡褐色，不规则，并具有深褐色边缘的腐烂斑。病斑扩展较快，病斑环绕穗轴 1 周时，全穗腐烂，果穗及果梗干枯缢缩。

2）防治措施

参见本页葡萄白腐病的防治措施。

(5) 葡萄炭疽病

1）症状

①果实发病。果实大多在着色后接近成熟时开始发病，果面上出现淡褐色至紫褐色、水浸状斑点，圆形或不规则形。病斑逐渐扩大，变褐色至黑褐色，略凹陷。果肉腐烂后会长出轮纹状同心轮纹排列的黑色小粒点，天气潮湿时，溢出粉红色黏质团。果粒变褐软腐，易脱落。

②穗轴、叶柄、新梢受害。产生深褐色至黑褐色病斑，椭圆至不规则短条状，凹陷，潮湿时也出现粉红色黏稠状物。

③叶片受害多在叶缘产生近圆形病斑，形成盘状无性繁殖结构，其他绿色组织如新蔓、嫩叶、卷须等受害，多呈潜伏侵染，不表现症状。

2）防治措施

①休眠期清园，清除病枯枝和病果穗，及时绑蔓、打副梢和锄草，增进通风透光，降低园中湿度。

②5 月下旬至 6 月中、下旬喷药预防侵染，每间隔 15 天喷施 1 次。使用药剂有：15%百菌清可湿性粉剂 600～800 倍液、50%多菌灵粉剂 800 倍液、80%代森锌可湿性粉剂 800～1 000 倍液、50%福美双或福美锌可湿性粉剂 600～800 倍液、70%甲基托布津可湿性粉剂 800 倍液、1：0.5：240 式波尔多液等杀菌剂。喷药时，如逢雨季，可在配制好的药液中加入助杀灵等黏着剂，以提高药液黏着性。

（6）葡萄水罐子病。也称转色病，在玫瑰香等品种上尤为严重。

1）症状。主要表现在果粒上，一般在果实着色后才表现症状，发病后有色品种着色不正常，色泽淡，白色品种表现为果粒水泡状，糖度低，味酸，果肉变软，果皮与果肉极易分离，成为一包酸水。用手轻捏，水滴成串溢出，故有水罐子病之称。发病后，果柄与果粒处易产生离层，极易脱落，病因主要是营养不足和生理失调。

2）防治措施

①加强土肥水管理，增施有机肥和根外喷施磷肥和钾肥，适时适量施氮肥，勤除草、松土。

②控制负载量，合理控制单株果实负载量，增加叶果比。

③主副梢处理：主梢叶片是一次果所需养分的主要来源，在留第二次果情况下，二次果常与一次果争夺养分，由于养分不足常导致产生水罐子病。另外，一个果枝上留两个果穗时，下部的果穗易发生此病。应采用疏穗的方法，一枝留一穗果可减少该病的发生。

（7）葡萄日灼病

1）症状。主要发生在穗肩和果穗向阳面，果实受害时，向阳面形成水浸状烫伤，淡褐色斑，微凹陷。受害处易遭受其他病菌（如炭疽病菌等）的侵染，是一种典型的外因引发的生理病害。

2）防治措施。夏剪时，果穗附近多留叶片以遮盖果穗，在生产上需要疏除老叶的品种，尽量保留遮蔽果穗的叶片；对易发生日灼的品种，尽早套袋以防日灼，但要注意果袋的透气性，对透气不良的果袋可剪去袋下方一角，促进透气。

2. 草莓主要病害

（1）草莓灰霉病

1）症状。该病是我国草莓的一种最主要的病害，在种植期和采收后均可发生，尤以采后发生普遍。田间以果实发病为主。幼果发病先在近果实基部，花萼包裹处或边缘形成淡褐色水渍状、稍凹陷的不规则病斑，病部较软。后期病部密生灰色霉状物，稍一触动就如烟雾状飞散。此外，花瓣、萼片、果柄也会发病。

2）防治措施

①深沟高畦，实行地膜满畦覆盖。一般沟深应达到 30～40 厘米，同时把地膜盖到近沟底，以减少果实与土壤接触发病机会，加快排水，减轻为害。

②一年一栽，加强清园。草莓一年一栽，及时清除老枝叶果。在 2 月底 3 月初草莓萌发时，用 0.8～1 波美度石硫合剂清园，以减少病菌基数，防止连作障碍。

③增施有机肥，适施氮、磷、钾，控制氮肥用量，防止徒长。同时把密度控制在 8 000株/亩以内，以利通风透光。

④喷药防治，抓好早期预防。从现蕾开始，每隔 7～10 天喷药 1 次，连续 3 次。药剂可选用 50%速克灵可湿性粉剂或 80%代森锰锌可湿性粉剂。

（2）草莓白粉病

1）症状。整株均可发病。叶片染病，初期呈现大小不一的暗色病斑，继而在叶背病斑上产生白色粉状物。后期叶片萎缩、枯焦。幼果受害则停止发育，在果实上密布一层白粉。本病在大棚和温室发生较严重。

2）防治措施。在育苗期喷药 2～3 次，或定植后开花前喷药 1～2 次，效果较好，药剂可选用 25%磺酸丁嘧啶等。

（3）草莓炭疽病

1）症状。主要为害苗期草莓。在走茎和叶柄上产生黑色凹陷病斑，根冠部外侧变成褐色，植株与幼苗凋萎枯死。

2）防治措施。可在苗床移栽母株成活至老茎苗伸长时用药。用百菌清可湿性粉剂每隔 7～10 天喷 1 次，共喷 2～4 次，每次每亩喷药液 5 000 克。

（4）草莓病毒病

1）症状。草莓病毒病的症状有以下 5 种：

①斑驳型。叶面不规则褪绿、黄化，呈现斑驳。

②褐边型。叶片边缘呈规则黄褐色。

③枯斑型。叶面有坏死枯斑，枯斑呈不规则圆形。

④脉暗型。在苗期，叶正面脉呈现黑色，叶反面脉呈黄褐色。

⑤皱缩型。叶片皱缩，叶面不平整或呈匙状。多数一株一症，少数一株多症，夏季气温较高时，病株矮小，症状不明显或消失，但产量、质量明显降低。

2）防治措施。当今还未发现根治草莓病毒病的有效方法，故只能防护。

①普遍运用无毒苗，并对苗木进行严格的检疫和消毒。在进行生根粉浸根的同时，按 0.1%的比例加入代森铵，或用甲基托布津可湿性粉剂 1 000 倍液浸泡植株 5 分钟均有较好的防效。

②进行土壤处理，特别是发病的地块。栽前每亩用 65%可湿性代森铵 1 000 克，掺细土 1 500 克进行沟施或穴施。

③用地膜覆盖或地面铺草以提高地温，加速植株生长，提高抗病力，同时也可减少病害土传机会。

④加强栽培管理，搞好田间卫生。在施足腐熟有机肥的同时，结合追施化肥，使植株生长健壮。及时摘除老叶病叶，拔除病株销毁。防止过密，防止草荒，防止工具带菌。

⑤注意定期换种。一般在新栽植区的周围 2 000 米以内无老园时，应 4～5 年换 1 次种。周围有老园，2～3 年就应该换种。但如遇到草莓长势衰退，产量降低，就应提前换种。

四、干杂果类病害

1. 柿子主要病害

（1）柿子叶斑病。包括柿子角斑病和柿子圆斑病 2 种。

1）症状

①柿子角斑病。叶片病斑呈褐色，多角形，严重时病叶变黄，早期脱落。

②柿子圆斑病。叶片正面病斑近圆形，中央褐色，边缘黑色，外围有黄晕，引起早期落叶。

2）防治措施

①休眠期清园，清除病枯枝和病果穗。

②药剂防治。自花后开始，每间隔 7～10 天用药一次，主要药剂有：多抗霉素（宝丽安）、氨基酸铜（保绿素）、代森锰锌、代森锌等。喷药时如逢雨季，可在配制好的药液中加入助杀灵等黏着剂，以提高药液的黏着性。

（2）柿子疯病。病毒类病害。

1）症状

①病株枝条丛生，萌芽晚，展叶迟。

②叶脉、芽眼下面变黑。

③韧皮部、木质部变黑。

④果面凹凸不平，凹陷部位果肉变黑。

2）防治措施

①栽培措施：通过科学配方施肥提高树体免疫力和抗病力，致使病毒处于隐症状态（即显性转为隐性）。

②果园刚刚发现有病果的病株时，立即清除病株，对外围疑似病树进行挖沟隔离，阻止病毒病害的扩展传染。

③在萌芽期、花前、花后果实生长期，喷施植毒一号、病毒康泰等药剂 1～3 次，钝化病毒，促进病毒尽快进入潜隐状态。

2. 枣树主要病害

（1）枣疯病。病毒类病害，严重的导致绝产。

1）症状

①病树出现枝叶丛生症状，病树叶片小，黄化。

②花柄伸长变为枝叶。

③芽萌发不正常，表现为正芽萌发。

④树干根生疯蘖。

⑤果实呈花脸状。

2）防治措施

①果园刚刚发现有病果的病株时，立即清除病株，在较大范围内将病树连根清除，对外围疑似病树进行挖沟隔离，阻止病毒病害的扩展传染。

②防治传病叶蝉。喷菊酯类农药，消灭传病虫媒——中华拟菱叶蝉，防治传病叶蝉。

③培育无病苗木。在无病枣园中采取接穗、接芽或分根进行繁殖。在苗圃中一旦发现病苗，应立即拔除。利用组织培养脱毒技术，可以获得不含病原体的健康枣苗。

④选用抗病砧木，加强枣园管理。可选用抗病酸枣品种和具有枣仁的抗病大枣品种作为砧木，以培育抗病枣树。

⑤注意加强枣园肥水管理，对土质条件差的，要进行深翻扩穴，增施有机肥料，改良土壤理化性质，促使枣树生长健壮，提高抗病力。

（2）枣锈病

1）症状

①为害部位：主要为害叶片和新梢，严重时引起早期落叶。

②叶片受害：开始叶正面形成橙黄色有光泽的小斑点，数目不等，后逐渐扩大为近圆形橙黄色病斑。

2）防治措施

①栽培措施。清除转主寄主，砍除桧柏是防治锈病最彻底有效的措施。锈病担孢子传播范围一般在1.5～5千米内，故砍除枣园周围5千米内桧柏和龙柏等转主寄主，就能基本控制发病。

②防治时期。应掌握在树萌芽期至展叶后25天内喷药，以保护花序、嫩梢和新叶，即在担孢子传播侵染的盛期进行。

③药剂种类。15%粉锈宁乳剂2 000倍液、12.5%特普唑或烯唑醇可湿性粉剂2 000～2 500倍液、40%福星8 000倍液防效较好。每隔10天左右喷1次，连续喷3～4次，雨水多的年份应适当增加喷药次数。

（3）枣缩果病。属于营养元素钙、硼缺乏症。

1）症状

①为害部位：果实、叶片、新梢皮层下部分果肉褐色绵状坏死。

②果肉内部部分果肉褐色绵状坏死，或者木栓化苦痘缩果病一般在5年生以上的果园开始发生，随着树龄的增长，发生为害加重；盐碱化相对严重的果园病害发生早且重。

2）防治措施

①增施有机肥和活化腐殖酸肥钙硼类的肥料（如腐殖酸钙、施果多等），改良土壤，使土壤中不溶性的硼转化为可溶性利于核桃树的吸收和利用。

②叶面喷雾活性含有钙硼的叶片肥，如钙硼651、钙硼双补等。

3. 核桃主要病害

（1）核桃白粉病。是活体寄生菌引起的病害，可为害叶片、果实、嫩枝等绿色部位，果树萌芽后，春、秋季节为害新梢生长。

1）症状

①幼叶及新梢。病叶表面产生白色粉状物，病叶褪绿、畸形、矮缩，病部表面布满白色粉状物，病害在春秋梢形成期为害最重。

②幼果。病果皮层褪绿、畸形，形成白色粉状物，严重时导致裂果。

2）防治措施

①栽培措施。合理密植，疏除过密枝和纤细枝，增施有机肥，结合冬剪，及时清除病原病残体，减少初次侵染。

②药剂防治。春秋初发病时，用药保护与治疗。药剂有12.5%烯唑醇2 000倍液、粉锈宁可湿性粉剂600倍液或乳油2 000倍液；果树萌芽前可使用石硫合剂3～5波美度药液、45%的多硫悬浮剂500倍液，药剂要交替使用。

（2）核桃斑点病。是我国核桃产区普遍发生的病害之一。

1）症状

①主要为害部位：病害主要为害叶片、果实和枝条。

②叶片发病：病叶正面散生大小不一、多形态的褐色病斑。

③果实发病：初期果面散生许多褐色斑点，后期病斑连成大片状。

④枝干受害：产生长条形深褐色至黑褐色病斑，病变组织凹陷。

2）防治措施

①休眠期清园，清除病枯枝和病果，增进通风透光，降低园中湿度。

②5月下旬至6月中、下旬喷药预防侵染，每隔15天喷施1次，可使用15%百菌清可湿性粉剂600～800倍液、50%多菌灵粉剂800倍液、80%代森锌可湿性粉剂800～1 000倍液、50%福美双或福美锌可湿性粉剂600～800倍液、70%甲基托布津可湿性粉剂800倍液、1：0.5：240式波尔多液等杀菌剂。喷药时如逢雨季，可在配制好的药液中加入助杀灵等黏着剂，以提高药液的黏着性。

（3）核桃炭疽病。是我国中部和南方核桃产区普遍发生的病害，除了为害核桃外，病害还在苹果、梨等多种果树上发生。

1）症状

①主要为害部位。病害主要为害果实，也为害小枝。

②果实发病。表面病斑凹陷，斑面有粉红色霉层呈轮纹状排列，后分泌黏液；后期果皮干缩，病斑开裂，严重时形成僵果。

③小枝干、新梢受害。产生深褐色至黑褐色病斑，椭圆至不规则短条状，病组织凹陷；病斑上部枝条枯死，表面产生黑色点状物。

2）防治措施

参见上页核桃斑点病的防治措施

（4）核桃黄叶病。营养元素铁缺乏症。

1）症状。主要为害叶片。病叶发病初期叶肉变黄，叶脉为绿色，呈绿色网纹状，中期支脉开始变黄，后期叶片变白，边缘开始焦枯。

2）防治措施

①增施有机肥和活化腐殖酸肥，改良土壤，使土壤中不溶性的铁转化为可溶性利于核桃树的吸收和利用。

②叶面喷氨基酸铁等含有铁的活性叶片肥类。

第二节 果树主要虫害

培训目标 → 熟练掌握主要果树虫害的为害特征及规律

一、仁果类果树虫害

1. 山楂叶螨

（1）症状

主要刺吸叶片组织的汁液，也为害嫩芽、幼果，破坏叶绿素合成。被害叶片出现失绿斑点，叶面变白，严重时叶片焦枯，造成早期落叶。

（2）防治措施

1）注意人工防治，消灭越冬雌虫。秋季越冬雌虫出现前，在枝干上绑草把诱杀；冬季刮除枝干翘皮，解下草把一同烧掉。

2）根据虫情发生情况，抓住开花前、谢花后 1 周左右和麦收前喷药防治。药剂可选用 0.3～0.5 度石硫合剂、20%速螨酮可湿性粉剂 4 000～4 500 倍液等，喷药要求雾细，喷严树冠内膛和叶背。

2. 苹果全爪螨

（1）症状。以刺吸式口器吸食叶片组织汁液，破坏叶绿素。受害叶片正面出现许多失绿斑点，严重时叶片呈黄褐色，影响产量、果实品质和花芽形成，但一般不导致早期落叶，若控制住害螨，连续喷施数遍尿素液，叶片尚能恢复。

（2）防治措施

1）对越冬卵多的果园，发芽前喷 5%重柴油乳剂。配方：1 千克重柴油和 0.5 千克亚硫酸纸浆废液，分别放在 2 个铁桶中隔水加热至溶化，然后将油轻轻倒入纸浆废液中，随倒随搅拌，直至呈稀糊状为止，即为原液。使用时，先倒入少量温水，随倒随搅，直至加温水量至 18.5 千克，即配成 5%的重柴油乳剂。

2）如果虫口密度较大，要抓住花前、花后和麦收前喷药防治，药剂同防治山楂叶螨。

3）为害严重的果园，于秋季产卵前消灭产越冬卵的成螨，可大大减少越冬卵量，为来年防治打下基础。

3. 二斑叶螨

二斑叶螨又名二点叶螨，俗称白蜘蛛，是近几年来新发现的苹果树重要害虫。其特点是寄主广，生长速度快，繁殖率高，抗药性强，防治困难，应引起重视。二斑叶螨除为害苹果外，还为害梨、桃、杏、山楂、葡萄、草莓等多种果树，也为害大田作物、蔬菜、花卉等，但以苹果、桃、花生、大豆受害较重。

（1）症状。以刺吸式口器吸取叶组织汁液，受害叶片初时出现白色失绿斑点，其后则呈现焦煳状，导致落叶。当虫口密度大时，该螨在叶面上结一层银白色丝网，或在新梢顶端群聚虫球，极易与其他两种果树害螨相区别。

（2）防治措施。防治二斑叶螨应早动手，争取主动，力求将其消灭在上树为害之前。

1）重视人工防治。于二斑叶螨越冬前，在果树根颈处覆草诱集越冬雌虫，待出蛰前收集覆草烧毁。

2）4 月上旬前，对树下地面和树干、主枝喷布 20%三氯杀螨醇乳油 600 倍液，或 15%哒螨灵 2 000～2 500 倍液，内加 300 倍液机油乳剂。同时，立即将果园杂草铲除干净，以消灭其上的虫卵。

3）生长季喷布三唑锡 1 200～1 500 倍液，可混用 500 倍液机油乳剂。

4）发生二斑叶螨的园片，不间作豆科作物，采用棉槐、刺槐作果园绿篱，如已用作绿篱，应按时喷药防治。

4. 桃小食心虫

桃小食心虫简称桃小，俗称“豆沙馅”，鳞翅目，蛀果蛾科。主要为害苹果，也为害桃、枣、山楂等果实。是苹果重要食心虫。

(1) 症状。幼虫蛀果时咬破果皮，在果面留下针尖大的蛀孔。蛀果后2天左右，从果孔流出果胶珠，干涸成白色蜡粉。幼虫入果后，在果内纵横串食，直达果心，并排粪于果内，形成“豆沙馅”，果实不堪食用。幼虫老熟，多在果实胴部咬一直径为2毫米左右的圆形脱果孔，初期脱果孔外面常积有新鲜虫粪。

(2) 防治措施。防治桃小食心虫要以“地下防治为主，树上喷药为辅，堵杀出土幼虫，产卵高峰喷药”，做好出土测报和产卵预报。有条件的果园，可实行人工套袋。产卵前套袋，9月上旬去袋，及时摘拾虫果，进行妥善处理，都会收到良好的防治效果。

5. 苹果小卷叶蛾

苹果小卷叶蛾又称远东卷叶蛾，俗称“舐皮虫”，鳞翅目，卷叶蛾科。寄主很多，除为害苹果外，还为害梨、山楂、桃、李、杏及榆、杨、槐等树木，是卷叶虫中分布广，数量大，为害重的害虫。

(1) 症状。苹果小卷叶蛾以幼虫舐食幼芽、嫩叶、花蕾和啃食果皮、果肉。苹果树展叶后，幼虫将叶片缀合在一起，卷成虫包，在包内啃食叶肉，将叶片咬成缺刻，严重时花蕾抱缩，无法开放。在有果的时候，幼虫常将叶片缀贴在果上，在其内啃食果皮、果肉，果面呈现许多小坑，严重影响果品质量。

(2) 防治措施。防治苹果小卷叶蛾要采取人工、药剂和生物防治相结合的方法，重点消灭越冬代和第一代幼虫。

6. 顶梢卷叶蛾

顶梢卷叶蛾属鳞翅目，小卷叶蛾科，是苹果苗木和幼树的主要害虫。

(1) 症状。顶梢卷叶蛾以幼虫在新梢顶端将数片幼叶吐丝缠缀包卷在一起，并利用叶背绒毛做成紧密的虫袋，藏于其中食害叶片和顶芽，影响苗木和幼树生长。被害叶苞冬季不落，极易发现。植株受害程度与品种、树龄、树势、部位等因素有关。国光、元帅受害重，红玉、旭、倭锦则受害轻；树龄小比树龄大受害重；强树受害重于弱树；同一株树外围、上部比内膛、下部受害重。

(2) 防治措施。用人工防治即可控制为害。结合冬季修剪，剪掉所有虫梢即可消灭。发生重的苗圃、果园，于次年春季萌芽时再仔细剪除一遍虫梢，即可基本控制为害。在果园管理中，随时发现随时摘除虫苞带出果园烧毁，一般不需采用化学农药专门防治。

7. 苹果瘤蚜

苹果瘤蚜主要为害苹果树。

(1) 症状。主要为害苹果树的幼芽、新梢、叶片，也为害幼果。以为害新梢、叶片最为严重。吸食新梢、叶片汁液，叶片被害后，边缘向背后纵卷，皱缩，失去正常光合能力。幼果受害，出现微凹不整齐的红斑，新梢被害，生长细长，扭曲，不能形成良好的芽体，影响生长发育，推迟结果，严重时2～3年可使树死亡。

(2) 防治措施。人工防治和药剂相结合进行防治。冬剪时剪除被害枝梢，消灭越冬卵。药剂可参考苹果黄蚜的药剂防治。如果花后瘤蚜严重，必须在喷药前将被害虫梢彻底剪除一遍带出果园烧毁，然后紧接喷药，否则收效甚微。

8. 苹果黄蚜

苹果黄蚜又称苹果蚜虫，发生普遍，主要为害苹果树的嫩梢、幼叶，是为害苹果苗木和幼树的主要害虫。

(1) 症状。以刺吸式口器吸食嫩梢、幼叶汁液，被害新梢、叶片常常呈现花叶病斑症状，并向背面横卷，分泌蜜露，污染果实，影响苗木生长发育和幼树扩大树冠及花芽形成。

(2) 防治措施。苹果黄蚜天敌很多，要注意保护利用。药剂防治：关键在幼树和苗木时进行防治，防治时选用24%万灵水剂1 000倍液、90%万灵可湿性粉剂4 000倍液、20%灭多威乳剂1 000倍液、35%硕丹乳剂2 000倍液、20%杀灭菊酯3 000～5 000倍液、40%氧化乐果1 000～1 500倍液、40%水胺硫磷1 000～1 500倍液、50%久效磷2 000～2 500倍液、2.5%溴氰菊酯3 000～4 000倍液。主干涂环：于蚜虫发生初期，在主干上把粗皮刮除约6厘米宽的涂环带，将已配好的氧化乐果（1∶2～5份水）药液用吸水纸吸附，绑于涂环带上，外面包一层地膜防干，一般涂后3～5天可产生药效。

9. 苹果棉蚜

苹果棉蚜又称血色蚜虫，简称棉蚜。主要为害苹果，是国内外检疫的主要对象之一。

(1) 症状。苹果棉蚜属国内检疫对象，它主要为害枝、干和根部，被害部位形成小肿瘤。受害严重时树体衰弱，结果少，果个小，着色差，甚至导致早期落叶，对产量、质量影响很大。

(2) 防治措施

1) 彻底刮除树皮，清理伤口，剪除病虫害枝条。用200倍40%氧化乐果涂刷伤口，消灭越冬若虫。对根部棉蚜先扒土露根，再喷洒1 000倍液氧化乐果。

2) 发芽前喷5%重柴油乳剂。

3) 生长季防治，喷洒35%硕丹乳油2 000倍液，或40%氧化乐果乳油1 000～1 500倍液，或50%久效磷乳油2 000～2 500倍液。

4) 用氧化乐果或久效磷进行涂环。

5) 严格检疫制度，杜绝疫区苗木和接穗未经消毒处理到处传播。

10. 苹果根棉蚜

苹果根棉蚜又称山楂卷叶棉蚜。除为害苹果外，也为害山楂和梨，还为害花生等农作物。

（1）症状。为害苹果的叶片和根部。叶片受害后边缘向背面卷合。根系受害多发生在须根上。根部有白色蜡质绵絮状物，被寄生处变黑腐烂，但不产生肿疣，可与苹果棉蚜区别。受害苹果树生长衰弱，幼树推迟结果，大树产量下降。

（2）防治措施

1）利用其假死性，组织人力于清晨或傍晚摇树振虫，树下用塑料布张接，集中消灭。

2）苹果开花前，在树冠下施药毒杀。可选用5%辛硫磷颗粒剂，每亩撒施3 000克，或25%对硫磷胶囊剂，兑成500～600倍液，均匀喷于地面，或50%辛硫磷乳油，每亩用0.3～0.4千克加细土30～40千克搅拌均匀成毒土撒施。使用辛硫磷后，应及时锄松土表与药混合，以防光解。成虫发生时，振虫落地，钻入土中毒杀。也可用40%甲基异柳磷乳剂或50%地亚农乳剂，每亩0.5千克，对水200～300倍喷于树下毒杀成虫。

3）树上喷药。苹果蕾期可喷布50%的一六〇五乳剂2 000倍液，或50%马拉硫磷乳剂1 000～2 000倍液，或75%辛硫磷乳剂1 000～2 000倍液，或20%杀灭菊酯乳油3 000倍液都有很好效果。

11. 苹毛金龟子

分布很广，食性较杂，除为害苹果外，也为害梨、桃、板栗、核桃和榆、杨、柳等林木。山地果园和孤独的果园受害重，是花期的主要害虫。

（1）形态识别。成虫体长10毫米、宽5毫米左右，身体除鞘翅和小盾片无毛外，都密披黄白色细茸毛。雄虫茸毛长而多。头、胸背面呈紫铜色，鞘翅呈茶褐色，半透明，有光泽。鞘翅上有纵列成行的细小点刻。腹部两侧生有明显的黄白色毛丛，腹部末端露在鞘翅外。

（2）症状。金龟子以成虫在苹果花期取食花蕾、花朵和嫩叶，将花序咬的残缺不全。咬碎花瓣，抠食花药，吃掉柱头，将花蕾抠成窟窿，甚至吃掉整个花朵，直接影响产量。其幼虫为害幼树根系，也是地下害虫。

（3）防治方法。参阅上页苹果根绵蚜的防治措施。

另外，果园周围有榆、杨、柳木，也要一起防治；虫源地区，用药进行土壤处理，消灭蛴螬。

二、核果类果树虫害

1. 桃蚜

（1）发生与为害。桃树的主要害虫之一，以卵在桃枝梢、芽缝、小枝杈缝隙及杂草处越冬。3～5 月下旬桃蚜从繁殖期到扩散期，再到高峰期。6 月中旬，桃蚜开始消减，慢慢产生翅蚜，并迁至十字花科等寄主上繁殖。

（2）防治措施。防治应抓好果树休眠期及花前、花后几个关键时期，特别要注意合理使用农药，保护和利用天敌。

1）桃树休眠期。结合防治其他病虫害，人工刮除粗糙的树皮，严格清扫果园，将枯枝、落叶集中烧毁或深埋，消灭越冬虫卵。

2）早春桃树萌芽前，喷施波美 3～5 度的石硫合剂，可同时防治多种病虫害。

3）在越冬卵孵化盛期后及时喷施以下几种药剂之一：10%吡虫啉可湿性粉剂 1 500 倍液、20%灭扫利乳油 1 500～2 000 倍液、25%功夫乳油 3 000 倍液。用药时加 0.1% ～0.2%洗衣粉，可提高杀虫效果。在树上挂设杀虫灯和糖醋盆也是个好方法，糖醋液的配比：糖∶酒∶醋∶水为 1∶1∶4∶16。

4）生长季节，花前 1 周左右（铃铛花时）喷 1 000 倍液克菌丹加 2 000 倍液灭扫利或 2 000 倍液一遍净；花后 1 周可用百菌清 1 000 倍液或甲基托布津 1 000 倍液加 4 000 倍液的齐螨素全园喷施；定果后间隔 2～3 周可交替喷施 50%多菌灵 500 倍液、70%甲基托布津 1 000 倍液、72%克菌丹 1 000 倍液。

2. 山楂叶螨

（1）发生与为害。山楂叶螨又名山楂红蜘蛛，以受精的冬型雌性成螨在果树的翘皮、枝杈处或土缝中越冬。一般当连续日平均气温达到 10℃以上时，越冬雌性成螨开始出蛰。整个出蛰期约 40～50 天。越冬性成螨出蛰上树后，先潜伏在芽周或芽鳞上，芽一开绽即可为害，继而为害花丛和叶丛。

（2）防治措施。参见本页桃蚜的防治措施。

3. 苹小卷叶蛾

（1）发生与为害

苹小卷叶蛾是为害桃树的主要害虫之一。在桃树上的空间分布以上层为主，其次是中层，下层分布最少。以幼虫在枝干皮缝及剪锯口处越冬。春季果树萌芽时出蛰，以幼虫为害嫩叶、新芽，叶上出现纱网状和孔洞，坐果后将叶缀贴在果面上，啃食果皮和果肉，形成凹痕、疤果，严重影响桃果的外观质量。

（2）防治措施。参见桃蚜的防治措施。

4. 桃红颈天牛

桃红颈天牛俗称锯树郎，为桃树重要害虫。

（1）发生与为害。以幼虫在枝干被害处越冬，幼虫蛀食桃树枝干皮层和木质部，使树势衰弱，寿命缩短。严重时桃树成片死亡。

（2）防治措施。应在早春及时防治，根据枝条上及地面蛀屑和虫粪找出被害部位后，用铁丝将幼虫刺杀。

三、浆果类果树虫害

1．葡萄透翅蛾

（1）形态识别。成虫体蓝黑色，幼虫头部红褐色，口器黑色，胴部淡黄色，老熟时则带紫红色。全体疏生细毛。

（2）症状。主要以幼虫蛀食一年生枝蔓，被害部位膨大，内部形成较长的孔道，妨碍树体营养的输送，使叶片枯黄脱落。该虫为害的最大特征是在蛀孔的周围有堆积的虫粪。

（3）防治措施

1）冬季修剪时，将被害枝条剪掉烧毁，消灭越冬虫源。

2）6～7月间经常检查嫩枝，发现被害枝及时剪掉。

3）在粗枝上发现为害时，可从蛀孔灌入50%敌敌畏500～800倍液，然后用黏土封住蛀孔或用蘸敌敌畏的棉球将蛀孔堵死，以薰杀幼虫。

2．葡萄粉蚧

（1）形态识别。雌成虫椭圆形，淡紫色，身披白色蜡粉；雄成虫灰黄色，翅透明，在阳光下有紫色光泽，卵为淡黄色、椭圆形。

（2）症状。以成虫和若虫藏在老蔓的翘皮下及近地面的细根上刺吸为害，被害后的果粒变畸形，果蒂膨大，果梗、穗轴被害后，表面粗糙不平，并分泌一层黏质物，易招引蚂蚁和黑色霉菌污染果穗，影响果实外观和品质。严重时，使树势衰弱，造成大量减产。

（3）防治措施

1）根据以上两种粉蚧以卵和若虫在老蔓翘皮下和近地面的细根上越冬的特点，可进行刮老皮，消灭越冬卵和越冬若虫。

2）抓住粉蚧在地上部为害的时期，可喷布40%乐果、50%的马拉松乳剂和敌敌畏1 000～1 500倍液，防治效果良好。若在药液中加入黏着剂，能提高药效。

3．葡萄根瘤蚜

葡萄根瘤蚜分根瘤型和叶瘿型。在某些美洲种葡萄上两种类型都能发生。在欧洲种葡萄上多发生根瘤型。

（1）形态识别。根瘤型蚜成虫长卵形，鲜黄色至黄褐色，有时稍带绿色，叶瘿型蚜成虫体近圆形，黄色。

（2）症状。根瘤型是在根的表面刺吸汁液进行为害。被害的粗根表面常形成木瘤，细根形成结节状根瘤，引起根部腐烂。叶瘿型在寄主叶片表面定居为害，受害处向叶背面凹陷，在叶背形成虫瘿将虫包在瘿内，被害植株发育不良，产量显著下降。

（3）防治措施

1）加强检疫，不从有虫地区引进苗木。

2）施行沙地育苗，生产无根瘤蚜苗木。

3）对被根瘤蚜为害的植株，应刨除更新，刨后用1.5%乐果粉每株撒0.75～1千克处理土壤。也可用50%抗蚜威2 000倍液于5月上、中旬灌根，每株10～15千克。

4. 桃蛀螟

（1）形态识别。成虫黄至橙黄色，茧长椭圆形，灰白色。

（2）症状。葡萄果实受害时，蛀孔外黏附有粒状虫粪，易引起腐烂。

（3）防治措施

1）秋季采果前在树干上绑草，诱集越冬幼虫，早春集中烧毁。同时处理玉米、高粱、向日葵等的茎秆和花盘。应于5月上旬前处理完或进行暴晒和碾压，以减少虫源。

2）随时拾净和摘除虫果，集中沤肥，同时注意对果园周围的其他寄主进行全面防治。

3）幼虫孵化初期，为防治有利时机，可喷布50%杀螟松1 000～1 500倍液，或喷20%米满1 000～1 500倍液等杀虫剂，1周后再喷一次，这样可取得良好的防治效果。

5. 葡萄白粉虱

（1）形态识别。成虫全体粉白色，卵长椭圆形，淡黄色。若虫椭圆形，淡黄色，半透明，蛹椭圆形，漆黑色。

（2）症状。若虫定居在葡萄、山楂叶片背面刺吸汁液，有时密度很大，能布满叶片，致使被害叶片呈红褐色，造成早期脱落，并削弱树势，影响产量和品质。

（3）防治措施

1）因成虫、若虫的体表有蜡粉，施药不易黏着，因此应喷内吸剂或油乳剂，如20%地亚农或40%乐果1 000倍液、50%久效磷乳油1 500倍液，或50%马拉松乳剂1 000倍液。

2）因该虫是随落叶越冬的，所以应从彻底清除田间落叶着手。清除出的落叶要烧毁，以消灭越冬虫源。

6. 葡萄缺节瘿螨

葡萄缺节瘿螨又称葡萄锈壁虱、葡萄毛毡病，寄主植物只有葡萄，国内葡萄产区均普遍分布。

（1）形态识别。成螨雄比雌略小，淡黄白色或淡灰色，近长圆锥形。卵球形，淡黄色。若螨淡黄白色。

（2）症状。成、若螨在叶背刺吸汁液，初期叶背呈现苍白色斑，叶组织因受刺激而长出密集的茸毛而呈毛毡状斑块，斑常受较大的叶脉所限制，茸毛初为灰白色，渐变为茶褐色以至黑褐色。在叶面则呈肿胀而凹凸不平的退色斑，嫩叶面的虫斑多呈淡红色，严重时叶皱缩干枯。花梗、嫩果、嫩茎、卷须受害后使生长停滞。

（3）防治措施

1）苗木和插条应处理杀虫后再行栽植，可用热水处理或辛硫磷液处理（参看葡萄根瘤蚜的防治）。

2）冬季清园，将修剪下的枝条、落叶、翘皮等收集携出园外并加以处理。

3）药剂防治应在春季大部分葡萄芽已萌动时喷石硫合剂，基本可控制为害，并可兼治病害。

4）数量少时，尽早摘除被害叶片烧毁，阻止继续蔓延。

四、干果类果树虫害

1. 日本龟蜡蚧

日本龟蜡蚧食性广，主要为害悬铃木、大叶黄杨、柳、枣、柿、石榴等100多种植物。

（1）识别特征。雌成虫为红褐色，雄成虫为长椭圆形，体棕褐色，卵为长椭圆形，初产时呈乳黄色，孵化前橙红色。若虫初卵呈椭圆形，淡黄色，蛹长椭圆形，紫褐色。

（2）症状。受害树的枝条、叶片常密布虫体，可引起早期落叶、树势衰弱，甚至使植株死亡，且虫体的分泌物还会引起霉污病的发生。

（3）防治措施

1）防治适宜时期，掌握幼虫孵化末期、大量上梢为害时，每隔15天左右喷药1次，连续2～3次。药剂可选用40%杀捕磷乳油1 500～2 000倍液，40%乐果乳油800～1 000倍液。冬季喷松脂合剂16～18倍液。

2）结合整修枝，剪去虫枝，集中放于园外空地，让寄生蜂羽化飞出，寻找寄主，以利保护天敌。其天敌有蜡蚧扁角跳小蜂、黑软蚧蚜小蜂、日本软蚧小蚜蜂等。

2. 云斑天牛

云斑天牛又称铁炮虫、大天牛、钻木虫等。这种害虫主要分布在河北、河南、北京、山东、陕西、甘肃、四川、云南、贵州等地。主要为害枝干，为害严重的地区受害株率达95%。受害树有的主枝死亡，有的主干因受害而整株死亡。

（1）形态识别。成虫黑褐色或赤褐色，有假死和趋光习性；幼虫淡黄色，无足。

（2）症状。被害部位皮层稍开裂，从虫孔排出大量粪屑。为害后期皮层开裂，木质部中的虫道比木蠹蛾少。

（3）防治措施

1）利用成虫趋光和假死习性，晚上用灯光诱杀。

2）冬季或产卵期前，用石灰5千克、硫黄0.5千克、食盐0.25千克、水20升充分拌匀后，涂刷树干基部，以防成虫产卵，也可杀死幼虫。此外，发现虫孔后，可先清除粪便，然后用西维因粉与等量黄土和成的泥堵洞，或用棉球蘸乐果或敌敌畏 5～10 倍液塞入虫孔，并用稀泥封死，杀虫效果良好。

3. 核桃举肢蛾

核桃举肢蛾俗称核桃黑，在我国各核桃产区普遍发生，在土壤潮湿、杂草丛生的荒山沟洼处尤为严重，主要为害果实，果实受害率达 70%～80%，甚至高达 100%，是降低核桃产量和品质的主要害虫。

（1）形态识别。成虫黑褐色，有光泽，卵呈椭圆形，初产时为乳白色，渐变为黄白色，孵化前为红褐色。

（2）症状。幼虫在青果皮内蛀食多条隧道，并充满虫粪，被害处青皮变黑，为害早者种仁干缩、早落，晚者种仁瘦瘪变黑。被害后 30 天内，可在果中剥出幼虫，有时一果内有十几条幼虫。一般多雨年份比旱年为害重，荒坡地比耕地为害重，阴坡比阳坡为害重，沟顶比沟口为害重。

（3）防治措施

1）结冻前彻底清除树冠下部枯枝落叶和杂草，刮掉树干基部老皮，集中烧毁。翻耕树下土壤，可消灭大部分越冬幼虫。在受害幼果脱落前，及时剪、摘，深埋。

2）成虫羽化前，树盘覆土 2～4 厘米，或地面撒杀螟松粉、西维因粉。

4. 核桃横沟象（又名根象甲）

（1）形态识别。成虫长椭圆形，黑色，被黄褐色针状鳞片。幼虫黄白或灰白色，头部棕褐色，口器黑褐色，前足退化处有数根绒毛，蛹黄白色。

（2）症状。幼虫刚开始为害时，根颈皮层不开裂，无虫粪及树液流出，当受害严重时，皮层内多数虫道相连，充满黑褐色粪粒及木屑，被害树皮层纵裂，并流出褐色汗液。

（3）防治措施

1）成虫产卵前，将根茎部土壤挖开，涂抹浓石灰浆于根茎部，然后封土，以阻止成虫在根上产卵，效果很好，可维持 2～3 年。

2）冬季结合翻树盘，挖开根茎泥土，剥去根茎粗皮，降低根部湿度，造成不利于虫卵发育的环境，可使幼虫虫口数降低 75%～85%；或去掉粗皮后，在根部灌入人粪尿，然后封土，杀虫效果可达 70%～100%。

3）4～6 月，挖开根茎部泥土，用斧头每隔 10 厘米左右砍破皮层，用敌敌畏 5 倍液或 50%磷胺 50～100 倍液重喷根茎部，然后用土封严，毒杀幼虫和蛹，效果显著。

4）6～8 月成虫发生期，结合防治举肢蛾，在树上喷 50%三硫磷乳油，或 50%杀螟松乳油，或 82%磷胺乳油 1 000 倍液。

5. 核桃长足象

核桃长足象又名核桃果象甲，分布于四川、云南、陕西，以成虫、幼虫为害核桃、泡核桃、铁核桃的果实。

（1）形态识别。雌成虫略大，体呈墨黑略有光泽，卵为长椭圆形，初产乳白或淡黄色、半透明，后黄褐色或褐色。幼虫乳白色，头黄褐色或褐色，蛹黄褐色。

（2）症状。成虫为害果实，严重时一果有几十个食害孔，后果皮干枯变黑，果仁发育不全，更为严重的是，成虫产卵于果中，造成大量落果，甚至绝收。此外，也食害核桃幼芽、嫩枝。成虫有假死习性。

（3）防治措施

1）在越冬成虫出现到幼虫孵化阶段，用白僵菌液，或50%辛硫磷乳剂1 000倍液，或50%杀螟松乳剂1 000倍液喷雾防治成虫，阻止幼虫孵化。

2）刮除根颈部粗皮，捡拾病虫落果或摘除被害果，与石灰混拌后深埋10厘米以下的土中。

6. 小吉丁虫

是核桃的主要害虫之一，在各产区为害均较重。

（1）形态识别。成虫体呈黑色，有金属光泽，雌虫比雄虫略大。卵为扁椭圆形，初产时乳白色，后变黄褐色。幼虫乳白色，扁平，蛹纺锤形，淡褐色。

（2）症状。主要为害枝条，严重地区被害株率达90%以上。以幼虫蛀入枝干皮层，或螺旋形串圈为害，故又称串皮虫。枝条受害后常表现枯梢，树冠变小，产量下降。幼树受害严重时，易形成小老树或整株死亡。

（3）防治措施

1）秋季采收后，剪除全部受害枝，集中烧毁，以消灭次年虫源。剪时注意要多剪一段健康枝以防幼虫被遗漏。

2）在幼虫为害盛期，经常检查，发现有幼虫蛀入的孔道，立即涂抹5～10倍氧化乐果，杀死幼虫。

3）结合防治举肢蛾等害虫，在树上喷敌杀死5 000倍液、25%西维因600倍液，或50%磷胺乳油800～1 000倍液。

7. 木尺蠖

木尺蠖又名小大头虫、吊死鬼，是分布较广的杂食性害虫。

（1）形态识别。幼虫体色因食料不同而异，有绿色至深褐、黄褐、灰褐及茶褐色不等，头顶左右呈角状凸起。

（2）症状。幼虫对核桃为害十分严重，大发生时，幼虫在3～5天内即可把全树叶片吃光，致使核桃减产，树势衰弱。受害叶出现斑点状半透明痕迹或小空洞。幼虫长大后沿叶缘吃成缺刻，或只留叶柄。

（3）防治措施

1）5～8月是成虫羽化期，可用黑光灯诱杀或堆火诱杀。

2）早秋或早春，结合整地、修台堰等，在树盘内人工挖蛹。幼虫孵化盛期，在树下喷洒25%西维因600倍液，敌杀死5 000倍液，50%杀螟松乳剂800倍液或25%亚胺硫磷2 000倍液，可杀灭害虫。

8. 草履介壳虫

(1) 形态识别。草履介壳虫又称草鞋介，在我国大部分地区都有分布。该虫吸食树液，致使树势衰弱，甚至枝条枯死，影响产量。受害症状：被害枝干上有1层黑霉，受害越重黑霉越多。

(2) 防治措施

1) 树干涂6～10厘米宽粘胶带，防止若虫上树。粘胶配法为废机油1份、石油沥青1份，加热溶解后搅匀即成。如在胶带上再包一层塑料布，下端呈喇叭状，效果更好。

2) 若虫上树前，用6%的柴油乳剂喷洒根部周围土壤。

3) 若虫上树初期，喷50%对硫磷2 000倍液，或40%乐果800倍液。

4) 保护、利用黑缘红瓢虫等天敌。

9. 芳香木蠹蛾

(1) 形态识别。芳香木蠹蛾又称杨木蠹蛾、蒙古木蠹蛾。在我国东北、华北、西北、西南等地均有分布。以幼虫群栖为害根茎皮层和木质部，破坏输导组织，致使树势衰弱，甚至全株死亡。受害症状：根茎部皮层开裂，有深褐色虫粪和褐色液流出，木质部虫道多而不规则。

(2) 防治措施

1) 成虫发生期，利用黑光灯诱杀。

2) 当发现根茎部有幼虫为害时，可撬开果树表皮层挖出幼虫。

3) 将根茎部土壤扒开，用40%的乐果乳剂20倍液注入虫孔中，然后用湿土封严，杀死干虫的幼虫。

4) 成虫产卵期，在树干1.5米处以下至根茎部喷1～2次50%对硫磷乳剂400倍液，杀死初孵幼虫。

10. 核桃瘤蛾

(1) 形态识别。核桃瘤蛾又称核桃小毛虫。在大多数核桃产区都有分布，是为害核桃叶片的一种暴食性害虫。幼虫食叶，甚至啃食果实青皮，常造成枝条2次发芽，树势衰弱，枝条枯死，产量下降。

(2) 防治措施

1) 通过刮皮、刨树盘及深翻土壤，可消灭树下越冬的大部分蛹。

2) 利用幼虫白天隐蔽在暗处的习性，在树干上绑带药的草把诱集幼虫，每天换1次草把，可杀死大量幼虫。

3) 成虫出现盛期，用黑光灯诱杀。

4) 幼虫发生期喷50%对硫磷1 500～2 000倍液，或敌杀死5 000倍液，西维因

600 倍液，50%杀螟松乳化剂 1000 倍液。

11. 核桃缀叶螟

(1) 形态识别。核桃缀叶螟又称木黏虫、卷叶虫，以幼虫卷叶取食为害，严重时可把叶吃光，影响树势和产量。

(2) 防治措施

1) 土壤封冻前或解冻后，在受害树根茎处挖虫茧，消灭越冬幼虫。

2) 7～8 月份幼虫为害盛期，及时剪除受害枝叶，消灭幼虫。

3) 7 月中下旬选用 50%杀螟松乳剂 1 000～2 000 倍液，或 50%辛硫磷乳剂 1 000～2 000倍液，或 25%西维因可湿性粉剂 500 倍液，或杀螟杆菌（50 亿/克）80 倍液喷树，防治幼虫效果很好。

12. 舞毒蛾

(1) 形态识别。舞毒蛾在许多产区均有分布。幼虫取食叶片，将叶吃成孔洞、缺刻，甚至吃光，影响树体生长，造成减产。该虫 1 年发生 1 代。以卵块在梯田堰缝、石缝、树干主枝下部隐蔽处越冬。核桃发芽时开始孵化幼虫，此后上树为害。开始时日夜为害，2 龄后多为晚上取食。

(2) 防治措施

1) 人工搜集卵块，羽化期在树干基部捉雌成虫。

2) 利用幼虫白天下树的习性，在树下扣石板，进行场所诱杀。

3) 在地堰处点火，往石缝中熏烟，熏杀幼虫。

4) 发芽前 1～3 天在树干上喷 20～50 倍西维因药液或用纱布袋在树干上撒西维因粉，形成一个宽 60～100 厘米的药环，阻杀初孵幼虫上树。

5) 树上喷敌敌畏 800 倍液。

13. 刺蛾

(1) 形态识别。刺蛾又称洋拉子、八角，在全国各地均有分布。这是一种以幼虫取食叶片，影响树势和产量，食核桃叶部的主要害虫。刺蛾的种类有黄刺蛾、绿刺蛾、褐刺蛾、扁刺蛾等。

(2) 防治方法

1) 9～10 月或冬季，结合修剪、挖树盘等清除越冬虫茧。

2) 利用成虫趋光性，用黑光灯诱杀。

3) 当初孵幼虫群聚未散开时及时摘除虫叶，集中消灭。

4) 刺蛾严重发生时，喷下列任何一种农药：90%敌百虫 800 倍液，60%敌敌畏 800 倍液，水胺硫磷 800 倍液，对硫磷 2 000 倍液。在成虫产卵后和幼虫期，喷施 25%亚胺硫磷乳剂 1 500 倍液，50%辛破磷乳剂 1 500～2 000 倍液，或 10%氯氰菊酯乳剂 5 000倍液杀幼虫，杀虫率可达 90%以上。

5）保护利用小茧蜂、上海青蜂等刺蛾天敌。

14. 铜绿金龟

（1）形态识别。铜绿金龟又称铜绿金龟子、青铜金龟、硬壳虫等，其幼虫称蛴螬。在全国各地均有分布，可为害多种果树。幼虫主要为害根系，成虫则取食叶片、嫩枝、嫩芽和花柄等，将叶片吃成缺刻或吃光，影响树势及产量。成虫常在夜间活动，有趋光性。

（2）防治措施

1）成虫大量发生期，用堆火或荧光灯诱杀。利用其假死习性，人工振落捕杀。

2）发生严重时，可选下列任何一种农药喷施：2.5%敌百虫粉剂，1.5%乐果粉剂，50%氯丹粉剂等，每亩地 1～1.5 千克；或用 40%乐果乳剂 1 000 倍液，75%辛硫磷乳剂 1 500 倍液，90%敌百虫 1 000 倍液，喷杀成虫，其防治效果均在 90%以上。

3）保护利用铜绿金龟的天敌，如益鸟、刺猬、青蛙、寄生蝇、病原微生物等。

其他常见的害虫还有桃蛀螟、桑天牛、豹纹蠹蛾、核桃黄斑吉丁虫、大袋蛾、核桃鞍象、大叶蝉、国槐尺蠖、绿尾大蚕蛾、山楂红蜘蛛、梨圆蚧、柿长绵蚧及美国白蛾等。

第三节 常用农药的药剂性能

培训目标 → 掌握常见农药的药剂性能

一、生产上常用农药的分类

生产上常用的农药根据不同的用途一般可分为以下 7 种类型。

1. 杀虫剂

杀虫剂是用来防治各种害虫的药剂，有的还可兼有杀螨作用，如敌敌畏、乐果、甲胺磷、杀虫脒、杀灭菊酯等农药。它们主要通过胃毒、触杀、熏蒸和内吸 4 种方式起到杀死害虫作用。生产中常用的杀虫剂主要有以下几种。

（1）敌百虫。敌百虫是一种高效、低毒的有机磷杀虫剖，对害虫具有强烈的胃毒作用和触杀作用，而以胃毒作用尤为显著，并有渗透性。它的主要杀虫活性是被代谢、转化成毒性更高的敌敌畏，其作用机制是抑制昆虫体内乙酰胆碱酯酶。

（2）敌敌畏。敌敌畏是一种高效、中等毒性的广谱性有机磷杀虫剂，对害虫具有很强的触杀、熏蒸和胃毒作用，并有渗透性。其作用机制为抑制昆虫体内乙酰胆碱酯酶。

（3）乐果。乐果是一种高效、中等毒性的有机磷杀虫剂，对害虫具有内吸和触杀作用。在昆虫体内能氧化成毒性更高的氧乐果，其作用机制是抑制昆虫体内的乙酰胆碱醋酶。

（4）马拉硫磷。马拉硫磷是一种高效、低毒的杀虫、杀螨剂，对害虫具有触杀和胃毒作用。其杀虫机制为抑制昆虫体内乙酰胆碱酯酶。

（5）杀螟硫磷。杀螟硫磷是一种高效、中等毒性的有机磷杀虫荆，对害虫具有强烈的触杀作用，兼有胃毒作用，并能渗透植物组织杀死钻蛀性害虫。其作用机制是抑制乙酰胆碱酯酶。

（6）伏杀硫磷。伏杀硫磷是一种中等毒性的有机磷杀虫、杀螨剂，具有强烈的触杀和胃毒作用。其作用机制为抑制乙酰胆碱酯酶。在植物上残效期约 14 天，随后代谢为易水解的硫代磷酸酯。

（7）灭蚜松。灭蚜松是一种低毒而具有选择性的内吸性有机磷杀虫剂，对害虫具有较强的内吸杀虫作用，能从植物根部和叶面内吸再传导至植株的各部位，并有触杀作用。

（8）杀螟丹。杀螟丹是一种以从沙蚕体内分离出来的一种沙蚕毒素的化学结构为基础而人工合成的一种类似物，为高效、低毒杀虫剂，具有较强的触杀和胃毒作用，也有一定的内吸和杀卵作用，对害虫击倒快，残效较长。它是一种神经毒剂，可侵入乙酰胆碱受体，阻塞神经肌肉的传导，使害虫麻痹直至死亡。

2. 杀螨剂

杀螨剂是专门防治螨类（即红蜘蛛）的药剂，如三氯杀螨砜、三氯杀螨醇和克螨特农药。杀螨剂有一定的选择性，对不同发育阶段的螨防治效果不一样，有的对卵和幼虫或幼螨的触杀作用较好，但对成螨的效果较差。

3. 杀菌剂

杀菌剂是用来防治植物病害的药剂，如波尔多液、代森锌、多菌灵、粉锈宁、克瘟灵等农药，主要起抑制病菌生长，保护农作物不受侵害并具有渗进作物体内消灭入侵病菌的作用。大多数杀菌剂主要是起保护作用，预防病害的发生和传播。生产中常用的杀菌剂主要有以下几种。

（1）波尔多液。波尔多液是一种保护性杀菌剂，喷布在植物上，经过二氧化碳及植物体分泌物的作用，逐渐产生可溶性铜化物而起杀菌作用。铜离子除可与细胞膜上的 SH 酶作用外，还可以与细胞膜表面的阳离子，如铵、钙、镁、钾等交换，使菌体细胞膜的蛋白质凝固。同时，有一部分铜离子还可以透进菌体细胞内与某些酶结合影响菌体的活性。

（2）石硫合剂。石硫合剂是一种具有杀菌、杀螨作用的硫制剂。喷布在植物体上，可与空气接触，受氧气、水、二氧化碳等的作用，形成微细的硫黄沉淀并放出少量硫化氢，从而发挥杀菌作用。同时，石硫合剂具碱性，有侵蚀昆虫表皮蜡质层的作用，因此对具有较厚蜡质层的介壳虫和一些螨卵有较好的防治效果。硫黄杀菌作用的机制是硫进入菌体后主要作用于细胞色素 b 与 c 氧化一还原体系，在电子传递过程中夺取了电子，使菌体的正常氧化一还原受到干扰。其次，也可阻碍琥珀酸的氧化。

(3) 退菌特。退菌特是保护性杀菌剂。杀菌机制主要是抑制菌体内丙酮酸的氧化和与蛋白质体（主要是酶）上的硫氢基结合。

(4) 代森锌。代森锌是叶面保护性有机硫杀菌剂。杀菌机制主要是抑制菌体内丙酮酸的氧化和与蛋白质体（主要是酶）上的硫氢基结合。

(5) 三唑酮。三唑酮是一种高效、低毒、低残留、广谱、残效期长、内吸性强的三唑类杀菌剂，易于被植物体吸收并在体内传导，具有保护、治疗、铲除和熏蒸等作用。其作用机制主要是抑制麦角甾醇的生物合成。某些真菌的活性主要表现在寄主植物体内（活体），离体后生存效果很差。

(6) 多菌灵。多菌灵是高教、低毒、低残留的广谱性内吸式杀菌剂，可被植物的根和绿色组织吸收。其作用机制是代替了菌体内苷酸中的碱基，干扰了磷酸腺苷或磷酸鸟苷的合成，使核酸合成受阻。

(7) 苯菌灵。苯菌灵是一种高效、低毒、广谱的内吸式杀菌剂，具有保护和治疗作用。它在植物体内能转化为多菌灵起到杀菌的作用。

(8) 乙蒜素。乙蒜素对植物病原菌有很强的杀菌力，能抑制病菌孢子萌发和菌丝生长，杀菌范围较广，并有内吸作用，可用于防治多种植物病害，并对植物有刺激生长的作用。

4. 除草剂

除草剂是专门用来防除农田杂草的药剂，如除草醚、杀草丹、氟乐灵、绿麦隆等农药。根据它们杀草作用可分为触杀性除草剂和内吸性除草剂，前者只能用于防治由种子发芽的一年生杂草，后者可以杀死多年生杂草。有些除草剂在使用浓度过量时，草、苗都能被杀死或会对作物造成药害。

生产上常用除草剂有以下几种：

(1) 草甘膦。此类除草剂是一种灭生性内吸传导型除草剂，低毒，广泛用于园林、农田，主要通过杂草的茎叶吸收而传导全株，使杂草枯死。用于防除各种 1 年生单子叶、双子叶杂草，并是灭除多年生杂草的优良药剂，如对一般难以防除的茅草、芦苇、刺儿菜、半夏及某些小灌木（如酸枣、荆条等），均可杀死。草甘膦类除草剂常用剂型有 10%草甘膦水剂（湖北沙隆达产）、41%农达水剂（美国杜邦公司产）等。

(2) 百草枯。中等毒性，此类除草剂是触杀灭生性除草剂，作用迅速，喷布 0.5 小时后下雨不会影响药效。对果园内多种一二年生杂草具有很好的防除效果。对多年生杂草只能杀死地上部分。常用剂型有 20%百草枯水剂（湖北江门农药厂产），20%克无踪水剂（英国捷利康公司产）。

（3）乙阿合剂。由乙草胺与莠去津混合而成，又称乙莠水悬浮乳剂。通过杂草的幼芽和幼根等处吸收，使杂草幼芽和幼根停止生长而死亡，杀草效果好。能有效防除狗尾草、马唐、牛筋草、藜、苋、蓼等1年生由种子繁殖的禾本科和阔叶杂草，并且药效持续时间可达半年之久。常用剂型有40％乙莠水悬浮乳剂（河北宣化农药厂产）、28％乙莠水悬浮剂。

除草剂使用注意事项如下：

（1）看草选药。除草剂种类繁多，作用不一。果园应用除草剂时，首先根据果园杂草的类型，喷施除草剂的季节来选定使用药剂。果园内多数为一年生禾本科杂草时，在春季芽前或杂草三叶期前喷用乙阿合剂；如果园内有多年生杂草，可在其生长旺盛期，喷草甘膦防除，只有这样，才能达到事半功倍的除草效果。

（2）喷药要求

1）根据气候干湿情况，选适宜浓度均匀细致地喷到杂草茎叶上（芽前除草均匀喷于土表）。

2）施药时避免喷到作物茎叶上，可将喷头上方安装防护罩，定向喷雾。

3）喷药时应避开中午高温期，可添加洗衣粉，黏着剂等渗透剂，以利于除草剂的吸收。

4）注意劳动保护，避免药物中毒。

5）喷药后，及时清洗打药工具，以免对其他作物产生药害。

6）注意气候变化，喷药后遇雨应及时重喷。

5. 植物生长调节剂

植物生长调节剂是专门用来调节植物生长、发育的药剂，如赤霉素（九二〇）、萘乙酸、矮壮素、乙烯剂等农药。这类农药具有与植物激素相类似的效应，可以促进或抑制植物的生长、发育，以满足生长的需要。

6. 杀线虫剂

杀虫剂适用于防治蔬菜、草莓、烟草、果树、林木上的各种线虫。杀线虫剂由原来的有兼治作用的杀虫、杀菌剂发展成为一类药剂。目前的杀线虫剂几乎全部是土壤处理剂，多数兼有杀菌、杀土壤害虫的作用，有的还有除草的作用。杀线虫剂按化学结构分为四类：卤化烃类、二硫代氨基甲酸脂类、硫氰脂类和有机磷类。

生产上常用杀线虫剂有以下几种：

（1）二溴氯丙烷。二溴氯丙烷为土壤熏蒸剂，用于土壤处理。在土中扩散较慢，药效期较长，可达两年之久，且能渗入土壤下层，杀死深层处的线虫，适用于林木、果树、茶树等深根植物。

（2）棉隆。棉隆是一种含氮、硫的杂环有机杀线虫荆，在土壤中能分解成有毒的异硫氰酸甲酯、甲醛和硫化氯等，这些分解产物对线虫、土壤昆虫、霉菌及杂草等均有毒杀作用，所以常用于土壤处理。

（3）除线磷。除线磷是一种接触性杀线虫剂，可防治各种线虫，用于土壤处理，每公顷用量为 225 千克左右。

7. 灭鼠剂

灭鼠剂按作用方式分为胃毒剂和熏蒸剂，按来源分为无机灭鼠剂、有机灭鼠剂和天然植物灭鼠剂，按作用特点分为急性灭鼠剂（单剂量灭鼠剂）及慢性抗凝血剂（多剂量抗凝血剂）。

农药的分类见表 5—1。

表 5－1　　农药的分类

<table>
<tr><th>按防治对象分类</th><th colspan="2">按作用原理、方式分类</th><th colspan="2">按化学成分分类</th></tr>
<tr><td rowspan="3">杀菌剂</td><td colspan="2">保护性杀菌剂</td><td colspan="2">无机杀菌剂</td></tr>
<tr><td colspan="2">内吸性杀菌剂</td><td colspan="2">有机杀菌剂</td></tr>
<tr><td colspan="2">免疫性杀菌剂</td><td colspan="2">生物杀菌剂</td></tr>
<tr><td rowspan="9">杀虫剂</td><td colspan="2">胃毒剂</td><td colspan="2" rowspan="2">无机杀虫剂</td></tr>
<tr><td colspan="2">触杀剂</td></tr>
<tr><td colspan="2">熏蒸剂</td><td rowspan="2">有机杀虫剂</td><td>内吸剂</td></tr>
<tr><td colspan="2">内吸</td><td>非内吸剂</td></tr>
<tr><td rowspan="5">特异性剂</td><td>昆虫生长调节剂</td><td colspan="2" rowspan="5">生物杀虫剂</td></tr>
<tr><td>引诱剂</td></tr>
<tr><td>驱避剂</td></tr>
<tr><td>不育剂</td></tr>
<tr><td>拒食剂</td></tr>
<tr><td rowspan="4">除草剂</td><td colspan="2">内吸传导除草剂</td><td colspan="2">无机除草剂</td></tr>
<tr><td colspan="2">触杀型除草剂</td><td colspan="2">有机除草剂</td></tr>
<tr><td colspan="2">土壤处理剂</td><td colspan="2">生物除草剂</td></tr>
<tr><td colspan="2">茎叶处理剂</td><td colspan="2">矿物油除草剂</td></tr>
<tr><td rowspan="5">灭鼠剂</td><td colspan="2">胃毒剂</td><td colspan="2">急性单剂量灭鼠剂</td></tr>
<tr><td colspan="2">熏杀剂</td><td rowspan="4">慢性多剂量灭鼠剂</td><td rowspan="2">香豆素类灭鼠剂</td></tr>
<tr><td colspan="2">驱避剂</td></tr>
<tr><td colspan="2">引诱剂</td><td rowspan="2">茚满二酮类灭鼠剂</td></tr>
<tr><td colspan="2">绝育剂</td></tr>
<tr><td>杀螨剂</td><td colspan="4">防治螨类专用药，有些杀虫剂也能杀螨，称为杀虫杀螨剂</td></tr>
<tr><td>杀线虫剂</td><td colspan="4">防治线虫药剂，有熏蒸剂和非熏蒸剂两类，有些杀虫剂也能杀线虫</td></tr>
<tr><td>植物生长调节剂</td><td colspan="4">抑制生长剂，促进生长发育制剂</td></tr>
</table>

二、生产中常用的药剂的配制和使用方法

1. 石硫合剂的配制及使用

（1）配制方法

1）配方：石灰 500 克（块灰）、硫黄粉 1 000 克、水 5 000 克。

2）熬制方法：水烧成半开后，将块灰放进热水中搅拌，待溶解后，取出少量石灰水，倒入硫黄粉，调成糨糊状，然后慢慢倒入烧开的石灰水中，边倒边搅拌，当全部倒入后，标记水位高度；再旺火煮沸，不断搅拌，随时用热水补足蒸发损失的水量，熬40～60分钟，药液呈红棕色时即可停火，冷却过滤后即为原液。

（2）使用量和使用方法

1）石硫合剂一般使用：落叶果树冬季喷波美 5 度，春季萌芽前波美 3 度；常绿果树冬季使用波美 0.8～1 度，春季波美 0.3～0.5 度；生长季节落叶和常绿果树使用浓度均为波美 0.3～0.5 度。

2）使用量：

$$\text{每千克原液兑水千克数}=\frac{\text{原液波美度数}-\text{使用波美度数}}{\text{使用波美度数}}$$

2. 波尔多液的配制和使用方法

（1）波尔多液的杀菌机理和作用特点。波尔多液由硫酸铜（俗称兰矾）、石灰和水配制而成。喷布在植物叶面后能形成一层弱水性薄膜。其游离出的铜离子进入病菌体内后，能使细胞内原生质凝固变性，促使病菌死亡。其作用特点如下：

1）杀菌力强，药效范围广，能防治大多数轮纹烂果病菌和斑点落叶病菌。

2）保护性好，作用持久。波尔多液黏着力很强，喷布后不易被雨水冲刷，药效期可达 15～20 天。

3）药效稳定，病菌不易对果产生抗性。波尔多液使用历史悠久，在多种果树病害防治中效果显著。

（2）应用范围。波尔多液可广泛地应用于多种果树，但桃、李、柿、杏、梅、苹果、梨、葡萄等多种果树，尤其是前 3 种果树对铜离子敏感。在生长期，桃树不能使用波尔多液，柿树要使用石灰多量式稀波尔多液，葡萄要用半量式或少量式波尔多液。

（3）浓度现配置方法。根据硫酸铜和石灰比例，波尔多液可分为等量式（1∶1）、半量式（1∶0.5）、倍量式（1∶2）、多量式［1∶(3～5)］和少量式［1∶(0.25～0.4)］等 5 类。波尔多液的倍数就是硫酸铜与水的比例。例如，200 倍量式波尔多液，其配合比就是硫酸铜∶石灰∶水＝1∶2∶200

波尔多液配制方法有两种，一为两液法，即将硫酸铜和石灰分别溶于 1/2 的水中，

然后将这两种溶液同时缓慢倒入第三个容器中，边倒边搅拌即成。另一种方法为稀硫酸铜浓石灰乳法，即将硫酸铜溶于多量水中，配成稀硫酸铜液，把石灰溶于少量水中，配成浓石灰乳，然后，将稀硫酸液缓慢倒入浓石灰乳中，边倒边搅拌。第二种方法配置的波尔多液比较稳定。

为保证配制质量，必须注意以下几个问题：

1）配制时不能使用金属容器，尤其是铁器。

2）要用优质的生石灰。

3）硫酸铜最好是纯蓝色，不夹带绿或黄绿色杂质。

4）水温不宜过高，一般以不超过气温为度。

（4）使用时注意的问题

1）波尔多液一般适用于果树生长的中后期，使用过早，叶嫩果小，易发生药害。

2）随用随配，不能久放或过夜，也不能稀释。

3）若喷布后24小时内下大雨，需要补喷。

4）清晨或傍晚叶面有露水时，不宜喷布，以免发生果锈和药害。

5）使用浓度应随时期而变化。波尔多液为碱性，一般不要与其他药剂混用。

单元测试题

一、填空题（请将正确的答案填在横线空白处）

1. 杀虫剂的种类很多，对害虫的作用各不相同，它们主要通过________、________、________和________ 4种方式起到杀死害虫的作用。

2. 波尔多液是由________、________和________配制而成，波尔多液的倍数就是____和________的比例。

3. 根据硫酸铜和石灰的比例，波尔多液可分为________、_______、_______、__________ 和________ 5类。

4. 生产上梨树的常见病害有________、________、________和________。

5. 对于梨黑星病，不同品种抗病性有差异，一般________最易感病，________次之，________最抗病。

6. 苹果干腐病的发病症状有3种类型，分别是________、________和________。

7. 生产中浆果类的虫害主要有________、________和________等。

8. 梨树的腐烂病主要侵害果实和枝干，枝干受害表现出两种症状类型：________和________。

9. __________是苹果卷叶虫中分布广，数量大，为害重的害虫。

10. 核果类果树的虫害主要有________、________、________和________。

二、判断题（下列判断正确的请打“√”，错误的打“×”）

1. 品种间发生日灼病的轻重程度不同，粒大皮薄的品种发生严重，棚架比篱架发生严重。 （ ）

2. 波尔多液配制方法中，两液法配制的波尔多液比稀硫酸铜浓石灰乳法配制的要稳定。 （ ）

3. 白涂剂是涂刷在树干上的药剂，可防止树干冻害或日灼而发生损伤芽。 （ ）

4. 梨的白粉病病菌，顶芽带菌率显著高于侧芽。 （ ）

5. 核桃既属于坚果类果树也属于核果类果树。 （ ）

6. 梨树的腐烂病的年发病周期始于每年的夏季。 （ ）

7. 苹果轮纹病因品种不同，感病轻重不一样，富士、王林最易感病。 （ ）

8. 桃树穿孔病分为细菌性穿孔和真菌性穿孔两类，田间主要普遍发生为真菌性穿孔病。 （ ）

9. 枣疯病是一种细菌性病害，主要为害叶片、果实和枝干。 （ ）

10. 葡萄根瘤蚜分根瘤型和叶瘿型。在某些美洲种葡萄上两种型都能发生，在欧洲种葡萄上多发生根瘤型。 （ ）

单元 5

三、单项选择题（下列每题的选项中，只有1个是正确的，请将其代号填在横线空白处）

1. 草甘膦是一种灭生性_______传导型除草剂，低毒，广泛用于园林、农田。

A. 胃毒剂　B. 内吸剂　C. 触杀剂　D. 熏蒸剂

2. 葡萄水罐子病是一种________病害，病因主要是营养不足和生理失调所致。

A. 生理性　B. 细菌性

C. 真菌性　D. 病毒类

3. ________一般使用方法为落叶果树冬季喷波美3度，春季萌芽前波美5度。

A. 波尔多液　B. 石硫合剂

C. 退菌特　D. 多菌灵

4. 波尔多液可广泛地应用于多种果树，由于敏感程度不一样，在生长期中______不能使用波尔多液。

A. 苹果　B. 葡萄　C. 香蕉　D. 桃

5. _________是涂刷已有病菌的伤口、起消毒作用的药剂。

A. 伤口消毒剂　B. 白涂剂

C. 伤口保护剂　D. 除草剂

四、多项选择题（下列每题的选项中，至少有2个是正确的，请将其代号填在横线空白处）

1. 波尔多液配制方法有两种，分别是_________。

A. 等量式　　B. 两液法　　C. 稀硫酸铜浓石灰乳法
D. 少量式　　E. 倍量式　　F. 多量式

2. 生产上常用的涂伤剂主要有____________。
A. 白涂剂　　B. 伤口消毒剂　　C. 伤口保护剂
D. 杀虫剂　　E. 杀菌剂　　F. 泥巴

3. 果树杀菌剂石硫合剂的配制主要用_______等原料。
A. 石灰　　B. 硫酸铜　　C. 硫黄粉
D. 水　　E. 硫酸　　F. 硝酸铜

4. 果树生产上常用的杀虫剂包括________。
A. 敌百虫　　B. 乐果　　C. 马拉硫磷
D. 灭蚜松　　E. 杀螟丹　　F. 克博

5. 仁果类果树常见的虫害主要有________。
A. 山楂叶螨　　B. 苹果全爪螨　　C. 二斑叶螨
D. 桃小食心虫　　E. 苹果小卷叶蛾　　F. 苹果绵蚜

五、简答题

1. 简述使用除草剂时应该注意的事项。
2. 简述葡萄日灼病的病症、发生规律及防治措施。

六、计算题

配制的石硫合剂原液浓度为 20 波美度，现在要进行葡萄出土上架的喷洒灭菌，需要使用 5 波美度的石硫合剂，试计算每千克原液需要加多少千克的水。

七、技能题

第 1 题　果树常见病虫害的识别

1. 操作准备（由鉴定单位准备）

分别准备生长期和休眠期的苹果、梨、葡萄、桃的枝条若干。

2. 操作要求

（1）病害识别：识别苹果、梨、葡萄、桃的常见病害。

（2）虫害识别：识别苹果、梨、葡萄、桃的常见虫害。

3. 操作时限

操作时限为 30 分钟。

4. 技术标准

果树病害：为害部位、典型症状及常用药剂。

果树虫害：为害部位、典型症状及常用药剂。

5. 配分及评分标准

序号	作业项目	考核内容	配分	评分标准
1	病害识别	识别所考察果树的病害类型	4	识别不正确按比例扣分
		识别病害的名称、发生规律及防治措施	6	识别不正确按比例扣分
2	害虫识别	识别所考察果树的害虫类型	6	识别不正确按比例扣分
		说明害虫的名称、发生规律及防治措施	4	识别不正确按比例扣分

第 2 题　波尔多液配制的和使用方法。(用文字说明)

单元测试题答案

一、填空题

1. 胃毒　触杀　内吸　熏蒸　2. 硫酸铜 石灰 水 水 硫酸铜　3. 等量式 半量式 倍量式 多量式 少量式　4. 梨白粉病　梨黑斑病　梨锈病　梨褐腐病　5. 中国梨　日本梨　西洋梨　6. 干腐型　浸润型　溃疡型　7. 葡萄根瘤蚜　葡萄缺节瘿螨　葡萄粉蚧　8. 溃疡型　枯枝型　9. 苹果小卷叶蛾　10. 桃蚜 山楂叶螨 苹小卷叶蛾 桃红颈天牛

二、判断题

1. ×　2. ×　3. √　4. √　5. √　6. √　7. √　8. ×　9. ×　10. √

三、单项选择题

1. B　2. A　3. B　4. D　5. A

四、多项选择题

1. BC　2. ABC　3. ACD　4. ABCDE　5. ABCDEF

五、简答题

1. 答：(1) 看草选药：除草剂种类繁多，作用不一，果园应用除草剂时，首先根据果园杂草的类型、喷施除草剂的季节来选定使用药剂。果园内多数为 1 年生禾本科杂草时，在春季芽前或杂草三叶期前喷用乙阿合剂；如果园内有多年生杂草，可在其生长旺盛期，喷草甘膦防除，只有这样，才能达到事半功倍的除草效果。(2) 喷药要求：1) 根据气候干湿情况，选适宜浓度均匀细致地喷到杂草茎叶上（芽前除草均匀喷于土表）。2) 施药时避免喷到作物茎叶上，可将喷头上方安装防护罩，定向喷雾。3) 喷药避开中午高温期，添加洗衣粉、黏合剂等渗透剂，以利于除草剂的吸收。4) 注意劳动保护，避免药物中毒。5) 喷药后，及时清洗打药工具，以免对其他作物产生药害。6) 注意气候变化，喷药后遇雨及时重喷。

2. 答：(1) 病症：主要发生在穗肩和果穗向阳面，果实受害时，向阳面形成水浸状烫伤淡褐色斑，微凹陷。受害处易遭受其他病菌（如炭疽病菌等）的浸染，是一种典型的外因引发的生理病害。(2) 发生规律：果穗缺少隐蔽，在日光暴晒下，果粒表面局部高温失水，发生日灼所致。品种间发生日灼的轻重程度不同，白玫瑰、保尔加尔、红大粒、瓶儿、藤稔等粒大皮薄的品种日灼病严重，篱架明显重于棚架。(3) 防治措施：夏剪时，果穗附近多留叶片以遮盖果穗，在生产上需要疏除老叶的品种，尽量保留遮蔽果穗的叶片；对易发生日灼的品种，尽早套袋以防日灼，但要注意果袋的透气性，对透气不良的果袋可剪去袋下方一角，促进透气。

六、计算题

答：根据石硫合剂使用量公式

$$每千克原液加水千克数=\frac{原液波美度数-使用波美度数}{使用波美度数}=\frac{20-5}{5}=3（千克）$$

七、技能题

答案略。

第6单元

果实采收与简易贮藏

果实采收是果园管理中一项重要工作，适时、合理地采收能保证丰产、丰收，防止不必要的损失，同时，合理的采收技术也是保证果实品质的关键措施。如果采收措施不当，会使产量和果实商品性降低，还会影响果实的贮藏性能，导致果园的经济效益下降。

果实成熟期的确定是果实采收的依据。简易贮藏是果实贮藏长期实践中发展起来的一种经济、有效的实用技术，目前仍被广泛应用。以分级、包装为主的采后处理是果实产后提高其商品率的最基本措施。这些技术的应用，能增加果实的附加值，提高果品商品率和栽培效益。

果品采收标准化、自动化和综合配套以及有机（绿色）果品贮运保鲜技术正代表着未来的发展趋势。

第一节　果实成熟与采收

培训目标

→ 能够根据要求确定采收时期
→ 能够熟练进行果实采收

一、果实采收时期

采收期的早晚对果品产量、品质以及贮藏有很大的影响，采收过早，果品产量低，品质差，耐贮性也低；采收过晚，果肉松软发绵，降低贮运力，减少树体贮藏营养的积累，容易发生大小年现象和减弱树体的越冬能力。因此，正确确定果实的成熟度，适时采收，才能获得高产量、优质和耐贮藏的果品。

采收期的确定，一是根据果实的成熟度，二是根据市场需求及贮藏、运输、加工的需要，三是根据劳动力的安排、栽培管理水平、树种和品种特性以及气候条件等因素。有些品种，同一树体果实的成熟期很不一致，应分期采收。树体衰弱、粗放管理和病虫为害而早期落叶的，必须提早采收，以免影响树体越冬能力。

1. 成熟度的划分

根据不同的用途，果实成熟度一般可分为 3 种。

(1) 可采成熟度。果实大小已定型，果实应有的风味和香气还没有充分表现出来，肉质硬，适于贮运和制罐、蜜加工。

(2) 食用成熟度。果实已经成熟，并表现出应有的风味和香气，内部化学成分和营养物质已经达到该品种的相对固定值，风味最好。在此成熟期采收的果实适合在当地销售，不易长途运输或长期贮藏。适用于制作果汁、果酱、果酒。

(3) 生理成熟度。因果实类型不同而有差别，水果类果实在生理上已经达到充分成熟阶段，果实肉质疏松，种子充分成熟。果实内化合物的水解作用加强，风味变淡，营养价值降低，不宜食用，更不耐贮运，多做采种用。食用种子的板栗、核桃等干果，此时采收，种子粒大，种仁饱满，营养价值高，品质最佳，播种出苗率高。

2. 成熟度的判定

可按下述标准判定成熟度。

(1) 果实的色泽。各种果实成熟时都有该品种果实固有的色泽特征。判断成熟度的色泽指标一般是以由绿变黄的果皮底色为依据，不同种类、品种间有差异，但一般皮色是由深变浅、由绿转黄。目前我国多数地区，生产上主要是根据果实的着色情况来判定采收时期。但因果实着色受日照影响较大，所以判断成熟度也不能全凭果面颜色。

（2）果实硬度。未成熟的果实坚硬，随着果实的成熟，原来不溶解的原果胶变成可溶性的果胶，果实硬度逐渐降低。因此，根据果实硬度的变化，也可判断果实的成熟度。果实硬度虽有参考价值，但准确度不高，因不同年份同一成熟度果实硬度有一定的变化。若根据果实硬度确定果实的成熟度，必须先掌握其变化规律。

（3）果实的生长天数。在同一环境条件下，各品种从盛花期到某种成熟度所经历的天数是比较稳定的。因此，根据果实的生长天数来预定采收期，也是生产上常用的方法。但这只是一个参考数字，实际上还要根据各地气候变化（主要是花后的温度）、肥水管理及树势旺衰等条件来确定。

此外，还可以通过果实的含糖量、果实脱落的难易程度等方法来判定果实的成熟度。实际上判断果实成熟度的方法是综合性的，不能单靠某一种方法，而应将以上几种方法综合起来，参考往年的经验和根据对果品的利用情况，才能对果实成熟度有较正确的判断。

二、采收技术

1. 人工采收

在人工采收过程中应防止一切机械伤害，如指甲伤、碰伤、擦伤、压伤等。果实有了伤口，微生物极易侵入，这会促进呼吸作用，降低耐贮性。此外还要防止折断果枝、碰掉花芽和叶芽，以免影响次年的产量。果柄与果枝容易分离的仁果类、核果类果实，可以直接用手采摘，采时要防止果柄掉落，因为无柄的果实不仅果品等级下降，而且也不耐贮藏。果柄与果枝结合较牢固的（如葡萄等），可用剪刀剪取。板栗、核桃等干果，可用竹竿由内向外顺枝打落，然后捡拾。采收时，应按先下后上、先外后内的顺序采收，以免碰落其他果实，造成损失。

为了保证果实应有的品质，在采收过程中，一定要尽量使果实完整无损，采果、捡果要轻拿轻放；供采果用的筐（篓）或箱内部应垫蒲包、麻袋片等软物；应减少换筐次数；运输过程中防止挤、压、抛、碰、撞。

2. 化学采收

对山楂、枣等果实小、采收费工的果树，过去多用棍棒敲打的办法，以加速采收进程，但用此法采收，枝叶损伤严重，果实品质下降。根据试验，于采收前7～9天对山楂树喷施500～600毫克/升的乙烯利水溶液催落山楂果实效果良好，大山楂催落率为68%～98%，落果率提高4～6倍，比人工敲打提高工效10倍左右。

化学采收法尚处于试验阶段，各地可因地、因树制宜，试验推广。

3. 机械采收

机械采收是提高劳动生产率的重要途径，但其问题比较复杂，如选果和采摘的方法、产品的收集、树叶或其他杂物的分离、装卸和运输以及保持质量等问题，现在还没有良好的解决办法。目前，国外在果实采收方面应用了振动法、台式机械法和地面拾取法，但在国内机械采收的应用还很少。

第二节 果实分级与包装

培训目标

→ 熟练掌握果实采收后的各项处理工作

→ 掌握果品分级标准和包装要求

一、果实分级包装前的处理

1. 果实清洗与消毒

许多果实采收后，果面沾有一些尘土、残留农药、病虫污垢等，严重影响了果实的外观品质，如不清洗可能会降低果实的商品性，也会加大在贮运过程中的果实腐烂程度。常用的清洗剂有稀盐酸、高锰酸钾、氯化钠、硼酸等水溶液。有时候为了能够清除果面上的有机污垢，还可以在无机清洗剂中加入少量的肥皂液或石油。总之，果实清洗消毒剂种类很多，应根据果实种类和主要清洗物进行筛选。但无论选择什么样的清洗剂，必须满足以下条件：①可以溶于水；②具有广谱性；③对果实无药害且不影响果实的风味；④对人体无害并且在果实中没有残留；⑤对环境无污染；⑥价格低廉。

2. 果实涂蜡

为了进一步提高果品的商品性，美国、英国、日本等发达国家的苹果、梨、柑橘类果实在清洗完毕后，还要进一步对果实进行涂蜡处理。因为果品经过分级涂蜡处理，不仅可以增加果面的光泽度，而且还能保持果品新鲜，较耐贮运，可大大提高果品的市场竞争力和商品价值。

果实用蜡的成分主要是天然或合成的树脂类物质，并在其中加入一些杀菌剂和植物生长调节剂。果实涂蜡的方法主要有沾蜡、刷蜡、喷蜡。涂蜡要求蜡层薄厚均匀，此外还应该注意果实涂蜡不能过厚，否则会阻碍果实的正常呼吸作用，在贮运过程中产生异味，使果实风味迅速变劣。

二、果实分级

果实在包装前要根据国家规定的销售分级标准或市场要求进行挑选和分级。挑选的目的主要是剔除受病虫为害果、裂果、机械损伤果、变色果、腐烂果、畸形果等。挑选可与分级及药物处理同时进行。分级的主要目的是使果实达到商品标准化，也就是使果实商品化。通过分级可区分果品的质量。由于果实在生长发育过程中受外界多种因素的影响，同一母树，甚至同一枝条上采收的果实体积大小、色泽、味道不完全一样。而从若干果园收集来的果实，必然大小混杂、良莠不齐。只有通过分级后，才能按级定价、收贮、销售和包装。通过挑选和分级，剔除病虫害和受机械损伤的水果，可以减少贮运期间的损失，并将这些残次果及时销售或加工处理，以降低成本和减少浪费。因此分级具有便于包装、运销，合理利用，按质论价，增加收益，作为商品检验的依据等作用。

1. 果实的分级标准

果实分级标准是根据果实的种类、品种以及销售对象而制定的，并且随着情况变化而修订。

在国外有国际标准、国家标准、协会标准和企业标准 4 种。国际标准虽属非强制性的标准，但一般水平较高。国际标准和各国的国家标准是世界各国均可采用的分级标准。

我国《标准化法》根据标准的适应领域和有效范围，把标准分为 4 级：国家标准、行业标准、地方标准和企业标准。

果品分级标准的主要项目，因种类品种不同而有差异。

（1）按质量分级。质量的标准主要是靠人的眼睛进行综合性判断。优质水果或一级水果应符合下列条件：

1）良好的一致性（大小、形状、颜色、成熟度等）；

2）新鲜、成熟适度、质地良好；

3）无病虫害和机械损伤。

如不符合上述条件，则按严重程度降低其等级，具体标准参见表 6—1。

表 6—1　　果实外观质量标准

项目	1 级	2 级	3 级
果形	正常，具有该品种特征	正常	尚正常，无严重影响外观畸形
色泽	着色良好，初期着色部分甜橙类不得少于果面总面积的 2/3，宽皮柑橘类不得少于 3/5	着色较好，初期允许微带绿色，但其转黄部分甜橙类不得少于果面总面积的 1/2，宽皮柑橘类不得少于 2/5	着色尚好，初期允许带绿色，但其转黄部分甜橙类不得少于果面总面积的 1/3，宽皮柑橘类不得少于 1/5
果面	果面光洁，除不能有深疤、硬疤、日灼斑、裂口、锈壁虱为害斑外，其他斑疤及药迹等附着物，甜橙类不超过果皮总面积的 1/3，宽皮柑橘类不超过 1/4，黑星病、疮痂病、油斑病等不超过 5 处（点），蚧斑不超过 30 点（大型蚧不超过 10 点）	果面较光洁，伤疤、病斑、蚧及药迹等附着物，甜橙类不超过果面总面积的 1/2，宽皮柑橘类和柠檬类不超过 1/3	果面尚洁净，各种病、伤疤及药剂等附着物，甜橙类不超过果面总面积的 2/3，宽皮柑橘类和柠檬类不超过 3/5

续表

项目	1级	2级	3级
机械伤及病虫害	不能有未愈合的机械伤和虫伤，不得有压伤、擦伤、病变伤、腐烂果和引起腐烂的病害。网纹型油斑病，甜橙类、柠檬类允许2平方厘米，宽皮柑橘允许1平方厘米	允许有轻微的表皮损伤，不能有明显的压擦伤，不得有腐烂果和呈腐烂象征的病果	不能有重伤果、腐烂果和呈腐烂象征的病果，不能有扯伤果和落地果

(2) 按个体重量或个体直径分级。在新鲜度、果形、机械损伤、颜色等方面基本符合要求的基础上，再按大小或直径进行分级，即根据果实的最大横径，区分为若干等级，每差5毫米为一级。我国柑橘品种果实按横径分级标准见表6—2。

表6—2　　我国主要柑橘品种果实横径分级标准　　毫米

品　种	1级	2级	3级
锦橙	60以上	55以上	45以上
夏橙	60以上	55以上	45以上
脐橙	65～85	60以上	50以上
血橙	60以上	55以上	45以上
雪柑	65以上	55以上	50以上
柳橙	55以上	50以上	45以上
温州蜜柑	60～80	55以上	50以上
蕉柑	60～80	55以上	50以上
椪柑	65以上	60以上	55以上
红橘	60以上	55以上	45以上
早橘	55以上	50以上	45以上
本地早	50以上	45以上	40以上
南丰蜜橘	35以上	30以上	

2. 果品分级方法及分级机械

分级方法有人工分级和机械分级两种。为了分级准确，人工分级可借助分级板按直径大小分级。分级板的制作很简单，只要在木板上按要求打一系列直径不同的孔即成。我国果产区出口的果品，先按规格要求进行人工挑选分级，再用分级板按果实横径分等。分级板是长方形木板，上有直径不同的圆孔，根据各种果实大小决定最小和最大孔径，顺次每孔直径增加5毫米，分出各级果实。

机械分级就是使用各种分级机根据果径的大小进行形状选果，或根据果实的重量进行选果。机械分级也需经过人工初选，挑出病、残果后进入分级生产线分级。分级机械有多种，如滚筒式分级机、重量分级机、颜色分级机等。

三、包装

包装可减少果实在运输、贮藏、销售过程中由于摩擦、挤压、碰撞等造成的果实伤害，使果实易搬运、码放。由于各种水果抗机械伤的能力不同，为了避免上部产品将下面的产品压伤，苹果、梨的最大装箱深度为60厘米，而柑橘则为35厘米。

在商品越来越丰富的今天，人们的消费观念、方式和价值观等都发生了显著变化。我国过去的包装材料主要采用筐篓。随着经济的发展，包装材料有了很大的变化，目前的包装材料主要为纸箱、木箱、塑料箱等。果品包装的发展有以下几个显著趋势：一是方便小巧型。目前，城镇水果消费已逐步趋向买新吃鲜、少量多次的特点，因此10千克以上箱装的水果已不能适应大多数消费者的需求，取而代之的是3～5千克，甚至更少含量的小包装水果；二是精美高档型；三是信任透明型；四是绿色环保型。目前果品包装材料已突破了普通纸箱的单一格局，向精美竹编、藤制、木质、可回收瓦楞纸箱等绿色环保、生态性能的包装材料发展。此外，在图案、品名、色彩、文字中营造出绿色包装的氛围，使其形成一种设计主流而得到传播。

近年来，随着果品生产的发展，果品包装作为果品产销链中的重要环节，对于提升果品市场竞争力，促进果品生产的健康发展，以及增加农民收入，实现农村小康有着至关重要的现实意义。

国外一些发达国家对果实的采后处理，已全部实现机械化，把果实清洗、消毒、涂蜡、分级、包装、入冷库等程序在一条现代化流水线上全部完成。

第三节　果品的简易贮藏与保鲜

培训目标

- 了解影响果品贮藏保鲜的因素
- 了解和掌握果品简易贮藏技术

一、影响果品贮藏保鲜的因素

水果贮藏保鲜的最终目的是为了保持果实新鲜和具有较好的品质及风味，因此需要采用综合性措施，这包括提高果实采前耐藏性的措施。果实贮藏期的长短和保鲜质量的好坏，主要受4个环节的制约。一是采前因素，包括品种、施肥、灌溉、防治病虫害、修剪和疏花疏果；二是采收到入库贮藏前，包括采收、包装和运输等；三是贮藏期间的管理，包括温度、湿度、通风换气；四是出库、销售。这四个环节一环扣一环，如果有一个环节出问题，就会影响其他环节。

1. 采前因素对果品贮藏性能的影响

采前因素，我们通常叫做栽培措施，是果实保鲜的基础。要想获得良好的贮藏效果，必须要求入库的果品外观好（大小适宜、果形色泽端正、无病虫害），风味正。这些与以下因素有关：

（1）品种。同一类果品不同品种，其耐藏性有很大的差异。一般来说，生长期越长，越耐贮藏。早熟品种不耐贮藏，晚熟品种耐贮藏，山区栽培的比平原的耐贮藏，而且品质好。

苹果中耐贮藏的为晚熟品种，如红星、元帅、金冠、富士、印度青、国光等。近年来以消费者的口味和市场销售及经济效益来看，富士是最有发展前途的，果体大小、色泽、硬度、甜度都比较好，耐贮藏。

葡萄中有色品种比无色品种耐贮藏，晚熟品种比早熟品种耐贮藏，如龙眼、巨丰、玫瑰香、美洲红、红香水等较为耐贮藏。

柑橘中橙、柑、橘等 3 个种类中，橙、柑较耐贮藏，如甜橙、锦橙、血橙、脐橙；柑类如焦柑、芒柑、广柑等较耐贮藏；橘类不能作长期贮藏。

梨中比较耐贮藏的有鸭梨、雪花梨、酥梨、苹果梨、冬果梨、晋酥梨、红肖梨等。

猕猴桃中栽培品种比野生品种耐贮藏。目前较耐贮藏的栽培品种是海瓦特、秦美，在适宜的条件下可贮藏 6 个月以上。

（2）施肥。施肥与果实的品质、贮藏性能有密切关系，应力求做到合理施肥。氮肥不足，则枝叶生长差，果形变小；氮肥过多，则表现枝叶徒长，病虫增多，着色不良，耐藏性降低。磷肥缺乏时，新梢和细根发生显著不足，果实含糖量下降，味淡。磷肥过多，会引起缺铁、缺锌等症。钾肥施用适当，促进枝条粗壮成熟，提高抗旱能力，促进果实成熟，提高品质和耐藏性。

为了提高果实的品质和耐藏性，应根据土壤肥力和果实生长情况，多施有机肥或复合肥料，避免过多单施氮肥，并根据果树生长情况适量喷施微量元素肥料，如钙、铁、锌、锰肥等。

（3）灌溉。合理灌溉对改善耐贮性也是十分重要的。多数落叶果树，在临近果实采收期之前半个月，若土壤不十分干旱，就不宜灌溉，以免降低果实品质或引起裂果。尤其是浆果类，如作为贮藏用的葡萄，采收前 7～10 天应停止灌溉，否则会降低葡萄的含糖量，影响贮藏。

（4）防治病虫害。作为贮藏用的果实一定要选择无虫眼、无病菌感染的健康果。

2. 果实的采收、分级、包装和运输

果实的采收、分级、包装和运输是搞好果实贮藏十分重要的一环，能直接影响贮运损耗、品质和贮藏时间。

（1）果实的采收。果实的采收主要依据品种特性、果实的成熟度、贮藏时间的长短和气候状况而不同。采收过早，果实尚未充分发育，着色差，糖分积累少，未形成品种固有的风味和品质，在贮藏期间容易失水，果皮易皱缩，有时还会增加某些生理病害的发生率；采收过晚，有些品种会大量落果，果肉松软发绵，运输时碰压伤率高。同时，果实衰老快，缩短贮藏期。因此，要适时采收。

采收技术：果实的表面结构是一个良好的保护层，损伤破坏这种保护层，就会破坏果实的贮藏性能，使其易感染病菌，造成腐烂。因此，必须掌握正确的采收技术，尽量避免机械损伤。在采收过程中要严格执行操作规程，以保证果实完整无损和防止折断果枝。只有认真做到轻摘、轻放、轻装、轻卸，避免造成指甲伤、碰压伤、刺伤和擦伤，才能达到保证品质和减少损耗的目的。

（2）果实的分级。果实分级的主要目的是使其达到一定的商品标准。分级时，将大小不匀、色泽不一、感病及有损伤的果实，按照内销及外贸规定的分级标准进行大小分级及品质选择，不合格的作为等外果处理。分级方法主要有手工操作，凭感官，但也有将果实放在运输带上使其移动，再从中挑选分级的。

（3）果实的包装。果实包装是标准化、商品化、保证运输和贮藏的重要措施。在现代商品运输中，包装尤为重要。它不仅起着保护果实品质的作用，而且是降低费用、扩大销售的重要因素之一。有了合理的包装，才有可能使果实在运输中保持良好的状态，安全地到达目的。合理的包装可以减少因互相摩擦、碰撞、挤压而造成的机械损伤，减少病害的蔓延，避免果实发热和温度剧烈变化所引起的损失。

（4）果实的运输。运输是联系产、供、销三者之间的纽带，是果品流通中的一个重要环节。这就要求尽量做到快装、快运、快卸，并注意轻拿轻放，减少机械损伤。目前很多交通工具中都配备了降温和防寒的装置，如冷藏货车、铁路加冰车和机械保温车以及冷藏轮船。近年来，还出现了控温调气的集装箱，为果实的运输创造了更适宜的条件。

3. 果品贮藏期间的管理

贮藏期间不仅要考虑贮藏环境的温度、湿度、气体成分，还应综合考虑三者之间的关系，在生产实践中依据不同的果品寻找三者之间的最佳配合，使果品尽量处于适宜的低温、高湿及适宜氧气、二氧化碳气体成分的环境中。

（1）桃、李、杏的贮藏期间的管理

1）贮藏温度。桃、李、杏适宜的贮藏温度为 0～1 摄氏度，但长期在 0 摄氏度贮藏果品易发生冷害，需要采取方法控制冷害。

2）贮藏环境湿度。桃、李、杏、樱桃贮藏时，相对湿度应控制在 90％～95％范围之内。湿度过高，易引起腐烂，加重冷害的症状；湿度过低，会引起过度失水、失重，影响商品性，从而造成不应有的经济损失。

3）气体成分。桃在氧气浓度1%、二氧化碳浓度5%的气调条件下，可加倍延长贮藏期（温、湿度等其他条件相同情况下）。李以氧气浓度3%～5%、二氧化碳浓度5%为适宜的气调状态。但一般认为李对二氧化碳极敏感，长期高二氧化碳会使果顶开裂率增加。杏气调贮藏最适的气体组成是氧气浓度2%～3%，二氧化碳浓度2%～3%。樱桃适宜气调气体成分是氧气浓度3%～5%、二氧化碳浓度10%～25%。樱桃耐高浓度二氧化碳，所以在运输时也采用高浓度二氧化碳处理，抑制它的呼吸强度，保持鲜度。

（2）葡萄贮藏期间的管理。葡萄的贮藏温度以－1～0摄氏度为宜。葡萄需要较高的相对湿度，适宜的相对湿度为90%～95%；降低环境中氧气浓度，提高二氧化碳浓度，对葡萄贮藏有积极效应。目前有关葡萄贮藏的气体指标很多，尤其是二氧化碳的指标差异比较悬殊，这可能与品种、产地以及试验方法等有关。一般认为氧气2%～4%、二氧化碳3%～5%的组合适合于大多数葡萄品种，但在贮藏实践中还应慎重从事。

（3）苹果贮藏期间的管理。参考贮藏指标：贮藏温度：－1～2摄氏度；相对湿度：85%～95%；气体成分：氧气为2%～4%，二氧化碳为1%～5%。

4. 出库、销售

及时出库，合理安排销售。

二、我国常用的简易贮藏方法

果实的贮藏方法的确定，主要根据各种不同果实的采后生理变化、果实的基本贮藏原理，以及果实贮藏期间对环境条件的不同要求而异。目前，国内外应用的贮藏方法较多，可以归纳为两大类。一类是低温贮藏，即利用自然冷源或人工降温（机械制冷或加冰）的方法，使贮藏环境保持低温；另一类是控制气体成分（简称气调贮藏），多数是在降温的条件下调节贮藏环境中的气体成分，使之达到适于果实贮藏的气体指标，从而获得更好的贮藏效果。

根据我国生产实际，这里重点介绍在山区、农村经常用到的果品简易贮藏方法。果品的简易贮藏包括堆藏、地沟贮藏、窑窖贮藏及通风库贮藏等，其共同特点是利用自然低温来创造并维持适宜贮藏的温度条件。一般是在晚秋至早春气温低时贮藏，其结构设施简单，费用较低，可因地制宜地灵活建造。在我国目前的经济状况还不允许大量建造大规模、正规化贮藏保鲜冷库或气调库的情况下，简易贮藏不失为一种适合我国农村采用的贮藏方式。这些贮藏方法具有贮藏场所构造简单，建造成本低等优点，既可达到延长待销时间，又可达到保鲜增值的效果。但是，受到自然条件所限制，只能在气温较低的季节应用。

1. 堆藏

堆藏是设在果园或空地上的临时性贮藏方法。堆藏时，一般将果实直接堆放在果树行间的地面上或浅沟（坑）（地下20～25厘米）中，或者堆放在院墙后、室内空地或荫棚下等阴凉处，上面用土、秸秆、草帘等覆盖，防止日晒、风吹、雨淋，维持适宜的温度、湿度，使果品保持新鲜状态。这种方法常用于板栗、苹果、梨等贮藏。根据气温变化，分次加厚覆盖，可以进行遮阴或防寒保温，以便达到贮藏保鲜的目的。堆藏按地点不同，可分室外、室内和地下室堆藏等。所用覆盖物多就地取材，常用覆盖物有苇席、草帘，作物秸秆、土等。

覆盖的时间和厚度要根据气候变化情况而定，一般在堆藏初期气温较高，为防日晒，应在白天盖席遮阴，夜间揭席通风。秋季风较大，用席覆盖后还有保温和防雨淋的作用。以后随气温逐渐降低，再分次加厚覆盖以进行防寒保温。

板栗产区普遍采用湿沙堆藏，堆藏前板栗要充分摊晾降温，俗称“出汗”。其方法是先在地面（或沟底）铺约5厘米厚的干净河沙，湿度以不流水为宜。在沙上堆放3～7厘米厚的板栗后，再铺一层湿沙，如此栗沙交替堆放，一直堆到60厘米左右的高度，最上层再铺10厘米左右的湿沙。上层沙容易干燥，每隔3～5天需喷水保湿一次，堆后不要翻动。沙中的水分大小对板栗堆藏效果有较大的影响，水少了板栗容易变干，水多了板栗容易被沤烂变质。板栗采用湿沙堆藏方法，一般从收获后的9—10月份，可贮藏至次年的2—3月份。

2. 沟藏

这也是果品贮藏方法中较为简便的一种，板栗、核桃、山楂等运用这种方法较多。沟藏也是我国北方苹果产区的贮藏方法之一，适于集中产区就地贮藏晚熟苹果品种。沟藏要掌握好贮藏场地选择和设置、果实的挑选和预冷、入贮和贮藏管理以及适时出沟等技术环节。

（1）贮藏场地的选择和设置。贮藏场地要选在地势干燥而平坦、背风向阳、土质坚实、无污染、运输和管理方便的地方。

地沟的大小可根据贮藏量而定，山东烟台地区的经验是，一般每平方米地沟可贮藏苹果300千克左右，甘肃的经验是一般每米长的地沟可贮藏苹果500千克。

地沟走向以东西为宜，深度可根据各地冬季的最大冻土层深度来确定，以沟内温度不低于－2摄氏度为宜。沟底中央，沿沟的走向挖一道深、宽各20厘米的沟槽，以利于沟中通风透气。为防御严冬时寒风、低温侵袭，在沟的上方架设“屋脊状”支架，以便覆盖草帘、席等，同时在贮藏场地周围及沟的北沿距沟1米远处，埋设用玉米或高粱等秸秆做成的“风障”。

（2）果实的选择和预贮。选择个头均匀的优质果，经细心挑选后进行预贮。预贮的作用是预冷降温，多在果园内就地进行。具体方法是在冷凉、干燥的树荫下，挖深20厘米、宽120～150厘米的土畦，四周筑成高约10厘米的畦埂。将果实一层层摆在畦内，果高5～7层。白天应注意遮阴，以免阳光照晒，傍晚要揭开覆盖物通风，降低果实温度。

（3）果实的入贮和管理。果实入沟贮藏的时间，一般在日平均气温5～10摄氏度时比较适宜。入沟前，要先在沟底铺上一层5～6厘米厚的干净细沙、软松土或软草，根据沟内的温度状况决定是否喷水加湿或把地沟晾晒几天以降低湿度。

果实入沟贮藏时，可从沟的一端开始，一层层地摆果，果层厚度一般为60～70厘米。摆果时每隔6～7米在果实中立一个用秸秆做成的直径约10厘米的通气把，长度要高出果堆顶部10～15厘米。果实摆好后，在上面覆盖一层苇席或3～5层防寒纸，在沟的上方架好"屋脊状"支架，并覆盖秸秆或草帘等。在整个贮藏期间，要根据天气变化和果实的生理状态，搞好初期、中期和后期的管理工作。

贮藏初期是指从入贮至贮藏一个月左右的时间。这一时期气温、果温和沟内温度都相对较高，果实呼吸旺盛，管理不慎极易发生"热伤"现象，因此管理工作的重点是尽可能降低贮藏环境的温度。一般是晚上揭开沟顶的覆盖物，尽量利用晚间下沉的空气降低沟内温度和果温，白天则要遮阴覆盖，防止太阳直晒，保持沟内低温。天气干旱、沟内湿度不足时，要适当地向果堆上喷水。

贮藏中期管理工作的重点是保温防冻。随着气温的下降，逐渐加厚地沟上的覆盖物，并防止覆盖物被大风刮走，同时特别注意把"屋脊状"支架两端盖严实，严防寒风吹入沟内。在整个贮藏中期，一般不再揭开覆盖通风。如果沟内过于湿热必须通风时，可在风和日暖的晴天中午，揭开背风向阳面的毡席进行少量通风。

贮藏后期是指次年早春天气开始转暖，到贮藏结束前的一段时间，管理工作的重点是一方面要适当通风，防止沟内温度回升过快，另一方面也要注意天气变化，避免气温骤降冻伤果实。夜间可揭开沟上的覆盖物通风换气，降低沟温，但不揭开盖在果面上的苇席。进入3月份后，天气进一步转暖，部分地区日平均气温常达到2～6摄氏度，沟内温度也达到3～5摄氏度，至3月中旬前后，沟温4～5摄氏度时，除仅留架顶一层毡席防雨防晒外，可将其他覆盖物全部去除，并根据情况及早出沟销售。

（4）果实的出沟。沟藏果实的销售，一般只在贮藏前期和后期进行，中期因气温较低，不宜开沟出售。应用沟藏苹果，具有良好的保鲜效果，一般可贮至次年3—4月份。

3. 窑窖贮藏

这是一种结构简单、建造方便、管理容易、性能良好的贮藏方式，包括窑、窖两种。在土层侧面横伸掘进者称为窑，向土层地下纵向掘进者为窖。窖主要有棚窖、土窑洞和井窖等形式，其中以棚窖最为普遍。这些窑窖多是根据当地自然、地理条件的特点进行建造的。它们能利用变化缓慢而稳定的土温，又可利用简单的通风设备来调节和控制窖内的温度，产品可以随时入窖和出窖，并能及时检查贮藏情况。

（1）窑窖的特点。窑窖贮藏是我国劳动人民早已采用的一种比较简单的贮藏方式，主要特点是土层深厚，热传导性能差，窑内温度受外界气温变化较小，温度较低而稳，相对湿度较高。据陕西省果树研究所、延安市农副公司对延安土窑洞贮藏苹果的调查，以每天下午 2：00 时温度平均值进行比较，自 9 月下旬到 11 月底之前，窑外平均气温比窑内高出 4～9 摄氏度，温差达 11 摄氏度以上。自 12 月上旬开始，窑外气温下降，至次年 2 月又急剧回升，平均温差也在 11 摄氏度以上，而窑内温度稳定在 1～3 摄氏度之间，温度变化仅 1 摄氏度左右。窑窖建造简单，不需要特殊的建筑材料，省劳力、省投资，管理方便，效果良好。

（2）窑窖的建造。选地势高燥、土质较好的地方建窑。陕西延安、眉县等地为了利用窑外冷空气降温，特别注意选用偏北的阴坡。

1）棚窖。棚窖是一种临时性的简易贮藏场所，形式多种多样，其基本结构如图 6—1 所示。

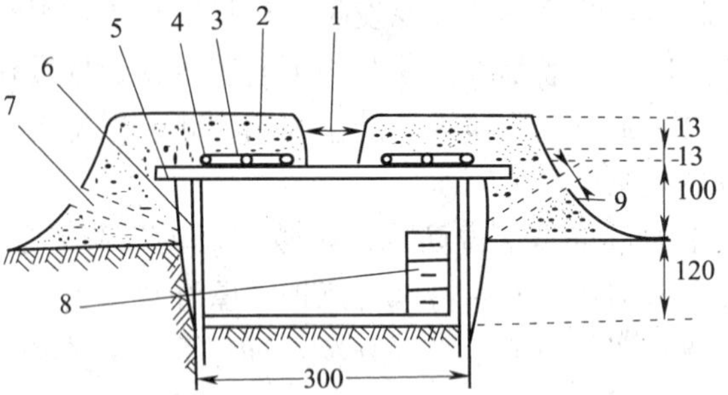

图 6—1　棚窖结构示意图（单位：厘米）

1—天窗　2—覆土　3—秫秸　4—檩木　5—横梁　6—支柱

7—气孔　8—果箱（筐）　9—土墙

棚窖每年秋季贮果前建窖，贮藏结束后用土填平，可以用来贮藏苹果、梨等多种果品。

棚窖一般选择在地势高燥、地下水位低和空气畅通的地方构筑。窖的大小根据窖材的长短及贮藏量而定。一般宽为 2.5～3 米，长度不限。窖内的温、湿度是依靠通风换气来调节的，因此建窖时需要设天窗、窖眼等通风结构。天窗开在窖顶，0.5～0.6 米宽，长形，距两端 1～1.5 米。窖眼在窖墙的基部及两端窖墙的上部，口径为 25 厘米×25 厘米，约每隔 1.6 米开设一个。

窖内温度变化主要是根据所贮产品的要求以及气温的变化，利用天窗及窖门进行通风换气来调节和控制的。窖内湿度过低时，可在地面上喷水或挂湿麻袋进行调节。

2）土窑洞。我国黄土高原地带，多利用土窑洞贮藏水果。窑洞贮藏是充分利用地形特点，在厚土层中挖洞建窑进行贮藏的一种方式。由于土层的导热性能较差，因此窑内温度受外界温度变化影响较小，温度较稳定，再加以自然通风降温，就能获得较低且稳定的贮藏温度。

土窑洞的类型有多种，如大平窑型、主副窑型、侧窑型及地下式砖窑型。但各类土窑洞的主体结构基本上都是由窑门、窑身、通气孔 3 个部分构成。图 6—2 所示为大平窑的结构示意图。

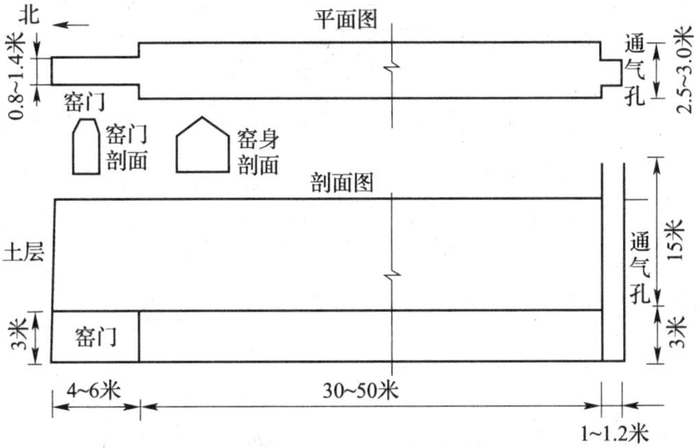

图 6—2　大平窑结构示意图

窑门：方向应选择朝北方向，切忌向南或向西南。一般设两道门，门上边留 50 厘米×40 厘米的小气窗。门宽 1～1.5 米，高 2.5～3 米，两道门距 4～6 米，构成缓冲间。门道向下倾斜，二道门为栅栏门，供通风换气用。

窑身：窄而长的窑身有利于加快库内空气流动速度，有利于增强库体对顶土层的承受力，窑顶成尖拱形更好。窑过宽会减慢空气的流动，过长会加大库前和库后的温度差。一般深度为 30～50 米，宽 2.5～3 米，高约 3 米。窑身顶部由窑口向内缓慢降低，比降为 0.5%～1%，顶底平行。顶上土层隔热防寒。窑内设地槽，用以防鼠及灌水降温增湿。

通风孔：是土窑洞通风降温的关键部位，设于窑身的后壁上。通风孔应有足够大的内径和高度。才能有足够大的通风量和加快热空气上升速度。通风孔内径下部1～1.5 米，上部 0.8～1.2 米，高为身长的 1/2～1/3，砌出地面，底下开一控制排气量的活动天窗，下部安装排气扇加强通风。

土窑窖建造要选择黏性土壤。现在许多地区先进行开挖，然后用砖旋砌成窑洞形状。这样建造费用较大，但应注意施工安全。

土窑洞贮藏的管理，基本原理与棚窖基本相同，也是利用通风换气控制窑洞内的温度。窑内相对湿度一般较高，无须调节。

3）井窖。我国四川省普遍应用井窖大量贮藏果品。井窖修建在地平面以下，形似“三角瓶”，用石板盖上窖口后，密闭性能好，窖内温度较低，但相对湿度较大，贮藏果品腐烂较少。井窖的缺点在于容量小，操作不便。为了集中贮藏，方便管理，一般挖群窖。另外，井窖通风较差，所以对于采后呼吸速率较高、能放出大量二氧化碳和乙烯等气体的果品是很不适宜的。图 6—3 所示为井窖的结构示意图。

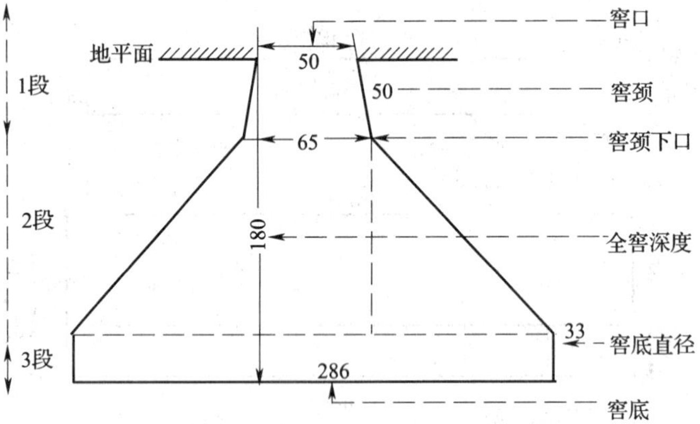

图 6—3　南充井窖纵剖面示意图（单位：厘米）

（3）窑窖贮藏的管理

1）果库消毒。窑窖存果前应进行消毒，旧窑窖更应搞好清扫消毒工作，方法是用硫黄拌入锯末点燃发烟，每 100 立方米库容量用 1 千克硫黄进行熏蒸，密闭 2～3 天后，打开通风数天即可使用。

2）挑选果实。供贮藏用的果实应当成熟适度，无伤无病虫，中等偏大果个，果形正，着色好，这样的果实耐藏性最好。

3）入库。窑窖贮藏苹果，既可装箱堆垛，也可散放堆藏。在装箱堆垛贮藏时，垛堆底部要用砖、木等垫起 5～10 厘米，垛堆上部距窑顶要有 70 厘米左右的空隙。筐装最好立垛，筐沿压筐沿；箱装最好采取横直交错的花垛，箱间留出 3～5 厘米宽的缝隙，以利通风。垛堆应靠窑两侧，中间留出走道，以便操作管理。散放堆藏时，先在地面铺 5～6 厘米厚干净细沙，然后将果实一层层摆放在细沙上，高度以 70～100 厘米为宜。

4）入库后的温湿度调节。入库初期，应当迅速使库温下降，一般白天关闭门窗，夜晚打开，因为苹果在高温下呼吸旺盛，而在低温下这种代谢就微弱得多，温度以 0～0.5 摄氏度为宜，但不能低于—2 摄氏度。寒冷的冬季，只要保证库温不再波动，即关闭门窗保持低温就行。如果外界气温低，库温却有上升，在晴天中午可缓慢通风降温。只要外界不低于—6 摄氏度，就不至于出现冻害。开春气温回升，主要工作是防止库温回升，窑内湿度一般高而稳，在通风频繁时，为防止湿度下降造成果实失水，可采用往地槽内灌水，库内挂湿草帘、放湿锯末、积雪，也可给地面墙壁喷水，地面墙壁上有霜状物说明湿度在85%～90%要求范围以内。

5）定期检查。果实贮藏期间，一般每隔半月仔细检查一次，及时剔除烂果，以减少病菌传播侵染。如发现质量下降严重，不可继续贮藏时则应考虑出售。如果实受冻，应采取自然缓慢解冻，这样细胞不会被破坏，不会流水，但不能搬动以防出现机械损伤。等解冻后应尽快售出。

4. 通风库

通风库是棚窖的发展，其形式和性能与棚窖相似。通风库的贮藏管理，主要是在良好的隔热保温性能的库房内，设置有完善而灵活的通风系统，利用昼夜温差，通过导气设备，将库外低温空气导入库内，再将库内热空气、乙烯等不良气体通过排气设备排到库外，从而保持果品较为适宜的贮藏环境。但是，由于通风库是依靠自然温度冷却贮藏，因此，受气温限制较大，尤其是在贮藏初期和后期，库温较高，难以控制，影响贮藏效果。为了弥补这一不足，可利用电风扇、鼓风机、加冰或机械制冷等方法加速降低库温，以进一步提高贮藏效果，延长贮藏期。

5. 冻藏

冻藏是指在冬季利用自然低温，使果实在轻微冻结之后进行贮藏。冻藏结束后，果实经过缓慢解冻，能够恢复其正常的生理功能。

准备用来冻藏的果品，要适当晚采摘。分级后果实包纸装箱或筐，经过预冷，先堆码在普通贮藏窖或窑洞中，随严寒季节到来，敞开门窗，大量引入外界冷空气降温，使贮藏场所的温度下降到－18摄氏度左右，果品在冻结状态下继续贮藏。到春季外界气温升高时，将门窗紧闭，或在箱（筐）垛上加塑料薄膜帐并盖上棉被，以减少果实受外温的影响，从而维持一段冻结时间。

果品冻藏时应注意：

（1）果实冻结后，即维持在冻结状态下贮藏，不能时冻时消，否则果实不能复原，并会变褐变软。

（2）果实一经冻结，切忌任意搬动，否则易造成机械损伤。

（3）冻结果实，次年春季应随气温的逐渐升高缓慢解冻，不能快速放在较高气温下。

无论采用以上哪种方法贮藏，首先必须搞好果实贮前采摘质量和药剂消毒处理，只有这样才能达到贮藏保鲜增值的效果。

除了这些简易贮藏外，在果实贮藏中还进行通风贮藏、机械冷藏、气调贮藏以及一些贮藏新技术，如微波保鲜、微生物保鲜、加压保鲜、减压保鲜、电子技术保鲜等。

单元测试题

一、填空题（请将正确的答案填在横线空白处）

1. 根据不同的用途果实成熟度可以分为________、________和________。

2. 果实的采收技术主要有________、________和________三种。

3. 判断果实成熟度常用的标准有________、________、________、________和________。

4. 果实采收后要进行一系列的商品化处理过程，主要包括________、________、________和________。

5. 我国《标准化法》根据标准的适应领域和有效范围，把果品分级标准分为________、________、________和________。

6. 在果品贮藏过程中，除了沟藏、窖藏等简易贮藏外，还经常进行________、________和________以及其他一些贮藏新技术。

7. 果品的分级方法主要有________和________两类。

8. 按个体重量或个体直径分级，在新鲜度、果形、机械损伤、颜色等方面基本符合要求的基础上，再按大小或直径进行分级，即根据果实的最大横径，区分为若干等级，每差________毫米为一级。

9. 气调贮藏中主要调节的气体成分是________和________。

10. 利用自然冷源的简易贮藏主要包括_______、_______、_______和_______等。

二、判断题（下列判断正确的请打"√"，错误的打"×"）

1. 用于贮运、制罐或蜜加工的果品，适宜的采收时期应该是食用成熟度。（　）

2. 随着果实的成熟，原来不溶解的原果胶变成可溶性果胶，硬度逐渐降低。因此，根据果实的硬度变化，也可判断果实的成熟度。（　）

3. 果品采收时，为了避免碰落其他果实，造成损失，应按先上后下、先内后外的顺序采收。（　）

4. 同一类果品不同品种，其耐藏性有很大的差异。一般来说，生长期越长，越耐贮藏，早熟品种不耐贮藏，晚熟品种耐贮藏，山区栽培的比平原的耐贮藏，而且品质好。（　）

5. 为了增加果实的光泽、减少贮运过程中果实的水分损失、防止病害的侵入，果实在采后应该多涂蜡、涂厚蜡。（　）

6. 果实的化学采收法省时省工，现在已经在生产上广泛应用。（　）

7. 根据果实生长天数判断果实成熟度是指从萌芽到果实某个成熟度的天数。（　）

8. 在生产上完全可以根据果实的色泽进行果实成熟度的判断。（　）

9. 果实包装的大小应根据果实的种类而定，容易破损的果实包装要小，如草莓、葡萄等，苹果、梨等可适当大些。（　）

10. 为了便于搬运，果品包装的发展趋向是大包装。（　）

三、单项选择题（下列每题的选项中，只有1个是正确的，请将其代号填在横线空白处）

1. 用做采种用的果实一般是在下面哪个成熟度的时候采收________。

A. 可采成熟度　　B. 食用成熟度

C. 生理成熟度　　D. 过熟成熟度

2. 在果品化学采收过程中，对山楂、枣等果实小、采收费工的果实进行采收，常利用的化学药剂是________。

A. 乙烯利　　B. 矮壮素

C. 赤霉素　　D. 脱落酸

3. 下列葡萄中最耐贮藏的品种是________。

A. 全球红　　B. 里扎马特

C. 乍娜　　D. 无核白

4. 柑橘类橙、柑、橘三个种类中，最不耐贮运的是________。

A. 橙　　B. 柑　　C. 橘

5. 施肥与果实的品质、贮藏性能有密切关系，下面哪种肥料可以显著提高果实的品质和贮藏性________。

A. 钙肥　　B. 磷肥　　C. 钾肥　　D. 氮肥

四、多项选择题（下列每题的选项中，至少有2个是正确的，请将其代号填在横线空白处）

1. 目前国外在果实的机械采收方面主要运用了________方法。

A. 振动法　　B. 台式机械法　　C. 地面拾取法

D. 滚筒法　　E. 化学药剂法　　F. 竹竿打法

2. 果实包装应主要考虑下面哪些因素________。

A. 果实的种类　　B. 运输距离的远近　　C. 销售方式

D. 果实的成熟度　　E. 食用的人群　　F. 价格

3. 果品按质量分级的标准主要是靠人的眼睛进行综合性判断。优质水果或一级水果应符合下列哪些条件________。

A. 良好的一致性（大小、形状、颜色、成熟度等）

B. 新鲜　　C. 成熟适度　　D. 质地良好

E. 无病虫害和机械损伤　　F. 价格高

4. 采前因素对果品贮藏性能的影响较大，这些采前因素主要包括________。

A. 品种　B. 施肥　C. 灌溉
D. 病虫害防治　E. 疏果　F. 摘心

5. 国内外应用的贮藏方法较多，可以归纳为________。
A. 低温贮藏　B. 气调贮藏　C. 简易贮藏
D. 电子技术保鲜贮藏　E. 沟藏　F. 冻藏

6. 在国外果品分级中，其执行的标准有________。
A. 国际标准　B. 国家标准　C. 协会标准
D. 行业标准　E. 企业标准　F. 专业标准

五、简答题

1. 简述采收后果实涂蜡的好处。
2. 简述影响果品贮藏保鲜的因素。

六、技能题

第 1 题　果实成熟度的判定

1. 操作准备（由鉴定单位准备）

准备挂有果实的苹果、梨、葡萄、桃树若干。

2. 操作要求

（1）从理论上讲述一下判断果实成熟度常采用的判定依据。

（2）按照果实种类，根据判定依据判定各类果树的成熟度。

3. 操作时限

操作时限为 20 分钟。

4. 技术标准

准确说出各类果实的成熟度：可采成熟度、食用成熟度、生理成熟度。

5. 配分及评分标准

序号	作业项目	考核内容	配分	评分标准
1	理论判定依据	果实色泽、果实硬度、果实生长天数、果实硬度、果实脱落的难易程度	5	能够准确说明可采收成熟度的各项指标要求
			5	能够准确说明可食用成熟度的各项指标要求
			5	能够准确说明生理成熟度的各项指标要求
2	判定果实的成熟度	能够根据依据判定：可采成熟度、生理成熟度、生理成熟度	5	能够得出准确的成熟度类别

第 2 题　果实包装的方法和要求

1. 操作准备（由鉴定单位准备）

准备不同规格、大小的包装箱、内衬物、苹果、梨、葡萄、桃若干箱。

2. 操作要求

按照果实种类，进行果实包装材料、规格的选择。

3. 操作时限

操作时限为 20 分钟。

4. 技术标准

葡萄、桃包装规格：3～5 千克，苹果、梨包装规格：10～15 千克。

5. 配分及评分标准

序号	作业项目	考核内容	配分	评分标准
1	包装规格	能够根据果实种类选择包装规格	10	根据每种果实正确选取包装规格，各 2.5 分
2	包装材料	能够根据果实种类选择包装材料	10	根据果实种类正确选取包装材料，各 2.5 分

单元测试题答案

一、填空题

1. 可采成熟度　食用成熟度　生理成熟度　2. 人工采收　化学采收　机械采收　3. 果实色泽　果实硬度　果实生长天数　含糖量　果实脱落的难易程度　4. 清洗　打蜡　分级　包装　5. 国家标准　行业标准　地方标准　企业标准　6. 通风贮藏　机械贮藏　气调贮藏　7. 人工分级　机械分级　8. 5　9. 氧气　二氧化碳　10. 沟藏　窖藏　防空洞　通风库

二、判断题

1. ×　2. √　3. ×　4. √　5. ×　6. ×　7. ×　8. ×　9. √　10. ×

三、单项选择题

1. C　2. A　3. A　4. C　5. C

四、多项选择题

1. ABC　2. ABCD　3. ABCDE　4. ABCD　5. ABC　6. ABCE

五、简答题

1. 答：为了进一步提高果品的商品性，美国、英国、日本等发达国家的苹果、梨、柑橘类果品在清洗完毕后，要进一步对果品进行涂蜡处理。因为果品经过分级涂蜡处理后，不仅可以增加果面的光泽度，而且还能保持果品新鲜，较耐贮运，货架期长，可大大提高果品市场竞争力和商品价值。主要作用有：

(1) 减少果品的水分蒸发。采收后的果品在贮藏、运输、销售过程中尤其是在货架期，仍进行着自身的蒸腾作用，使果品不断失水（严重时失水率达5%以上）。

(2) 延长贮藏期和货架期。果品涂蜡后，由于果皮气孔在一定时间内被封闭，从而降低了果品的呼吸强度，并使过氧化物酶、多酚氧化酶的活性受到一定程度的抑制，果品内的源乙烯向外释放速度减缓，果品的新陈代谢活动降低。

(3) 有助于果品防腐。蜡液中一般含有保鲜剂，既可增加果品的美观度，减少自然失重，延缓果品衰老，又可防治果品在贮、运、销中出现的致腐真菌病害和某些生理病害，起到保鲜防腐作用。

2. 答：果品贮藏保鲜的最终目的是保持果品新鲜和具有较好的品质及风味，因此需要采用综合性措施，这包括提高果品采前耐藏性的措施。果品贮藏期的长短和保鲜质量的好坏，主要受四个环节的制约。一是采前因素，包括品种、施肥、灌溉、防治病虫害、修剪和疏花疏果；二是采收到入库贮藏前，包括采收、包装和运输等；三是贮藏期间的管理，包括温度、湿度、通风换气；四是出库、销售。

六、技能题

答案略。

理论知识考核试卷（一）

一、填空题（请将正确的答案填在横线空白处；每题2分，共20分）

1. 根据果实结构分类，果树可分为________、________浆果类、坚果类、柑果类、聚合复果类。

2. 实生苗长到一定高度后要摘心，目的是________。

3. 果树修剪有两个重要时期，即：________修剪和________修剪。

4. 在当地鲜销的果实应在________采收，用于贮藏保鲜的果实在________采收。

5. 柿、栗和葡萄的芽都为________，而桃、李、杏树等的芽多为________。

6. 柑橘、葡萄等果树的芽一般具有________性。

7. 果树栽培中，依枝条的性质分可将其分为________枝和________枝两类。

8. 成年果园土壤耕作常用清耕法、________法、________法及免耕法。

9. 土壤施肥常用的方法有________施肥法、________施肥法、穴状施肥法和全园施肥法。

10. 核果类果树的虫害主要有________、________、________、________和________。

二、判断题（下列判断正确的请打"√"，错误的打"×"；每题1分，共10分）

1. 全部落叶果树树体都有主干和中心干。（ ）

2. 根系生长高峰期与地上部枝条生长高峰期、果实迅速膨大期错开。（ ）

3. 芽在生长发育过程中，由于内部营养状况和外界环境条件的影响，质量有所不同，萌发能力和生长表现也不相同，称为芽的异质性。（ ）

4. 采用小树冠整形，有利增加树冠内有效光区，提高光能利用率。（ ）

5. 极重短截可强烈削弱枝条生长势和生长量，起到降低枝位、缓和树势的作用。（ ）

6. 化学除草剂不会对果树产生药害。（ ）

7. 一般幼年果树的根系，由于树体萌动相对较晚，其根系一般在年周期中都会出现三个高峰期。（ ）

8. 葡萄的副芽着生在主芽的侧方；核桃的副芽则着生于主芽的下方。（ ）

9. 缓放的枝梢有利其在基部形成中、短枝，并转向开花结果。（ ）

10. 未经过受精而能形成果实的现象称单性结实。 （ ）

三、单项选择题（下列每题的选项中，只有1个是正确的，请将其代号填在横线空白处；每题2分，共12分）

1. 最适根系生长的土壤含水量一般相当于田间最大持水量的________。
A. 60%～70%　B. 60%～80%
C. 70%～80%　D. 70%～90%

2. 下列各组果树种类中，完全是木本落叶果树的是________。
A. 柑橘、荔枝、芒果、龙眼、菠萝蜜　B. 银杏、苹果、柿、板栗、李
C. 银杏、猕猴桃、柿、板栗、梨　D. 板栗、葡萄、李、柑橘、梨

3. 整形修剪常通过改变枝芽生长方向来调节枝条的生长势，其依据是枝条生长有________的现象。
A. 干性　B. 层性
C. 垂直优势　D. 芽的异质性

4. 芽体全为裸芽的是________组果树。
A. 柑橘、荔枝、芒果、龙眼　B. 柑橘、龙眼、苹果、梨
C. 荔枝、龙眼、苹果、梨　D. 荔枝、龙眼、苹果、李

5. 果树树盘用草类覆盖，覆盖的厚度以________为宜。
A. 40～50 厘米　B. 30～40 厘米
C. 15～20 厘米　D. 少于 10 厘米。

6. 下列因素中，不利花芽分化的是________。
A. 开张枝条角度和环剥　B. 充足的光照
C. 花芽分化前控水造成适当干旱　D. 树势壮旺且结果少

四、多项选择题（下列每题的选项中，至少有2个是正确的，请将其代号填在横线空白处；每题3分，共18分）

1. 果园绿肥的用法主要有________。
A. 翻压　B. 制作饼肥　C. 晒干灰化
D. 割青沟埋　E. 覆盖树盘　F. 沤制

2. 木本果树树冠由________组成。
A. 骨干枝　B. 枝组　C. 叶幕
D. 新梢　E. 营养枝　F. 结果枝

3. 在进行果园灌溉时，应该在________这几个关键时期进行灌水。
A. 采果前　B. 萌芽前后至开花前　C. 开花期
D. 新梢生长和幼果膨大期　E. 果实迅速膨大期
F. 采果后及休眠期

试卷

4. 苹果干腐病的发病症状分为________类型。

A. 斑点型　B. 点纹型　C. 干腐型

D. 浸润型　E. 溃疡型　F. 块状型

5. 桃树的芽属于________。

A. 复芽　B. 纯花芽　C. 活动芽

D. 隐芽　E. 叶芽　F. 花芽

6. 嫁接树的生命周期包括________。

A. 幼树期　B. 结果初期　C. 盛果期

D. 衰老期　E. 更新期　F. 休眠期

五、简答题（每题 8 分，共 32 分）

1. 小冠疏层形有哪些特点？
2. 简述使用除草剂时应该注意的事项？
3. 果树修剪有哪些依据？
4. 防治葡萄霜霉病有哪些措施？

六、计算题（8 分）

计算每公顷生产 60 000 千克苹果需氮、磷、钾的量，已知：氮肥吸收量为27 千克，氮的土壤供应约为 27 千克×1/3＝9 千克，氮的肥料利用率为 50%；磷吸收量为 4.6 千克，磷的土壤供应约为 4.6 千克×1/2＝2.3 千克，磷的肥料利用率为 30%；钾肥吸收量为 18 千克，钾的土壤供应约为 18 千克×1/2＝9 千克，钾的肥料利用率为 40%。计算氮、磷、钾的施肥量。

理论知识考核试卷（二）

一、填空题（请将正确的答案填在横线空白处；每题 2 分，共 20 分）

1. 果树的根系由________、________和________三部分组成。

2. 按照叶片生长期特性分，果树可以分为________和________两类。

3. 按照芽的性质分，果树的芽可以分为________和________。

4. 果实生长方式有________和________两种类型。

5. 果树的年生长周期可以分为________和________。

6. 枣树的枝条类型有三种，分别是________、________和________。

7. 为了促进枝梢花芽分化，环剥可在________时期进行；为提高坐果率，应在________时期进行。

8. 根据果树修剪的时期分，可以分为________和________。

9. 剪去一年生枝条的一部分，称为________。

10. 果园常用的施肥方法有________、________、________、________和________等。

二、判断题（下列判断正确的请打"√"，错误的打"×"；每题 1 分，共 10 分）

1. 桃树的花芽属于混合花芽，而苹果的花芽属于纯花芽。 （ ）

2. 波尔多液配制方法中，两液法配制的波尔多液比稀硫酸铜浓石灰乳法配制的要稳定。 （ ）

3. 树冠上部枝条生长势强，向下依次减弱，或同一枝条顶部生长势强，向下依次减弱这种现象称为顶端优势。由于顶端优势的存在，树冠总是向上直立生长。 （ ）

4. 疏果时，长圆果多的要多疏，少的则少疏。 （ ）

5. 核桃既属于坚果类果树也属于核果类果树。 （ ）

6. 葡萄的冬芽为鳞芽，夏芽则为裸芽，这就可以从外部形态区分葡萄的冬芽和夏芽。 （ ）

7. 枣树的枣头即枣树的发育枝，是形成枣树树体主要骨干。 （ ）

8. 桃树穿孔病分为细菌性穿孔和真菌性穿孔两类，田间主要普遍发生为真菌性穿孔病。 （ ）

9. 为了满足果树的生长发育需要，果园施肥以各时期追肥为主，基肥为辅。 （ ）

10. 具有芽早熟性的果树，一年多次抽梢，分枝多，树冠成形快，进入结果期也早。 （ ）

三、单项选择题（下列每题的选项中，只有1个是正确的，请将其代号填在横线空白处；每题2分，共12分）

1. 红地球属于________。

A. 美洲种葡萄　　B. 欧亚种葡萄
C. 东亚种葡萄　　D. 欧美杂种葡萄

2. 葡萄水罐子病是一种________病害，病因主要是营养不足和生理失调所致。

A. 生理性　　B. 细菌性
C. 真菌性　　D. 病毒类

3. 果树整形修剪常通过改变枝芽生长方向来调节枝条的生长势，其依据是枝条生长有________的现象。

A. 干性　　B. 层性
C. 垂直优势　　D. 芽的异质性

4. 波尔多液可广泛地应用于多种果树，由于敏感程度不一样，在生长期中________不能使用波尔多液。

A. 苹果　　B. 葡萄
C. 香蕉　　D. 桃

5. ________只能作为补充肥料一种常用施肥方法，但有些肥料不能进行叶面喷施。因此，根外施肥只能作为土壤施肥的一种补充，而不能代替土壤施肥。

A. 花前追肥　　B. 根外追肥
C. 花后追肥　　D. 果实膨大追肥

6. 在果树修剪上，常根据________，选用壮芽或弱芽作剪口芽调节枝势。

A. 芽的早熟性　　B. 芽的潜伏性
C. 芽的萌发力　　D. 芽的异质性

四、多项选择题（下列每题的选项中，至少有2个是正确的，请将其代号填在横线空白处；每题3分，共18分）

1. 须根按功能和结构不同，可以分为________。

A. 生长根　　B. 吸收根　　C. 过渡根
D. 输导根　　E. 直根系　　F. 侧根系

2. 果园的基本管理方法有________。

A. 清耕法　　B. 生草法　　C. 覆盖法
D. 免耕法　　E. 间作　　F. 套种

3. 石硫合剂的配制主要有________等原料。

A. 石灰　　B. 硫酸铜　　C. 硫黄粉
D. 水　　E. 稀硫酸　　F. 甲醛

4. 果园中的节水灌溉主要有________。

A. 喷灌　　B. 渠灌　　C. 沟灌
D. 滴灌　　E. 渗灌　　F. 漫灌

5. 果树的根系类型可以分为________。

A. 实生根系　　B. 茎源根系　　C. 根蘖根系
D. 须根系　　E. 直根系　　F. 输导根系

6. 下面________属于结果枝组的特点。

A. 着生在结果枝上　　B. 属于结果枝的一种
C. 是构成树冠的基本单位　　D. 叶幕的基本单位
E. 着生在各级骨干枝上　　F. 生长结果的基本单位

五、简答题（每题 8 分，共 32 分）

1. 简述果树环剥时应注意的事项。
2. 简述葡萄日灼病的病症、发生规律及防治措施。
3. 枣树对环境条件有什么要求？
4. 果树施肥有哪些依据？

六、计算题（8 分）

配制的石硫合剂原液浓度为 20 波美度，现在要进行葡萄出土上架的喷洒灭菌，需要使用 5 波美度的石硫合剂，试计算每千克原液需要加多少千克的水。

理论知识考核试卷（一）答案

一、填空题

1. 仁果类　核果类　2. 促进砧木加粗生长　3. 生长期　休眠期　4. 食用成熟度　可采成熟度　5. 混合芽　纯花　6. 早熟　7. 营养枝　结果枝　8. 生草　覆盖　9. 环状沟　放射沟　10. 桃蚜　山楂叶螨　苹小卷叶蛾　桑白蚧　桃红颈天牛

二、判断题

1. ×　2. √　3. √　4. √　5. √　6. ×　7. ×　8. √　9. √　10. √

三、单项选择题

1. B　2. B　3. C　4. A　5. C　6. D

四、多项选择题

1. ADEF　2. ABC　3. BDEF　4. CDE　5. AB　6. ABE

五、简答题

1. 答：近几年新建梨园的栽植密度普遍偏大，树冠较小。为适应小树冠的整形，小冠疏层形得到了广泛应用。小冠疏层形是缩小了的主干疏层形，其特点是骨架牢固，产量高，寿命长。小冠疏层形第一层 3 个主枝，第二层 2 个支枝。第一层每个主枝上有 2 个侧枝，侧枝在主枝上的着生点要略偏背下。第二层的主枝根据需要和可能上无侧枝，直接着生枝组。第一层主枝的垂直角 50 度左右，第二层主枝的垂直角度 40～45 度。第一层 3 个主枝的平面夹角均为 190 度。3 个主枝上相应的侧枝应留在同一方向。培养小冠疏层形的第一步是定干。定干的目的有两个，一是促使剪口上发生新枝，用于培养中干和主枝；二是确定主干高矮，剪留高，干就高，剪留矮，干也矮。

2. 答：（1）看草选药：除草剂种类繁多，作用不一。果园应用除草剂时，首先根据果园杂草的类型、喷施除草剂的季节，来选定使用药剂。果园内多数为 1 年生禾本科杂草时，在春季芽前或杂草三叶期前喷用乙阿合剂；如果园内有多年生杂草，可在其生长旺盛期，喷草甘膦防除，只有这样，才能达到事半功倍的除草效果。（2）喷药要求：1）根据气候干湿情况，选适宜浓度均匀细致地喷到杂草茎叶上（芽前除草均匀喷于土表）。2）施药时避免喷到作物茎叶上，可将喷头上方安装防护罩，定向喷雾。3）喷药避开中午高温期，添加洗衣粉、黏合剂等渗透剂，以利于除草剂的吸收。4）注意劳动保护，避免药物中毒。5）喷药后，及时清洗打药工具，以免对其他作物产生药害。

6）注意气候变化，喷药后遇雨及时重喷。

3. 答：整形修剪必须考虑的基本因素有：(1) 树种和品种特性。果树的不同种类和品种，其生物学特性差异很大，在萌芽抽枝、分枝角度、枝条硬度、结果枝类型、花芽形成难易、坐果率高低等方面都不相同。不同树种之间，如苹果和梨，其生物学特性就有明显差异。(2) 树龄和长势。同一果树不同的年龄时期，其生长和结果的表现有很大差异。(3) 修剪反应：不同树种、品种及不同枝条类型的修剪反应，是合理修剪的重要依据，也是评价修剪好坏的重要标准。(4) 栽培模式：栽植密度和栽植方式不同的树种、品种，其整形修剪方式也有所不同。(5) 自然条件和管理水平：自然条件和管理水平对果树生长发育有很大影响，应区别情况，采用适当的树形和修剪方法。此外，树形、花芽数量、病虫为害情况等，也是整形修剪应该考虑的因素。

4. 答：防治该病应采取清洁果园、加强栽培管理和药剂保护相结合的综合防治措施，方能收效。

(1) 清洁果园。及时收集并销毁带病残体，特别在晚秋彻底清扫落叶，烧毁或深埋，减少越冬的菌源。

(2) 加强栽培管理。合理修剪，尽量剪去接近地面不必要的枝蔓，使植株通风透光良好，降低空气湿度，以减少病菌初侵染的机会。适时灌溉，雨季注意排水。增施磷、钾肥，避免偏施氮肥，以提高植株的抗病力。

(3) 药剂保护。在发病重的地区，于葡萄发病前喷布烯酰吗啉（如金博克），对葡萄霜霉病有特效。另外，可以交替使用 58%甲霜灵锰锌可湿性粉剂 600～800 倍液、90%乙磷铝可湿性粉剂 600 倍液、69%安克锰锌可湿性粉剂 1 500 倍液，隔 15～20 天喷一次，根据发病情况连续喷药 2～4 次。

六、计算题

施氮量＝(27－9)/50%×15＝540（千克/公顷）

施磷量＝(4.6－2.3）/30%×15＝115（千克/公顷）

施钾量＝(18－9）/40%×15＝337.5（千克/公顷）

理论知识考核试卷（二）答案

一、填空题

1. 主根　侧根　须根　2. 落叶果树　常绿果树　3. 花芽　叶芽　4. 单S型　双S型　5. 生长期　休眠期　6. 枣头　枣股　枣吊　7. 新梢旺盛生长　开花前或开花期　8. 冬季修剪　夏季修剪　9. 短截（短剪）　10. 环状施肥　放射沟施肥　穴施　全园施肥　灌溉式施肥

二、判断题

1. ×　2. ×　3. √　4. √　5. √　6. √　7. √　8. ×　9. ×　10. √

三、单项选择题

1. B　2. A　3. C　4. D　5. B　6. D

四、多项选择题

1. ABCD　2. ABCD　3. ACD　4. ADE　5. ABC　6. CDEF

五、简答题

1. 答：根据环剥特点，操作时应注意以下几点：

(1) 环剥时间。环剥时间与环剥目的有关，为促进花芽分化，宜在花芽分化前进行；提高坐果率宜在花期前后进行。

(2) 环剥宽度与深度。环剥的适宜宽度，是在急需养分期过后即能愈合为宜。环剥过宽长期不能愈合，抑制营养生长过重，甚至造成植株死亡；环剥过窄，愈合过早，不能充分达到目的。苹果环剥宽度，一般为枝直径的 1/8～1/10。

环剥适宜深度为切至木质部，切得过深，伤及本质部，会严重抑制生长，甚至使环剥枝梢死亡；过浅，韧皮部有残留，效果不明显。对环剥敏感的树种和品种，可采用绞缢、多道环割，也可采用留安全带的环剥法，留下约 10%部分不剥。

(3) 环剥效果与剥口以上的叶面积。环剥效果与其树或枝上的叶面积大小有关，幼树或春季环剥过早，由于总体叶面积小，光合产物不多，积累不足，效果差甚至无促花效果。因此，幼树和春季不宜过早环剥。

(4) 部分环剥与主干环剥。主干环剥对树整体作用强，对根抑制作用大；部分枝环剥，只对部分枝产生抑制，促进成花或坐果，未环剥枝能继续供给根养分，并能增强光合效率。因此，在不需要控制整株生长的情况下，宜对部分枝实行环剥。

（5）保护环剥切口。为防止病虫对切口的为害和促进愈合，对切口可涂药保护，也可用塑料布或纸进行包扎。

环剥时间因目的不同而异。为了提高坐果率，可于开花末期进行，如桃树为了促进花芽分化，可于5—6月份进行。

2. 答：（1）病症：主要发生在穗肩和果穗向阳面，果实受害时，向阳面形成水浸状烫伤淡褐色斑，微凹陷。受害处易遭受其他病菌（如炭疽病菌等）的侵染，是一种典型的外因引发的生理病害。（2）发生规律：果穗缺少隐蔽，在日光暴晒下，果粒表面局部高温失水，发生日灼所致。品种间发生日灼的轻重程度不同，白玫瑰、保尔加尔、红大粒、瓶儿、藤稔等粒大皮薄的品种日灼病严重，篱架明显重于棚架。（3）防治措施：夏剪时，果穗附近多留叶片以遮盖果穗，在生产上需要疏除老叶的品种，尽量保留遮蔽果穗的叶片；对易发生日灼的品种，尽早套袋以防日灼，但要注意果袋的透气性，对透气不良的果袋可剪去袋下方一角，促进透气。

3. 答：枣树适应性很强，在－32.9摄氏度的严寒条件下能够安全越冬。在年降水量为400～1 000毫米以上的地区均能生长。干热气候有利于提高枣的品质。枣树虽然耐旱，但在生长前期需要较充足的水分，所以，此期如水分不足应进行灌溉补充。果实成熟期如阴雨连绵，则易引起裂果和病害的发生。枣为喜光树种，日照充足和天气较干燥的秋季最适宜枣的生长。枣树对土壤要求不严，耐瘠薄，耐盐碱，一般在肥沃的微碱性或中性沙质壤土中生长最好。

4. 答：在进行土壤施肥时必须以下面五方面为依据：

（1）果树的营养特性与施肥。施肥的对象主要是果树，因此，施肥首先要考虑果树的营养特性。同一种果树在不同的发育时期对营养的要求也是不同的。不同树龄所需营养种类、数量和比例也不同。

（2）结合土壤性质。为了充分发挥肥料的作用，应根据土壤的性质，选择肥料的种类，确定肥料的用量、施肥时期、施肥方法。

（3）肥料的性质与施肥。在给果树施肥时，必须考虑肥料的性质和肥料在土壤中的变化情况，把握好土壤和肥料的相互关系。

（4）气候条件与施肥。光照、温度、风、降水等条件，一方面直接影响根系的生长及其对养分的吸收，另一方面还影响土壤中养分的状况，也会进一步影响施肥效果。

（5）根据农业技术措施。农业技术措施与肥效密切相关。农业技术措施能使肥料的作用充分发挥。因此，合理施肥不仅要了解果树的营养生理特性，而且还要与外界环境条件结合起来，把它们作为一个整体来考虑。

六、计算题

答：根据石硫合剂使用量公式

$$每千克原液加水千克数=\frac{原液波美度数-使用波美度数}{使用波美度数}=\frac{20-5}{5}=3\text{（千克）}$$

试卷

操作技能考核试卷（一）

第一题　果园追肥基本方法（40分）

1. 操作准备（由考试单位准备）

（1）准备施肥果园照片。

（2）提供施肥果园基本情况数据，包括栽培树种，发育阶段、树龄、土壤肥力基本数据。

（3）准备各类氮、磷、钾肥及其他肥料的包装袋图片，要能够看清使用说明。

2. 操作要求

（1）能够准确选择肥料种类。

（2）能够根据果树图片计算其在某个发育阶段的施肥量，计算所需施肥的量，果园面积以1亩计算。

（3）简要说明施肥方法。

（4）用文本形式提交。

3. 操作时限

操作时限为40分钟。

4. 配分及评分标准

序号	作业项目	考核内容	配分	评分标准
1	选择肥料	肥料种类选择准确	6	选择不准确扣4～6分
		肥料配比确定合理	4	配比不准确扣2～4分
2	计算施肥量	计算准确的施肥量	6	根据计算过程扣分
	施肥方法	施肥方法全面准确	2	能够完整说明得全分

第二题　果树的整形修剪技术（60分）

1. 操作准备（由鉴定所准备）

提供一定量的未修剪果树。

2. 操作要求

（1）修剪方法得当，操作熟练。

（2）对该修剪时期所用的修剪操作技术（如摘心等）进行示范和说明。

（3）修剪整体效果好。

3. 操作时限

操作时限为 20 分钟。

4. 配分及评分标准

序号	作 业 项 目	考 核 内 容	配分	评 分 标 准
1	树形设计	树形选择最佳	4	树形选择不准确扣 4 分
	修剪过程	修剪操作技术正确熟练	12	操作次序、操作准确、修剪技术的应用、熟练程度各 3 分
2	修剪效果	修剪整体效果好	4	观察整形修剪整体效果

操作技能考核试卷（二）

第一题　常见果树整形修剪（50分）

1. 操作准备（由鉴定所准备）

准备好果树材料（葡萄、苹果、桃）、修枝剪、绳子。

2. 操作要求

（1）能正确判定成龄果树的整形方式，并按要求对葡萄、苹果、桃树进行修剪。

（2）对未整形的幼龄葡萄、苹果、桃进行整形修剪。

3. 操作时限

（1）基本时间：30分钟。

（2）时间允差：每超过1分钟，从总分中扣除2分，超过不足1分钟的按1分钟计。超过5分钟不计成绩。

4. 配分及评分标准

序号	考核内容	考核要点	配分	评分标准	检测结果	扣分	得分
1	树形的判定	判定所选成龄葡萄、苹果、桃的树形	10	判定错误不得分			
2	整形方式	对未整形的幼龄葡萄、苹果、桃进行适宜的整形	20	选择错误的整形方式不得分			
3	修剪技术	根据树体状况进行适宜的修剪	20	错一项扣4分，本项最多扣20分			
	合计		50				

第二题　果园施肥量（50分）

1. 操作准备（由鉴定所准备）

准备好果园、各类肥料、天平秤。

2. 操作要求

（1）根据观测，判断果树的树龄、树势、现所处的物候期等基本果园状况。

（2）选择适宜的肥料种类。

（3）选择合适的施肥方法和施肥量。

3．操作时限

（1）基本时间：30 分钟。

（2）时间允差：每超过 1 分钟，从总分中扣除 2 分，超过不足 1 分钟的按 1 分钟计。超过 5 分钟不计成绩。

4．配分及评分标准

序号	考核内容	考核要点	配分	评分标准	检测结果	扣分	得分
1	观测果园	正确判断果树的树龄、树势、物候期	10	判断错误不得分			
2	选择肥料	根据判断选择适宜的肥料	15	选择错误不得分			
3	施肥	选择合适的施肥方法和施肥量	25	选择错误不得分			
	合计		50				